河北省重点研发计划项目“重组蛋白疫苗与mRNA疫苗的安全控制技术与标准化研究”（项目编号：23372403D ）资助出版

干细胞临床应用与质量安全

主 编 李 挥 刘雪莉 刘 冰

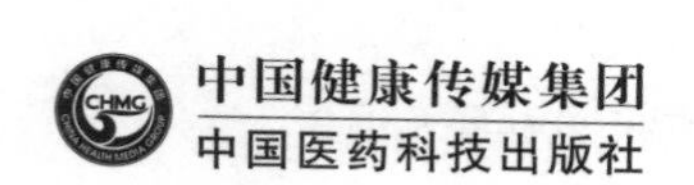

内容提要

干细胞是一类具有自我复制能力的多潜能细胞，在一定条件下可以分化成多种功能细胞，被视为21世纪的医学革命，是全球生命科学领域最重要的前沿技术之一。本书共6章，重点介绍干细胞的特征原理、法规制度、临床应用、质量安全等内容，总结梳理了干细胞在不同疾病临床治疗中的应用效果，详细分析了干细胞在研发使用过程中存在的安全性和有效性问题，以期对相关研发、研究、监管、使用等人员提供有益的参考。

图书在版编目（CIP）数据

干细胞临床应用与质量安全/李挥，刘雪莉，刘冰主编. —北京：中国医药科技出版社，2024.7

ISBN 978-7-5214-4646-3

Ⅰ.①干… Ⅱ.①李… ②刘… ③刘… Ⅲ.①干细胞-临床应用-研究 Ⅳ.①Q24

中国国家版本馆CIP数据核字（2024）第100578号

美术编辑 陈君杞
版式设计 友全图文

出版 **中国健康传媒集团** | 中国医药科技出版社
地址 北京市海淀区文慧园北路甲22号
邮编 100082
电话 发行：010-62227427 邮购：010-62236938
网址 www.cmstp.com
规格 710×1000mm 1/16
印张 17 1/2
字数 323千字
版次 2024年7月第1版
印次 2024年7月第1次印刷
印刷 河北环京美印刷有限公司
经销 全国各地新华书店
书号 ISBN 978-7-5214-4646-3
定价 98.00元

编 委 会

主　编　李　挥（河北省药品医疗器械检验研究院）

刘雪莉（河北省药品医疗器械检验研究院）

刘　冰（河北意和医学检验实验室有限公司）

副主编　（按姓氏笔画排序）

王　洪（得克萨斯大学安德森癌症中心）

孙飞虎（河北意和医学检验实验室有限公司）

张卫婷（华北制药金坦生物技术股份有限公司）

周玉岩（河北省药品医疗器械检验研究院）

胡非子（河北省药品医疗器械检验研究院）

施　麟（河北省药品医疗器械检验研究院）

编　委　（按姓氏笔画排序）

刁立琴（河北省药品医疗器械检验研究院）

于小正（北京华夏凯晟医药技术中心）

王家智（北京华夏凯晟医药技术中心）

付海莉（河北朋和生物科技有限公司）

司　可（《中外食品》杂志社）

李　贞（中国科学院大学）

杨　举（河北省药品医疗器械检验研究院）

张　林（食品行业生产力促进中心）

郝　康（河北意和医学检验实验室有限公司）

温家骐（南京铖联科技有限公司）

谢　媛（河北省药品医疗器械检验研究院）

冀亚坤（河北省药品医疗器械检验研究院）

戴倩倩（食品行业生产力促进中心）

序言 | PREFACE

干细胞是一类具有自我复制能力的多潜能细胞，在一定条件下可以分化成多种功能细胞，被视为21世纪的医学革命，干细胞技术是全球生命科学领域最重要的前沿技术之一。随着新时代生物技术产业的快速发展，干细胞的基础学科研究已成为我国“十四五”健康保障发展的重大课题，干细胞应用特别是在临床医学领域的应用，受到社会各界广泛关注。2021年2月，国家卫生健康委员会在官网上发布了《对十三届全国人大三次会议第4371号建议的答复》，明确表达了对干细胞、免疫细胞等研究、转化和产业发展的支持。全国各地也相继颁布了扶持政策，标志着我国干细胞研究和应用进入有序发展时期，为干细胞产业发展带来了新格局、新机遇。

干细胞技术在免疫疾病、遗传疾病、细胞损伤疾病等领域的应用前景获得广泛共识。由于技术和产业现状等因素，我国干细胞产业发展仍处于起步阶段，干细胞治疗的安全性和有效性评价标准体系有待进一步完善。如何建立适合我国国情的审评审批程序和制度，有效引导行业的高质量发展，满足人民的健康需求和期待，是当前药品监管科学面临的重要课题。生物医药是河北省的战略性新兴产业，是雄安新区建设、京津冀协同发展的重要内容。河北省药品医疗器械检验研究院具备生物制品批签发和检验资质，在干细胞临床应用和质量安全的评价方面具有丰富的学术成果。

希望本书的出版，能够积极促进我国干细胞产业健康、有序、快速发展，为干细胞相关的政府监管、科学研究、企业研发提供借鉴和帮助。

中国工程院院士

药品监管科学全国重点实验室主任

2024年6月

前言 PREFACE

干细胞在合适条件或给予合适信号的诱导下，能够产生表现型与基因型和自己完全相同的子细胞，也能产生组成机体组织、器官的已特化的细胞，同时还能分化为祖细胞，医学界称其为“万能细胞”。在成体器官中，干细胞可以通过不断分裂来修复组织，或者是像在哺乳动物脑组织中那样处于静止的状态。近年来，干细胞技术在肿瘤、糖尿病、心脑血管疾病等治疗领域取得较多成果，为解决现代医学难题带来新的曙光。

为规范人体干细胞临床应用研究，2003年3月，我国发布《人体细胞治疗研究和制剂质量控制技术指导原则》，要求临床试验计划和最终产品的整个操作过程必须制定严格的操作标准和程序，以确保体细胞治疗的安全性和有效性。截至2022年，我国完成了超过100项临床项目的备案，年度新受理10款干细胞Ⅰ类新药。但干细胞无论作为医疗技术还是药品制剂，安全性、有效性和质量可控性都是其必然的属性要求。

本书共6章，从干细胞研发应用、安全评价、审评审批等工作角度，重点介绍了干细胞的特征原理、法规制度、临床应用、质量安全等内容，总结梳理了干细胞在不同疾病临床治疗中的应用效果，详细分析了干细胞在研发使用过程中存在的安全性和有效性问题，以期对相关研发、研究、监管、使用等人员提供有益的参考。

感谢中国食品药品检定研究院、间充质干细胞质控与应用开发河北省工程研究中心等单位予以指导、支持。本书难免存在不足或疏漏之处，希望各位专家、读者提出宝贵意见。

编 者

2024年5月

目录 CONTENTS

第一章　总　述

第一节　干细胞概述

干细胞（stem cell）是人体中一类具有自我复制和分化潜能的细胞。其主要来源于胚胎、胎儿组织、成年组织（如骨髓、脐带等），是一类具有自我更新能力的多潜能细胞，即干细胞保持未定向分化状态、具有增殖能力。在合适条件或给予合适的信号诱导下，能够产生表现型与基因型和干细胞完全相同的子细胞，也能产生组成机体组织、器官的已特化的细胞，同时还能分化为祖细胞，医学界称其为“万能细胞”。

干细胞的定义是建立在功能性的基础上的。从功能上讲，干细胞是具有多向分化潜能、自我更新能力的细胞，是处于细胞系起源顶端的最原始细胞，在体内能够分化产生某种特定组织类型的细胞。从单细胞来讲，尤其是在复杂的器官中，为了区别干细胞和其他各种类型的祖细胞，对其进行功能上的区分可能更需精确和必要。细胞和祖细胞的定义是根据其是否具有自我更新能力所决定的。干细胞一旦分化为祖细胞后就失去了自我更新的能力，出现对称性的有丝分裂，祖细胞的数量只有通过干细胞增殖分化来补充，但是祖细胞仍然保持很强的增殖能力，各系造血过程中细胞的大量扩增主要依靠造血祖细胞的增殖。

在成体的器官中，干细胞可以通过不断分裂来修复组织，或者是像在哺乳动物脑组织中那样，处于静止的状态。干细胞在其发育期间能够通过对称性分裂以扩增数量，或者通过非对称性分裂进行自我更新和产生更多不同分化类型的祖细胞。

以上特性，使得干细胞能够为解决很多现代医学难题带来新的曙光。近年来，国内外众多医疗机构和制药企业已经开展了干细胞对各类疾病的临床应用研究，并在相关领域如肿瘤、糖尿病、心脑血管疾病的治疗上取得了一定的成果。

对人类及大多数哺乳动物来说，当受精卵分裂发育成囊胚时，如果将内细胞团（inner cell mass）中的细胞进行分离，并通过体外培养，可以得到胚胎干细胞（embryonic stem cells，ES细胞），这是在发育过程中最早出现的干细胞。早在1970年，Martin Evans就成功在小鼠身上进行了实验，成功培养并获得了小鼠胚胎干细胞。而因为各种原因，直到近年科学家才成功于体外培养并获得了人体胚胎干细胞。

除了最原始的胚胎干细胞外，多年来，生物学家和人类学家不断观察和研究，发现了无论是人类还是成年动物，在器官受到损伤之后，都有一套完善的修复和再生机制。通过进一步研究，科学家们锁定了在人体上皮组织以及造血系统中存在的某些细胞，这些细胞能够直接参与器官修复和再生，并在整个过程中起到关键的作用，这就是成体干细胞。成体干细胞能够进行分裂，比如分裂成两个新的子代干细胞或者是功能细胞，从而能够在复杂的人体环境中维持器官和组织的修复以及再生。后来，科学家通过研究发现成体干细胞不仅存在于造血系统和上皮组织，而且广泛地存在于各个人体系统中。这给干细胞的研究以及对疾病的治疗提供了更多的可能和选择。

发展到现在，干细胞与再生医学已经是当今生命科学研究中最受瞩目的研究领域之一。2012年的诺贝尔生理学或医学奖颁给了英国科学家约翰·格登（John B·Gurdon）和日本科学家山中伸弥（Shinya Yamanaka），以表彰他们在体细胞核移植和诱导性多能干细胞方面的杰出贡献，这充分肯定了干细胞研究的重要性和未来的无限可能。

第二节　干细胞法规监管概述

由于技术以及政策等因素，我国干细胞行业的法规监督处于逐步完善阶段。

为规范人体干细胞临床应用研究，2003年3月20日，国家食品药品监督管理局发布《人体细胞治疗研究和制剂质量控制技术指导原则》，要求临床试验计划和最终产品的整个操作过程必须制定严格的操作标准和程序，以确保体细胞治疗的安全性和有效性。

2009年5月，国家卫生部发行了《首批允许临床应用的第三类医疗技术目录》，其中涵盖了部分干细胞治疗技术。在生物技术公司的投资推动下，众多三甲医院开办了各种干细胞治疗业务，以治疗传统疗法无效或效果不佳的疾病，但费用昂贵，甚至出现了不规范使用的情况。

2011年12月，卫生部和国家食品药品监督管理局联合发布了《关于开展干细胞临床研究和应用自查自纠工作的通知》，对未经许可的干细胞临床研究和应用紧急叫停，有效地遏制了干细胞医学领域的混乱。

2015年7月，经过回顾问题并仔细梳理之后，国家卫计委、国家食品药品监督管理总局联合发布《干细胞临床研究管理办法（试行）》。这是我国管理干细胞临床研究的首份文件，旨在规范干细胞临床研究的行为及应用，促进研究有序发展。其中对如何开展干细胞临床试验及具体的试验要求进行了详细规定。同时发布的《干细胞制剂质量控制及临床前研究指导原则（试行）》，意味着我国干细胞临床研究与应用管理将由最初的“第三类医疗技术”进入向干细胞医疗机构备案和干细胞制剂注册管理双轨制的转变。

2016年，国家成立了干细胞临床研究管理工作领导小组和干细胞临床研究专家委员会，从宏观上对干细胞在临床研究及应用中的各种标准进行规范及确立，有效引导了行业的健康发展。

2017年，中国标准化研究院和中国计量科学研究院等单位共同发布了《干细胞通用要求》，标志着干细胞研究过程有了国家级统一标准。

2020年8月，国家药品监督管理局药品审评中心发布《人源性干细胞及其衍生细胞治疗产品临床试验技术指导原则（征求意见稿）》，为相关药品运用于临床试验的总体规划、设计等提供技术指导。该指导原则对标欧美的先进干细胞研究经验，同时立足国内的规范和控制，有效指导干细胞的临床试验及研究。

2021年2月，国家卫健委在官网上发布了《对十三届全国人大三次会议第4371号建议的答复》，明确表达了对干细胞、免疫细胞等研究、转化和产业发展的支持。

相较于美国将干细胞作为药物研究由食品药品监督管理局（FDA）负责监管，我国对于干细胞的监督已经在稳步推进，目前实行的是药品和技术的“双轨制”监督。因此，在未来，仍迫切需要卫健委和国家药监局，在干细胞治疗领域明确管理职责，建立干细胞临床治疗标准和医学伦理审查制度，从科学伦理，到道德文化，再到法律法规进行一系列的制定和普及，进一步促进干细胞研究和临床应用的健康发展。

第三节 干细胞临床治疗展望

干细胞治疗具有自我复制和多向分化潜能的特点，与传统药物治疗相比，拥有天然的优势，因此，目前干细胞临床试验已经成为政府和制药行业高度关注的热点，各大医疗机构也纷纷投入到这场临床应用的热潮中来。在未来，干细胞临床研究和治疗将是生命科学和医学领域发展的必然趋势，有无限前景。

但是，干细胞在临床应用上仍存在一些问题，比如对于适应证和禁忌证的把控仍没有明确的规范标准，干细胞的疗效存在个体差异性和不稳定性，在整个行业内，对于干细胞制剂也未建立统一的分类和鉴定标准。因此，干细胞实验与临床应用的转化还有很长的路要走。未来，在研究和探索过程中，行业应将基础研究和转化医学研究并重，使基础研究按部就班地转化到临床应用，并逐步促进产业化条件的成熟，从而逐步实现干细胞治疗的产业化。

参考文献

[1] 朱伟，沈波，陈云.间充质干细胞与肿瘤[M].南京：东南大学出版社，2020：330.

[2] 国家食品药品监督管理局.人体细胞治疗研究和制剂质量控制技术指导原则[EB/OL].2003.

[3] 国家卫生健康委员会.首批允许临床应用的第三类医疗技术目录[EB/OL].2009.

[4] 国家卫生健康委员会，国家食品药品监督管理局.关于开展干细胞临床研究和应用自查自纠工作的通知[EB/OL].2011.

[5] 国家卫生和计划生育委员会，国家食品药品监督管理总局.干细胞临床研究管理办法(试行)[EB/OL].2015.

[6] 国家卫生和计划生育委员会，国家食品药品监督管理总局.干细胞制剂质量控制及临床前研究指导原则(试行)[EB/OL].2015.

[7] 中国细胞生物学学会.干细胞通用要求：T11/CSSCR 001—2017[S].2017.

[8] 国家药品监督管理局.人源性干细胞及其衍生细胞治疗产品临床试验技术指导原则(征求意见稿)[EB/OL].2020.

[9] 国家卫生健康委员会.对十三届全国人大三次会议第4371号建议的答复[EB/OL].2021.

第二章　干细胞基础知识

第一节　干细胞相关知识简介

一、干细胞基本特性

干细胞是一类原始而未特化的细胞，具有自我更新和多向分化潜能的特性。因此，干细胞一方面可以通过自我更新获得更多的干细胞（自我更新），另一方面可以在一定的条件下分化为某种特化细胞（分化），例如血细胞、脑细胞、心肌细胞或骨细胞。因此，干细胞作为人体的原材料、一种重要的细胞资源，具有巨大的研究价值和临床应用前景。

干细胞表面有许多特殊的标记。以造血系统为例，干细胞的表面标志有Sca-1、c-kit和CD34等。此外，人造血干细胞表面CD10、CD14、CD15、CD16、CD19、CD20等表面标志皆为阴性，而CD34（-）细胞同样具有造血干细胞的特性。除了以上这些特征以外，各种成体干细胞还有各自独特的标记物。这些特异的标记物可能与其分化调控有关。如上皮干细胞中β1整合素高表达，而β1整合素可介导干细胞与细胞外基质黏附，从而抑制其分化的发生。另外，干细胞还有不同于一般分化细胞的物理特性，比如干细胞不被染料Hoechst 33342和Rhodamine 123染色。利用这些特性及表面标志，采用荧光激活的细胞分离器即可从单细胞悬液中分离纯化干细胞，能够很好地对干细胞进行定位和鉴定。

（一）自我更新

在细胞分化的过程中，细胞往往由于高度分化而完全失去了再分裂的能力，最终衰老死亡。机体在发展适应过程中为了弥补这一不足，保留了一部分未分化的原始细胞，即干细胞，一旦生理需要，这些干细胞可按照发育途径，通过分裂产生分化细胞。

（二）多向分化

干细胞具有干性、功能性，它们相互牵制，彼消此长。“干性”代表干细胞蓄势待发的分化能力，“功能性”代表干细胞朝着特定方向分化为成熟细胞的能力。

干细胞拥有分化为任何一个细胞的能力，通过分化成不同的细胞，继而可以组成各类器官和组织。可以说，人体本身就是由一个干细胞——胚胎干细胞产生的。除此之外，在成人体内，干细胞每天都在分化为肌肉、皮肤、骨骼、器官、神经、血液、免疫细胞等，没有干细胞，人体的组织就无法得到修复。

（三）旁分泌

干细胞旁分泌机制在适宜的时机、适宜的地点，将各种类型的生物活性因子以发散的模式向外运输，发挥干细胞的功能。

干细胞的旁分泌效应，能够表达、合成、分泌生长因子（如Ang1/2、VEGF、PGF、FGF、PDGF、EGF、TGF-b、IGF、GH、HGF等）、细胞因子（IL-1、IL-2、IL-3、IL-4、IL-6、IL-7、IL-8、IL-10、IL-11、IL-12、TNF-α、MIP-1α、MCP-1等）、调节因子［干细胞因子（SCF）、干细胞衍生因子（SDF）、干细胞衍生的神经干细胞支持因子（SDNSF）等］、信号肽［C型利钠肽（CNP)、脑钠素（BNP）、心钠素（ANP）、CGPR、内皮素（ET）、肾上腺髓质素（ADM）等］多种生物活性分子，调节代谢、免疫和细胞分化、增殖、迁移、营养、凋亡等活性因子，并通过这些因子平衡机体的内稳态，为干细胞免疫调节、抗凋亡提供适宜的环境。

（四）归巢效应

干细胞需要被调动到受伤的组织周围发挥功能。因此，干细胞需要一个帮它导航定位的“GPS”，这种定位能力就是干细胞的“归巢效应”。

研究发现，干细胞归巢过程中，干细胞自身具有一个很重要的标签——ITGA4，就像是安装在干细胞身上的“GPS”，能帮助干细胞纵观全局，掌握信息。有了GPS还不够，干细胞还需要目的地的“引导”，才能够顺利移动，被带去需要干细胞的目的地，和ITGA4配对合作的另一个蛋白——VCAM-1即发挥了这个作用。

在干细胞归巢机制的加持下，无论身体哪里出现了问题，都可以通过静脉注射，一次性方便、安全地将大量干细胞输送至身体损伤的部位，而不用担心刚输入就消失。通过静脉输入的干细胞，确实会在受损部位发挥积极的修复功能，在理论层次上正式解释了干细胞静脉输注的科学原理。

二、干细胞分类

（一）胚胎干细胞

胚胎干细胞（embryonic stem cell，ESC）：取自囊胚内细胞团，是一类高度未分化的原始细胞，在一定的诱导条件下可以分化成内中外三个胚层的各种细胞。

在胚胎的生产发育过程中，单个受精卵可以分裂发育为多细胞的组织或器官，这是最初发现干细胞的来源，即胚胎干细胞。在这种情况下，发挥作用主要也是靠胚胎干细胞，因而胚胎干细胞对于分化来说是全能的，能够分化为人体内所有器官。

胚胎干细胞来自3～5天的胚胎。在这一阶段，胚胎被称之为胚泡，大约有150个细胞。由于胚胎干细胞万能的特性，意味着它们可以分裂成更多的干细胞，或者可以变成体内任何类型的细胞。这种多功能性使胚胎干细胞可用于再生或修复病变组织和病变器官。

从临床治疗上讲，胚胎干细胞一直被认为是最具临床应用价值的“万能细胞”。目前已有一些研究证明，人胚胎干细胞分化获得的多种细胞能够在动物体内改善疾病症状。比如，将人胚胎干细胞分化获得的少突胶质细胞移植到脊髓损伤的小鼠模型中，能明显改善其运动能力；将分化获得的多巴胺能神经细胞移植到灵长类帕金森病模型的特定脑区，可以减轻相应的症状；将分化获得的视网膜祖细胞移植到白化型成年兔的视网膜下腔后，细胞能迁移至损伤部位，修复视网膜损伤；将分化获得的视网膜色素上皮细胞移植到视网膜黄斑变性患者的眼部，可以明显提高视力。

（二）成体干细胞

成体干细胞（adult stem cell）：存在于成年动物的多种组织和器官中，在特定条件下能产生新的干细胞或按一定程序分化形成新的功能细胞，从而使组织和器官保持生长和衰退的动态平衡。

在成年动物或人体中，当身体进行正常的生理代谢或有病理损伤发生时，干细胞都会参与组织或器官的修复再生。在这种情况下，存在于成年机体组织或器官内的干细胞通常就不再是全能的，而是有组织特异性的。因为其只能分化为特定的细胞或组织，又称为组织特异性干细胞。

与胚胎干细胞相比，成体干细胞分化为身体各种细胞的能力有限。起初，研究人员一直认为成体干细胞只能生成类型相似的细胞。例如，研究人员认为存在于骨髓中的干细胞只能生成血细胞。但是，后来新出现的证据表明，成体干细胞可能产生各种类型的细胞。例如，骨髓干细胞可能产生骨骼细胞或心肌细胞。这为最新的研究开辟了新方向，也给临床应用创造了全新的条件和路径。因此，目前正在进行用成体干细胞治疗神经系统疾病和心脏病患者的研究。

从20世纪70年代开始，造血干细胞移植技术逐渐成为根治白血病等多种恶性血液系统疾病的主要手段，为世界成千上万的患者重燃了生命的希望。此外，间充质干细胞（mesenchymal stem cell，MSC）的基础研究与临床应用研究越发广泛和深入。间充质干细胞可以从骨髓、脂肪或脐带中分离获得，在体内或体外特定的诱导条件下可以分化为多种细胞类型，是一种理想的可以用于修复衰老或病变引起的组织器官损伤的种子细胞。已有研究表明，间充质干细胞在移植物抗宿主病（GVHD）、系统性红斑狼疮、心血管疾病、肝损伤、Ⅰ型糖尿病、骨损伤等多种疾病的治疗上表现出巨大潜力。且已经有一些间充质干细胞的临床试验在进行中，如用间充质干细胞治疗Ⅰ型糖尿病已进入Ⅰ期、Ⅱ期临床试验。

（三）诱导多能干细胞

通过改变成体细胞中的基因，研究人员可以重新编程这些细胞，从而实现更多的功能。比如，科学家通过基因重编程，成功地将正常的成体细胞转化为干细胞，使其发挥类似胚胎干细胞的作用，使成体细胞转化为具有胚胎干细胞特性的诱导多能干细胞（induced pluripotent stem cell）。

这项新技术带来了巨大影响，研究人员可以使用重新编程的细胞代替胚胎干细胞进行疾病治疗，并防止免疫系统排斥新干细胞。比如，研究人员已经能够将常规结缔组织细胞重新编程为功能性心脏细胞。在研究中，心力衰竭的动物被注射了新的心脏细胞后，它们的心脏功能和生存时间都得到了改善。

但是，由于缺少足够的数据支持，科学家们还不确定使用改变的成体干细胞是否会对人体造成不良影响。

（四）围产期干细胞

羊水充满子宫囊，包围并保护子宫里正在发育的胎儿。研究人员已在实施羊膜腔穿刺术时（为检测异常）从孕妇身上抽取的羊水样本中发现了干细胞。这些干细胞也可转化为特化细胞。

三、干细胞调控和分化

干细胞实现分裂并进行自我复制，主要是通过干细胞内外多因素共同作用造成的。

比如，干细胞内的一些结构蛋白和多肽因子能够对干细胞进行调控。例如在果蝇卵巢中，有一种称为收缩体的调节蛋白，决定了干细胞分裂的位置，从而把维持干细胞性状所必需的成分保留在子代干细胞中。另外，干细胞的分化还会受到周期组织细胞以及细胞外基质等外源因子的作用，比如转化生长因子TGF和Wnt家族，就能够促进干细胞的分化。

基于调控的作用，成体干细胞在移植入受体后，会表现出很强的可塑性。一般情况下，供体干细胞在受体中会分化为与其组织来源一致的细胞，但在某些情况下，干细胞的分化并不遵循这种规律。1999年，古德尔（Goodell）等分离出小鼠的肌肉干细胞，体外培养5天后，与少量的骨髓间充质干细胞一起移植到接受致死量辐射的小鼠中，结果发现肌肉干细胞会分化为各种血细胞系，这种现象被称为干细胞的横向分化（trans-differentiation）。如上所述，横向分化也是多种因素共同作用造成的，比如细胞所在微环境的作用，或者更具体地说是受到微环境中正在进行分化的细胞的影响，新的干细胞接收到了正在进行分化的调节信号，进行了横向分化。横向分化的发现，对于干细胞研究非常有意义，使得成体干细胞有了成为万能细胞的可能，在一定的微环境作用下，可以横向分化为需要的细胞和组织，从而起到治疗作用。

干细胞是自我复制还是分化为功能细胞取决于所在的微环境和干细胞本身的状态。所谓微环境因素，包括干细胞与周围细胞、干细胞与细胞外基质和干细胞与各种可溶性因子的相互作用；而干细胞本身的因素则包括了调节细胞周期的各种周期素（cyclin）和周期素依赖激酶（cyclin-dependent kinase）、基因转录因子以及影响细胞不对称分裂的细胞质因子和细胞器等。

（一）内源性调控

不对称分裂对干细胞自我复制非常重要。通过细胞质内活性物质的不对称分布，一个子代细胞保留了作为干细胞所必需的信息，实现干细胞的自我复制，另外一个子细胞因为不包含作为干细胞的必要成分，从此走向分化。然而，在大多数哺乳类动物细胞中，不是每一个干细胞的每一次分裂都遵循不对称分裂的规律，自我复制和细胞分化的平衡是在机体意义上实现的。干细胞可选择全部分化、半数分化或全部自我复制，这种选择是干细胞内外环境协同作用的结果。干细胞的不对称分裂是通过干细胞内的一些结构蛋白调控的，细胞结构蛋白往往是通过影响纺锤体的位置来调节干细胞的不对称分裂。有一种称为血影小体（spectrosome）的细胞器，包含了各种膜骨架蛋白、血影蛋白和A型周期素（Cyclin A）等。血影小体与纺锤体的一极相连，通过固定纺锤体的位置而决定干细胞分裂的方向，从而把维持干细胞性状所必需的成分保留在其中一个子代干细胞中，实现干细胞的自我复制，另一个子细胞则走向分化。周期素很可能也参与了干细胞不对称分裂的调控。比如在生殖干细胞的发育中，G1周期素D1、D2、D3和A2只在干细胞中表达，而其他一些周期素在精子发育的后期才表达。因此，推测周期素的选择性表达和生殖干细胞的不对称分裂有关。此外，细胞内的多肽分子也参与了干细胞的发育调控。比如，人的Y染色体上有一种叫DAZ（deleted in azoospermia）的基因，DAZ基因的产物是一种RNA结合蛋白，它通过与mRNA结合，选择性地阻止一些分化因子的蛋白质翻译，从而抑制精原干细胞的分化，保证了精原干细胞的自我复制。

基因转录因子对干细胞分化的调节也非常重要。比如，Oct4是一种哺乳动物胚胎细胞表达的转录因子，在胚胎干细胞的发育中，它通过调节成纤维细胞生长因子FGF-4的表达和分泌，影响干细胞周围滋养层细胞的成熟，从而调节干细胞的行为。Oct4缺失突变的胚胎不能形成内细胞团。再比如，在表皮的发育中，有一种属于Tcf/Lef家族的转录因子，Tcf基因敲除的小鼠在表皮中缺乏干细胞，毛发及胡须的生长都受到影响。

端粒体（telomere）的长度与干细胞的增殖和分化也有重要关系。敲除端粒体基因小鼠的造血干细胞的自我复制能力下降，雄性鼠的精细胞发育也受到障碍。因为端粒体的长度和染色体的功能状态有关，因此染色体的功能状态可能决定了干细胞的命运。

（二）外源性调控

除内源性调控外，干细胞分化还受到其周围组织及细胞外基质等外源性因素的影响。

1. 分泌因子　至少有两类因子［转化生长因子TGF和Wnt（编码一组调节胚胎发育的分泌蛋白质）家族］在不同组织甚至不同种属中调节干细胞的增殖和分化。比如在角膜干细胞的分化中，TGF作用于角膜缘干细胞周围的间质细胞，诱导间质细胞分泌各种细胞因子，包括血小板衍生生长因子（PDGF）和成纤维细胞生长因子（FGF）等，后者对角膜缘干细胞的增殖与分化具有调节作用。其他细胞因子，比如胶质细胞衍生神经营养因子（GDNF），不仅能够促进多种神经元的存活和分化，还对精原细胞的再生和分化有决定作用。Wnts可以激活转录因子Tcf/Lef的表达，从而调节干细胞的发育。

2. 膜蛋白介导的细胞间相互作用　干细胞的调控也可通过细胞与细胞的相互作用而实现。比如，Notch 是在干细胞表面表达的一个跨膜分子，它的膜内序列包含 8 个锚蛋白（ankyrin）和一个 RAM23 结构域、一个 PEST 及 OPA 序列。这些内源序列可以和多种转录因子结合，调节多种基因的表达。当干细胞表面的 Notch 和周围细胞表面配体 Delta 或 Serrate 结合后，Notch 分子被激活，其膜内序列随之断裂，并从细胞质进入到核内。通过和特定转录因子比如 CBF1（哺乳动物 DNA 结合蛋白）的结合，调节特定基因的表达，从而影响干细胞的发育。Notch 信号对于动物的胚胎及成年动物各种组织的发育分化，都起着非常重要的作用。当 Notch 与其配体结合时，干细胞进行增殖；当 Notch 活性被抑制时，干细胞进入分化程序，发育为功能细胞。

3. 细胞外基质对干细胞的调控　整合蛋白家族（integrin）是介导干细胞与细胞外基质黏附的最主要的分子，其通过直接激活多种生长因子受体，为干细胞的增殖提供适宜的微环境。在表皮细胞分化中，β1 整合蛋白是干细胞的分子标记。通过与细胞外基质的配体结合，β1 整合蛋白激活有丝分裂原活化蛋白激酶（MAPK），促进细胞进入增殖周期，进而影响干细胞的分化。β1 整合蛋白在表皮干细胞中高表达，在已经进入分化程序的细胞中低表达，分化完成后的角质细胞不再表达 β1 整合蛋白。可见，在表皮干细胞的分化中，β1 整合蛋白起着非常重要的调控作用。

四、干细胞伦理考虑

利用胚胎干细胞治疗疾病有广泛的应用前景，但是其应用应考虑到社会伦理学的要求，且在实际应用中还要注意避免免疫排斥。

相关争议主要围绕下面的问题而展开：比如如何选择胚胎，选择自然和人工流产的胚胎，或者是选择辅助生殖剩余的胚胎，甚至是利用体细胞核转移术得到的胚胎，都会对胚胎造成损坏。紧接着，胚胎是不是生命、是不是人，研究胚胎干细胞是不是会毁灭生命，很自然地成为争论的焦点。以此为基点，甚至在研究领域出现了更多的讨论，比如是不是良好的愿望为邪恶的手段提供了正当理由。一部分人认为，从人胚中收集胚胎干细胞是不道德的，因为人的生命没有得到珍重，人的胚胎也是生命的一种形式，无论目的如何高尚，破坏人胚都是不可接受的。而另一些人认为，由于科学家们没有杀死细胞，而只是改变了其命运，因而是道德的。同时，出于各种利益的考虑，有些人担心，为获得更多的细胞系，公司会资助体外受精获得囊胚，以及资助人工流产获得胎儿组织，人流将在各国泛滥。

为此，考虑到美国法律禁止使用政府资金资助人胚胎研究，原美国国立卫生研究院（NIH）主任沃马斯教授曾向主管NIH的政府部门——美国卫生与公共服务部（DHHS）咨询有关法律意见。DHHS在1998年12月决定："美国国会关于禁止人胚胎研究的法案不适用于胚胎干细胞研究，因为按目前的定义胚胎干细胞不等于胚胎。"此外，"由于胚胎干细胞植入子宫后，不具有依靠自身发育成个体人的能力，不能将其视为人胚胎"。因此，DHHS可以资助来自胚胎的多能干细胞的研究。DHHS有关ES细胞研究的规定遭到了某些国会、教会和人权组织人士的反对。

后来，横向分化的发现，对干细胞研究和应用产生了革命性的意义，打破了干细胞只能来源于胚胎或受精卵的限制，为干细胞治疗疾病提供了新途径。目前，更鼓励对成体干细胞进行研究。

五、干细胞临床治疗应用和限制

（一）临床应用干细胞来源

利用干细胞治疗疾病，首先要解决4个问题：①干细胞的来源和数目。②如何把干细胞转化成患者所需的功能细胞。③如何克服免疫排斥。④如何诱导干细胞形成一个具有一定解剖结构的脏器。对于以上问题，虽然已经做了大量的研究工作，但是目前还没有一个很好的解决方法。

例如干细胞的来源，胚胎干细胞可以按照Thomson和Gearhart的方法，用ES或EG细胞在体外培养建系来获得。胚胎干细胞可以在体外"无限期"增殖，同时还保持其全能性，即分化成各种功能细胞。因此，从理论上讲，胚胎干细胞是干细胞最丰富的来源。但是，不同个体来源的胚胎干细胞的组织相容性抗原不尽相同，而配型不合的细胞移植必然会引起免疫排斥。另外，由于胚胎干细胞向各种组织功能细胞的转化条件尚不明了，因此，利用胚胎干细胞治疗疾病大概还需要相当长的时间。

用核移植技术建立患者胚胎干细胞系是克服组织配型困难的理想办法。首先把卵母细胞的核去除，然后把患者的体细胞核分离出来并注射到去核卵母细胞中。因为细胞质的状态可以决定细胞核的功能，这样构建的杂核细胞既富有胚胎干细胞的特性，又具有与患者相同的组织配型，可以满足临床移植的需要。但是，如何将杂核的胚胎干细胞定向分化为成熟的功能细胞仍然是一个悬而未决的问题。此外，采用换核技术建立胚胎干细胞系不可能在短时间内完成，因此若要作为临床常规，这项技术有一定的局限性。但是，如果能够利用核移植技术建立一个包含各种组织配型的胚胎干细胞库，后一个问题就可以得到解决。

利用干细胞的物理染色特性和细胞分选技术，我们已经创造了从流产胎儿的组织中分离各种组织成体干细胞的技术。根据脐带血库临床应用的经验，如果我们能建成一个包含四万份不同组织配型的干细胞库，就可以基本满足干细胞移植的配型需求。因为成体干细胞已经经过一定程度的分化，具有相对的“组织特异性”，因此，可以直接用来修复相应的坏死组织。但是，如何在体外扩增成体干细胞以提供充足的移植细胞是应用这一技术的关键。值得注意的是，最近有多家实验室报道了利用支持细胞和外加生长因子的培养技术，在体外成功地扩增了造血干细胞。如果其他组织的成体干细胞也可以通过类似的方法进行扩增，那么，通过建立成体干细胞库从而利用成体干细胞治疗疾病则有望在临床中率先实施。

（二）干细胞临床治疗应用方向

长期以来，由于以药物和手术为主体的医疗手段的限制，临床上很多疾病，如糖尿病、心血管疾病和神经退行性疾病等，并没有明确的治愈方法，甚至没有确切的病因。随着这类疾病发病率的不断增加，现有的医学体系也需要变革和创新，以适应新的发展。此时，再生医学的发展就成为大势所趋。

干细胞技术是再生医学的核心，以干细胞治疗为主体的医疗手段创新、药物研发和临床试验迫在眉睫。基于干细胞的特性，特别是干细胞的增殖和分化机制，能够对现在的科学研究以及生命科学领域提供很多的启发，特别是使用干细胞作为一种新型的药物来治疗各种疾病。以现有技术的发展，科学家已经能够从自体中分离出成体干细胞，在体外定向诱导分化为特定组织细胞，并将这些细胞回输入体内，从而达到长期治疗的目的。比如，对于某些人体已经无法进行自我修复的组织坏死疾病，或者是体内由于缺血引起的一些疾病，使用传统的治疗手段已经无能为力，这个时候，使用干细胞进行治疗，相较于直接进行手术等治疗，具有很多的优点。首先，无论是自体还是异体的干细胞，对于人体来说，其毒性相较于传统的化学药物，或者是金属或塑料材质，都是非常低的，同时出现免疫排斥反应的可能更低。给药后，干细胞能够自我分化，只用一次给药，就能长期发挥作用，而且比较理想的情况是能够生成机体组织，同周围环境完全匹配。比如，瑞典神经学家Bjorklund及其同事，已经通过将从流产胎儿脑中分离的神经组织细胞，移植入患者的脑中来治疗帕金森病。结果发现，有一半以上的患者症状得到明显改善，而且效果持续存在。更进一步发展，干细胞在未来医学应用中，还可用于体外克隆人体器官。虽然这比体内移植干细胞要复杂得多，但合理运用干细胞和动物工程，将有可能解决这一问题。比如通过形成嵌合体，在严格的控制下，使动物的某些器官来源于人体干细胞，这些来自人体干细胞的器官可应用于临床或器官替换。

如果有充足的干细胞，而且定向诱导和横向分化也能如愿以偿，那么用干细胞治疗疾病将具有很多传统治疗方法无法比拟的优点。首先，一次性介入，永久性治疗；其次，不需要完全了解疾病发病的确切机制；另外，还可以应用自身干细胞移植，避免产生免疫排斥反应。另外一个显著特点是，干细胞可以用来治疗各种疾病，特别是那些对于传统治疗方法无能为力的组织坏死性疾病，比如缺血引起的心肌坏死、退行性病变（如帕金森病）、自体免疫性疾病（如胰岛素依赖型糖尿病）等。

用干细胞治疗疾病已不再只是假想。美国佛罗里达大学教授Ramiya及其同事从尚未发病的糖尿病小鼠的胰岛导管中分离出胰岛干细胞，并在体外诱导这些细胞分化成为产生胰岛素的B细胞。移植实验表明，接受移植的糖尿病小鼠血糖浓度控制良好，而对照组小鼠则死于糖尿病。这为干细胞治疗糖尿病奠定了实验基础。另外，现在也已经开始用干细胞来治疗人体疾病。瑞典神经学家Bjorklund及其同事已经通过将从流产胎儿脑中分离的神经组织细胞，移植入患者的脑中来治疗帕金森病。对一位术后10年的患者进行跟踪研究，发现移植的神经元仍然存活并继续产生多巴胺，而且患者的症状得到明显改善。可以预测，干细胞治疗技术在临床中的广泛应用已经为期不远。

（三）干细胞临床试验效果

干细胞在临床治疗中的应用，将会给传统治疗带来一场革命，也会对多种基础学科及临床专科产生重要影响。

近几年，国内外已经在积极开展多种类型的干细胞临床试验，主要用于干细胞治疗的干细胞类型包括：成体干细胞，占75%；胚胎干细胞，占13%；胎儿干细胞，占2%；脐带干细胞，占10%。同时，世界上多个从事干细胞研究的国家已批复了一些应用于特定症状的干细胞产品的临床前研究和临床试验。如2010年，美国食品药品管理局（FDA）批准了首例利用人胚胎干细胞来源的少突胶质细胞治疗脊髓损伤的临床试验；2012年5月，位于美国哥伦比亚的医药公司宣布获得加拿大卫生部对其干细胞疗法药物的上市批准，用于治疗儿童移植物抗宿主病（GVHD），成为世界上首个获批上市的人造干细胞药物。

这些干细胞产品和临床试验的开展，推进了干细胞临床应用和再生医学的发展。

（四）干细胞技术限制

虽然干细胞治疗具有巨大的应用前景，但也应清楚地认识到，干细胞临床治疗仍存在许多无法避免的危险因素。

首先，干细胞及其衍生物的安全性、纯度、稳定性和有效性难以保证。由于国际领先干细胞研究主要在体外培养，同时行业内也未建立统一标准进行质量规范，因此监管机构也无法对干细胞进行统一的管理。

其次，干细胞的自我更新和非目的性分化无法控制，极易形成畸胎瘤或肿瘤。

第三，干细胞及其衍生物进入人体后，如何控制使其不产生异位组织和部位迁移同样非常重要。但干细胞分化如何调控，目前尚没有确切的理论，需要科学家进行更深层次的研究。

因此，干细胞治疗从临床前研究和临床试验到真正大规模临床转化还有很长的路要走。与此同时，干细胞的应用也带来了相关的伦理、道德挑战，制定干细胞研究和临床治疗相关的伦理、道德和法律规范，使干细胞研究和应用规范化势在必行。

第二节　核克隆、表观遗传重编程和细胞分化

一、核克隆

（一）核克隆介绍

由于哺乳动物的卵母细胞均具有重编程体细胞的能力，因此，如果建立人胚胎干细胞的克隆系，则可以为未来胚胎干细胞及其分化细胞的应用提供很大的发展方向。

核克隆技术，简称为克隆（cloning）技术，即进行细胞核移植（nuclear transfer，NT），也被称为体细胞核移植（somatic cell nuclear transfer，SCNT）。核克隆操作首先要获得供体细胞的细胞核，然后移入去除遗传物质的卵母细胞中，使细胞重获全能性。自核克隆技术在60多年前被发明至今，已经给生命科学带来了极大的革命，其是目前所有生命科学技术中，唯一一种可以高效、快速地使分化的细胞获得全能性的方式。因此，无论是对于核质关系、

细胞分化、细胞多能性、表观遗传学、发育生物学和生殖生物学等领域的前沿研究，还是对于转化医学和遗传资源的保存，核克隆均有广泛的应用前景。

（二）核克隆技术限制

人类克隆胚胎干细胞的研究中至关重要的一点即是建立人类克隆胚胎干细胞系。但是由于胚胎干细胞获得的来源问题，在许多国家和地区，出于道德及伦理学上的考虑，法律都明令禁止人类克隆实验。如果要建立人类克隆胚胎干细胞系，就需要他人胚胎的供应，无论是来源还是监管都存在法规及伦理上的问题，最恶劣的情况就是造成人类胚胎的非法买卖。从可行性上来说，人类卵母细胞数量也是非常有限的，这也会限制研究的开展。另外还存在一些技术问题，比如人类克隆胚胎面临的一个主要问题是克隆胚胎的早期发育阻滞，阻止了稳定的胚胎干细胞系的建立，这可能是由于作为供体的成体细胞核不能激活胚胎发育的关键基因所致，表现为大部分的克隆胚胎在到达8细胞期之后就失去了进一步发育的潜能。在一些极少的案例中，即使克隆胚胎能够发育至囊胚阶段，稳定的胚胎干细胞系依然不能被成功建立。

所以，人类克隆胚胎干细胞研究面临着重大的技术、道德和法规挑战。在过去相当长的时间里，全世界学术界和科学家都在致力于解决人类细胞相关的克隆研究问题，但到目前为止，都还没有成功获得人类克隆胚胎干细胞系。

（三）核克隆未来发展

基于以上背景，目前绝大多数涉及人类卵母细胞的核克隆实验，采用的却是为非灵长类动物设计的核克隆实验方法。2007年，美国俄勒冈健康与科学大学Mitalipov教授所领导的科研团队以恒河猴的皮肤成纤维细胞作为供核细胞，成功建立了灵长类动物的克隆胚胎干细胞系。之后，该团队在2013年建立了世界上首例人类克隆胚胎干细胞系，并发现人类体细胞重编效率与受体人类卵母细胞的质量息息相关。

从此，人类体细胞核移植研究进入新的时代。之后，科学家从Ⅰ型糖尿病患者中分离、培养，得到了核克隆胚胎干细胞，并被证明可以分化形成能产生胰岛素的B细胞。这是核克隆技术未来新的应用方向。

二、表观遗传重编程

（一）表观遗传重编程介绍

目前，虽然体细胞核移植技术已经初步获得了成功，并成功获得了多种哺乳动物的克隆后代，但最终的效果却并不是很理想，同时出现了很多问题，比如体细胞克隆胚胎发育能力低，只有一部分的重构胚胎能发育到足月，因此造成了许多动物在出生后不久就死亡。即使有存活的后代，也出现了很多问题，最明显的就是“巨胎症”，即胎盘肥大、胎儿过度生长等。

经过科学家们寻找并分析原因，已经成功发现，造成以上问题的最主要原因就是表观遗传修饰在克隆胚胎早期发育阶段的异常重编程。

在正常情况下，体细胞重编程在哺乳动物和克隆胚胎的发育过程中，对建立核的全能性起关键作用。具体形式是：体细胞核在卵细胞质中发生重新编程，转变为一种全能的胚胎状态，这其中包含了复杂的表观遗传修饰，包括染色质重塑、DNA甲基化、组蛋白共价修饰、X染色体失活和印记基因表达等。而通过研究发现，如果体细胞核发生不完全重编程，会直接造成错误的表观遗传，从而直接引起相关基因的异常表达，最终影响克隆胚胎的发育。

（二）DNA甲基化

体细胞克隆的动物普遍存在DNA甲基化水平过高的现象，主要表现在去甲基化不充分和提前甲基化。

在最初阶段，克隆牛胚胎的基因组去甲基化发生时间跟正常胚胎几乎相同，在2细胞期达到最低，随后过早出现重新甲基化，甲基化水平上升；体细胞基因组在核移植后基因组去甲基化的程度较受精胚胎低，其DNA甲基化水平明显高于正常胚胎水平而更接近于体细胞状态，这可能是因为体细胞核中甲基化酶的存在形式和卵中的不同，且滋养层细胞发生异常的超甲基化。总之，克隆胚胎滋养层细胞的甲基化过高，明显异常。

（三）组蛋白修饰

组蛋白乙酰化是由组蛋白乙酰基转移酶（histone acetyltransferase，HAT）和组蛋白去乙酰化酶（histone deacetylase，HDAC）协调催化的，一般修饰N-末端保守的赖氨酸残基部位。组蛋白乙酰化会影响染色体中组蛋白和染色质之间的相互作用，利于转录因子结合和（或）可调节组蛋白N-端区与蛋白质之间的相互作用，从而促进转录。研究发现，克隆牛和水牛胚胎与体外受精胚胎相比，乙酰化水平显著降低。检测克隆猪胚胎发现，H3K9、H3K14、H4K16位点的乙酰化水平在体细胞核移入后下降，之后逐渐消失，重构胚胎激活后，乙酰化的恢复与孤雌激活胚胎相似，H3K9、H3K14乙酰化发生在后/末期，H4K16乙酰化发生在原核期。以上研究表明，体细胞核移植胚胎中，组蛋白乙酰化的重编程是不完全的。

（四）未来解决方向

综上，本体细胞核移植技术效率低下的主要原因是分化的体细胞核不能被卵母细胞质完全重编程，主要表现为异常的表观遗传修饰模式。

如何修复这些异常的表观遗传修饰？目前的研究大多是使用能改变表观遗传水平的小分子化合物处理重构胚胎，以及敲除或敲低相关基因来改变表观遗传修饰。比如，研究发现DNA甲基转移酶抑制剂和组蛋白去乙酰化酶抑制剂等能部分修复克隆胚胎异常的表观遗传修饰，能提高供体核的重编程。然而，目前使用的大多数试剂都有一定的不良反应。因此，进一步研究效率高、不良反应小的药物来修复表观遗传错误将是今后的主要发展方向之一。

随着诱导多能性胚胎干细胞（induced pluripotent stem cells，iPS）技术的出现，人们的研究重点转向了iPS研究。但是许多研究已经证实，iPS技术诱导获得的iPS细胞质量不如体细胞核移植细胞，目前仅有小鼠的iPS细胞能完全发育为个体，而体细胞核移植技术能够将绝大多数物种分化的体细胞重编程为多能性干细胞并发育为个体。因此，体细胞核移植技术仍是研究核重编程机制的一种重要技术手段。

三、细胞分化

（一）细胞分化介绍

人类胚胎干细胞在适当的培养条件下，先分化成3个胚层，继而分化成体内各种细胞，如胰岛细胞、肝细胞、肺泡细胞、心肌细胞、血细胞和神经细胞等，这种多谱系潜力为治疗众多退行性疾病提供了新思路。比如，人胚胎干细胞诱导分化的各种细胞在癌症、帕金森病、阿尔茨海默症及糖尿病等各种疾病的治疗中具有巨大的潜力，并且还能够应用于多种体外研究中，为不同领域提供新的思路和工具。

（二）胚胎干细胞分化应用

在技术性上，依靠人类胚胎干细胞进行疾病治疗仍然存在很多问题和挑战。首先，目前主要的干细胞分化研究中，分化形成的成熟功能性细胞的数量和可用性都还存在问题。比如使用2D培养存在一些局限性，大多数2D培养的人类胚胎干细胞在细胞移植后立即死亡，并且存活下来的细胞也不能起到修复组织的作用。因此，为了获得成熟的功能性细胞，需要研究人员尝试建立更加成熟和简便的3D培养系统。依靠目前细胞分化技术的发展，未来无饲养层培养体系将逐渐成为主流。

另外，在进行细胞移植过程中，还需避免移植细胞在发挥其治疗作用之外引起免疫排斥以及形成肿瘤，这也是目前人类胚胎干细胞在应用过程中的最大瓶颈。虽然从技术上，可以通过沉默触发肿瘤形成和免疫排斥的基因、分子途径或使用诱导多能干细胞实现，但整个工艺仍不成熟，仍然需要研究人员进一步探索。

（三）成体干细胞分化应用

20世纪之前，人们已知道成体组织中（如骨髓）含有造血干细胞，但在成体组织中除了造血干细胞外是否还存在其他组织的干细胞一直没有得到证明。这是由于当时缺乏体外诱导分化技术和细胞因子，不可能发现骨髓或其他成体组织中还存在各类成体干细胞。所以一直以来，干细胞生物学的研究只限于造血干细胞，甚至很长一段时间骨髓干细胞直接指代造血干细胞。

后来，经过持续研究，科学家发现骨髓中成体干细胞不仅包括造血干细胞、间充质干细胞，还含有其他各个胚层来源的干细胞及其分化的后代，即各类非造血组织的干细胞，如神经干细胞、肝脏干细胞等。这些细胞被统称为成体干细胞（adult stem cells，ASC）。

20世纪末，成体干细胞的应用研究取得了重大突破，直接改变了干细胞的传统应用格局，即科学家们发现了许多成体组织中有一些细胞可以在体外被某些细胞因子诱导分化，变为和原组织不同的组织细胞，例如肌肉匀浆中诱导发生的造血细胞、脂肪组织中诱导发生的神经元细胞等。最初科学家们仅仅是认为这些细胞是组织细胞“横向分化”的结果，后来经过不断地研究论证，科学家们确定这些细胞是在成体组织中仍然残存的、胚胎发育过程中的、包括各胚层定向的、组织定向的各类干细胞。

实际上，在胚胎发育的每个阶段，都有少部分干细胞中止参与胚胎发育，转入G0静止期，既不增殖又不分化却仍然保持干细胞原有的基本特性。这样的结果就是，当胚胎不断发育成长，那些不参与胚胎发育的、处于静止状态的各类成体干细胞，却依然遗留在机体的各种组织中。甚至在出生后，当年纪增长，各种成体组织中仍保留各种类成体干细胞的基本特征不变。科学家分离这些成体干细胞，在体外适当的细胞因子诱导刺激下，其可以从G0期转入细胞周期而增殖，并分化成为某种组织的定向细胞。

但是，组织定向干细胞的分化只能沿循着本组织的分化途径进行有限的“多向分化”。例如，造血干细胞的多向分化，仅限于髓系和淋巴系的造血细胞的各支系纵向分化。这种有限的分化，与胚胎干细胞在本胚层内多向分化的可塑性不同，与原始的桑椹期胚胎干细胞可向各胚层分化的可塑性也不同。因此，组织干细胞目前观察到的分化只限于本组织的分化支系，其分化不可跨越本组织定向的限制，更不可能突破胚层源的界限。

第三节　胚胎干细胞

一、胚胎干细胞基础

（一）胚胎干细胞介绍

胚胎干细胞是来源于着床前的囊胚内细胞团或早期胎儿的原始生殖细胞的、一类未分化的全能性干细胞，具有无限增殖和全能分化的潜力。正因为其万能细胞的特点，胚胎干细胞在临床治疗中有着非常广泛的应用。

胚胎干细胞既像培养的一般细胞那样可进行扩增、遗传操作选择和冻存，在操作过程中不会失去其全能性，同时胚胎干细胞还类似于胚胎细胞，含有正常的二倍体核型，具有发育的全能性和多能性。介于以上特性，在进行临床应用时，可以在适当条件下将胚胎干细胞诱导分化成多种细胞组织，也可将其与受体胚胎嵌合，生产包括生殖系在内的各种组织的嵌合体个体。因此，胚胎细胞在学术研究中一直是研究哺乳动物早期胚胎发生、细胞组织分化、基因表达调控等发育生物学基础研究的一个非常理想的模型系统和非常有用的工具，也是进行动物胚胎工程研究和临床医学研究的一个重要途径。

人类胚胎干细胞的多谱系潜力为治疗众多退行性疾病提供了新思路。

1. 人类胚胎干细胞诱导分化的内胚层细胞　内胚层衍生物主要包括肺、肝、胰腺、膀胱、甲状腺及消化系统中的各类细胞。产生内胚层细胞的首要步骤是形成定形内胚层，D′Amour 等在实验中发现，在低血清条件下，可以通过添加高浓度的激活素 A 和 Wnt3a，以阶段特异性的方式将人类胚胎干细胞选择性诱导分化为定形内胚层。定性内胚层形成后，进而分化为特定的祖细胞群，如胰岛 B 细胞、肺泡上皮细胞和肝细胞等，在临床上可用于开发糖尿病、肺部疾病和急性肝衰竭 / 肝炎等疾病的细胞替代疗法。

Kroon 等成功获得了人类胚胎干细胞诱导分化的胰岛祖细胞。他们把人类胚胎干细胞依次暴露于激活素 A 和 Wnt3a 中，然后添加角质细胞生长因子或 FGF7 以诱导原肠管形成；随后，向培养基中加入视黄酸和 Noggin 以抑制 Shh 和 TGFβ 信号通路，进而诱导分化为胰岛祖细胞的来源———前肠后端

（posterior foregut）细胞；最后再将这些细胞进一步培养以产生胰腺内胚层细胞。Kroon等将得到的细胞移植到免疫缺陷小鼠体内，发现它们能够表现出胰岛B细胞的组织学结构特征，并具有产生胰岛素的能力。在最近的研究中，Nair等还发现通过分离和重新聚集未成熟的B细胞，可以生成B细胞样细胞簇（enriched B-clusters，eBC），从而在体外获得功能性胰岛B细胞，在治疗糖尿病方面取得了重大进展。

以类似的方式，在人类胚胎干细胞分化成定形内胚层后，还可以进一步诱导分化为肝细胞。Agarwal等在实验中发现，将胶原蛋白Ⅰ基质和肝分化因子（包括FGF4、BMP4、肝细胞生长因子和地塞米松）依次添加到低血清培养基中，可以产生高度稳定的功能性肝细胞群。这些细胞能够表达已知的成熟肝细胞特征标志物，并发挥相应的功能。在最新的研究中，Feng等在体外构建了一种可扩展的无血清悬浮培养系统。该系统能够通过使用人内胚层干细胞作为前体，大规模产生功能性可移植肝细胞，极大程度上满足了肝细胞不断增长的治疗和药物需求。

人类胚胎干细胞分化的另一个目标是肺泡上皮细胞，这些细胞可用于肺部慢性呼吸系统疾病的研究和治疗。Wang等使用表面活性蛋白C启动子控制的新霉素转基因非病毒转染人类胚胎干细胞，并获得了几乎纯净的肺泡上皮细胞，在人类胚胎干细胞诱导分化为肺泡上皮细胞群方面取得了显著成功。此外，Strikoudis等在体外使用人类胚胎干细胞产生的肺类器官模拟肺纤维化，并探究了肺纤维化的发病机制，为探究纤维化肺病的治疗方法提供了理论依据。

2. 人类胚胎干细胞诱导分化的中胚层细胞　中胚层衍生的细胞已经成功被科学家获得。研究发现，人类胚胎干细胞直接诱导分化为中胚层需要激活TGFβ信号传导通路，而这需要通过逐步添加激活素A、BMP4和生长因子（如血管内皮生长因子和bFGF等），才得以实现。还有研究发现，可以使人类胚胎干细胞首先自发分化为拟胚体（embryoid body，EB），进而获得各种中胚层衍生物。随着EB的形成，研究人员在无血清条件下实现了人类胚胎干细胞向造血谱系细胞的有效分化，可产生几乎所有类型的血细胞和免疫细胞。Chadwick等提出，通过在无血清培养基中添加白介素3、白介素6以及BMP4等细胞因子，可以促进EB形成后人类胚胎干细胞分化为造血细胞。Montel-Hagen及其同事也开发了一种用于诱导干细胞衍生的中胚层分化为幼稚T细胞的3D类器官系统，研究发现通过该方法得到的T细胞在体内外均可显现出抗肿瘤效果。因此，人类胚胎干细胞分化的造血谱系细胞有望改善需要血细胞移植的现有疗法，并通过细胞移植的方法治疗免疫缺陷等疾病。

另一种中胚层衍生物——心肌细胞已经可以通过一些方法从人类胚胎干细胞分化而来。Laflamme等研究发现，使用激活素A和BMP4处理致密单层人类胚胎干细胞，可以使其定向分化为心肌细胞。更重要的是，当研究人员将这些细胞移植到心脏受损的大鼠体内后，其可形成功能性心肌细胞，并改善受损心脏的功能。另一项研究则使用了额外的培养基补充剂（如VEGF、DKK1以及bFGF等），以促进EB向心肌细胞的分化。随着研究的深入，Bargehr等还测试了人类胚胎干细胞分化的心外膜细胞在体外增强心脏组织结构和功能的能力，他们发现，如果将人类胚胎干细胞分化的心外膜细胞和心肌细胞共同移植至动物体内，心肌细胞的增殖速率加倍，心脏移植物尺寸增加，收缩功能也能够得到有效改善，从而更加有助于心脏病患者的治疗。

上文提到将人类胚胎干细胞移植到小鼠体内可能会形成畸胎瘤，研究人员从中得到启示，认为人类胚胎干细胞也可以是结缔组织（骨和软骨等）替代疗法的有效细胞来源。研究人员利用3D培养系统将人类胚胎干细胞和BMP2在高密度环境下共同培养，从而诱导分化为软骨细胞。Wang等也通过实验证明，当使用无血清培养基诱导人类胚胎干细胞产生软骨细胞时，用BMP2替代BMP4能够使软骨形成基因Sox5的表达增加，并更好地驱动人类胚胎干细胞分化为软骨细胞，增强软骨细胞聚集体的形成。通过定向培养人类胚胎干细胞所得到的这些细胞可用于治疗关节中软骨破坏或骨密度低下所导致的骨质疏松症和骨关节炎等疾病。

3. 人类胚胎干细胞诱导分化的外胚层细胞　在人类胚胎干细胞的培养中，最主要的分化途径是形成外胚层，进而分化为各种神经元或神经胶质细胞以及视网膜色素上皮（retinal pigment epithelium，RPE）细胞等。研究发现，人类胚胎干细胞可以被诱导分化为感觉神经元、多巴胺能神经元、GABA能神经元、胆碱能神经元、运动神经元以及少突胶质细胞等众多神经系统组分，并参与各种神经退行性疾病的治疗。

在得到第一个人类胚胎干细胞株系后不久，Reubinoff等在体外高密度培养4～7周的人类胚胎干细胞中发现了可扩增的神经前体细胞（neural precursor cell，NPC）。研究人员将其放置于无血清培养基中作为神经球体扩增，然后通过把球体铺在涂有聚-D-赖氨酸和层粘连蛋白的盖玻片上，成功实现了神经诱导。结果显示：培养基中出现了表达神经元标记物β-微管蛋白和MAP2的细胞。Reubinoff及其同事还通过添加B27补充剂、人重组表皮因子EGF和bFGF来促进NPC的扩增，而扩增的NPC能够在体外或移植到小鼠体内后分化为主要的神经谱系———神经元、星形胶质细胞和少突胶质细胞。与此同时，Zhang等使用了一种不同的方法将人类胚胎干细胞诱导分化为NPC。在该研究中，研究人员使用胰岛素、转铁蛋白、孕酮、肝素和bFGF共同处理EB，使其在培养基中形成单层管状玫瑰花样神经结构，随后使用分散酶进行酶处理，分离得到NPC。与Reubinoff的研究结果类似，产生的NPC也能够在体内、体外形成少突胶质细胞、星形胶质细胞和成熟神经元。这些结果都证实了人类胚胎干细胞衍生的NPC的分化潜能，这些细胞为将来可能用于治疗多种中枢神经系统疾病的不同神经元表型的选择性分化奠定了基础。

神经玫瑰花结（neural rosettes）是NPC能够分化成各种神经细胞的重要标志，因此多项研究都探索了增强神经玫瑰花结形成的方法，以产生更多类型的神经细胞。有研究报道，通过使用基质细胞系培养人类胚胎干细胞，即可为其提供神经诱导所需的外胚层信号因子，进而促进神经玫瑰花结的形成。当神经玫瑰花结产生后，添加FGF2、EGF以及其他细胞因子，可以使其分化为特定的神经亚型。例如：来源于神经玫瑰花结的神经嵴干细胞可以通过添加BDNF、GDNF和dbcAMP，或在CNTF、神经调节蛋白-1β和dbcAMP共同培养的条件下，分化为周围交感神经和感觉神经元。Li等获得了第一例人类胚胎干细胞衍生的运动神经元（motoneurons，MNs），他们使用先前描述的方法生成NPC之后，通过向培养基中添加视黄酸以诱导其分化为MNs，Shh则促进了有丝分裂后运动神经元的进一步成熟。随着研究的深入，Du等开发出了一种在短时间内获取高纯度成熟MNs的方法，他们首先使用调节多种信号通路的小分子组合，将人类胚胎干细胞诱导分化为高纯度的运动神经元祖细胞，随后利用NOTCH抑制剂CpdE将其引导为功能成熟的MNs富集群体。MNs的获得为脊髓损伤和相关退行性疾病（如ALS等）的细胞替代疗法提供了细胞来源。此外，实验人员在对ALS疾病模型的研究中还发现，非神经元细胞如少突胶质细胞和施旺细胞的缺失也是ALS的发病原因之一。因此，他们将人类胚胎干细胞体外分化为少突胶质细胞，并移植至脊髓损伤的大鼠体内，结果显示，移植到体内的少突胶质细胞能够促进运动神经元的髓鞘再生，进而恢复其运动功能。

除了神经元和神经胶质细胞外，人类胚胎干细胞衍生的外胚层还包括对人类视觉功能有着巨大贡献的RPE细胞。有报道称，RPE细胞能够通过清除并更新视紫红质的光感受器外段来支持神经视网膜，因此RPE细胞的丧失或功能障碍会导致黄斑变性———人类失明的最主要原因之一。为了诱导人类胚胎干细胞分化为RPE细胞，Idelson等将其放置于添加了烟酰胺和激活素A

的无血清培养基中进行诱导，并成功获得了RPE细胞。此后，研究人员将这些细胞转移至黄斑变性的动物模型中，发现它们可以表现出相应的形态和功能特性，以发挥挽救视力的作用。

（二）人胚胎干细胞获得

早在1998年，美国的Thomson和Shamblott就建立了人胚胎干细胞系，引起了轰动，并开启了国际上胚胎干细胞研究的高潮。

要获得人胚胎干细胞，第一个困难和挑战即是如何从人类胚胎中分离出干细胞。人胚胎干细胞通常从着床前或着床周期人类囊胚的内细胞群（inner cell mass，ICM）中获得。研究人员最初通过机械解剖或免疫外科手术的方法去除透明带和营养外胚层，进而分离出胚胎干细胞。但是免疫外科手术需要使用动物源性产品，如含有豚鼠血清的培养基，而暴露于动物源性产品则可能会导致一些病原体转移到人胚胎干细胞，从而无法获得临床级的人胚胎干细胞系。因此，使用机械压力或酶分离ICM与营养外胚层，可以避免ICM与动物产品在衍生过程中的接触，有利于之后的研究和应用。随着研究的深入，科学家还开发出其他分离人胚胎干细胞的方法。如Turetsky等通过使用激光束在透明带上形成一个开口，从而分离胚胎干细胞，这说明激光辅助显微操作的方法也是ICM无异种分离中最有前途的技术之一。

然而，ICM的分离会导致胚胎被破坏，这引起了严重的伦理和政治问题。为了解决这个问题，许多研究者致力于从胚胎发育的早期阶段分离出细胞。Chung和Klimanskaya等在胚胎着床前的基因检测期间，从患者体内获得携带单卵裂球的胚胎活检，并且成功从单卵裂球活检中获得5个人胚胎干细胞系。由于来自单卵裂球的人胚胎干细胞不会妨碍剩余卵裂球形成正常胚胎的能力，避开了伦理争议。同样，由于既没有产生胚胎也没有破坏胚胎，通过人工授精产生的孤雌生殖胚胎，也已经成为人胚胎干细胞理想的来源。

到目前为止，世界范围内的科学家们已经使用各种方法从不同的胚胎来源中获得并建立了数百个人胚胎干细胞株系，这些人胚胎干细胞现已应用于基础和临床研究。

（三）生物学特性

胚胎干细胞较一般细胞具有特定的细胞形态、生长特性、特定的细胞表面抗原和酶、正常的二倍体核型等生物学特性。在形态学上，胚胎干细胞可在培养基中形成致密的球形细胞集落，集落内的单个胚胎干细胞表现出高核质比和大核仁的特点，说明在增殖过程中，转录和蛋白质合成非常活跃。另外，人胚胎干细胞还能够表达许多细胞表面标志物和转录因子，包括阶段特异性胚胎抗原-4（SSEA-4）、SSEA-3、畸胎瘤衍生生长因子1（TDGF1）、生长分化因子3（GDF3）、TRA抗原、Oct3/4以及Nanog等。这使研究人员能够在体内外监测胚胎干细胞的分化和发育行为。

从主要功能性来说，胚胎干细胞具有以下几个主要的生物学特性。

1. 全能性　胚胎干细胞具有发育的全能性，即其可以发育为构成机体的不同细胞类型中的任何一种的潜力。体外胚胎干细胞已经可被诱导分化出包括三个胚层在内的所有分化细胞。

同时，胚胎干细胞还具有种系传递功能。胚胎干细胞能与另一正常胚胎嵌合，获得包括生殖系在内的嵌合体个体。全能性是胚胎干细胞具可塑性的基础，这正是胚胎干细胞最有用的地方，也是胚胎干细胞优于成年组织干细胞之处。

2. 无限扩增　理论上，胚胎干细胞具无限扩增的特性。体外无限扩增的特性，是胚胎干细胞研究和应用的一个前提和关键。早期的胚胎细胞具有全能性，但其数量很少，相对来说其实际应用意义没有胚胎干细胞大。

因此，胚胎干细胞在体外适宜条件下能在未分化态下无限增殖，为胚胎干细胞研究和应用提供了无限的细胞来源。

3. 可操作性　在体外，科学家可以对胚胎干细胞进行遗传操作选择，如导入异源基因、报告基因或标志基因，诱导某个基因突变，基因打靶或导入额外的原有基因，使之过度表达以增加功能等。

理论上，胚胎干细胞经遗传操作选择后一般仍能保持其扩增和发育的全能性或多能性，因此可经遗传操作选择制备转基因个体或基因缺失、突变或过量表达的杂合或纯合个体，以进行各种基因功能分析。

二、胚胎干细胞临床应用

人们一直致力于研究能够在体外培养的人类胚胎干细胞，如同其他哺乳动物的胚胎干细胞那样能够自我增殖，并在一定条件下分化形成多种细胞与组织类型，供基础研究及移植治疗使用。

1998年，有两个实验组分别报道分离出了人类胚胎干细胞——胚胎种系细胞，它们表现出体外不分化的增殖能力及向多种细胞系分化的潜能，将其注入免疫相容性小鼠也能产生由多种组织构成的畸胎瘤，证实它们确实是人类的胚胎干细胞，即胚胎种系细胞。这项工作是开创性的，不仅掀起了新一轮研究胚胎干细胞的热潮，还引起更多人关注，同时也引起了关于人类克隆及人类胚胎应用的伦理道德问题的思考。由于人类胚胎干细胞的建系成功，使得将胚胎干细胞应用于临床的研究有了重要突破，因此美国NIH委员会在非规定申请资助时间内破例为胚胎干细胞的研究提供基金。

尽管人类胚胎干细胞的一些特性还需进一步的实验证实，而有的特性如形成嵌合体由于伦理的原因尚无法证实，但一种能够自我更新、组织培养下分化为多种细胞类型的人类细胞必将在基础研究及移植治疗上广泛应用。

（一）组织移植

由于胚胎干细胞具有发育分化为构成机体的所有类型组织细胞的能力，因此，任何因物理、化学或生物学因素等造成的细胞损伤或病变引起的疾病都可以通过移植由胚胎干细胞定向分化而来的特异组织细胞或器官来治疗。所以，人们希望能控制胚胎干细胞产生特定的细胞或组织以供移植治疗，这是因为许多疾病仅需一种或少数几种细胞的移植。例如，将多巴胺能神经元移植入帕金森病患者体内、用心肌细胞置换受损的心脏，或用产生胰岛素的细胞治疗糖尿病患者。

至今为止，小鼠胚胎干细胞来源的多种细胞都成功的移植入受体体内，但由于实验条件有限，或限于受体动物种属的年龄，类似实验的长期结果分析还很少，但已说明这种细胞移植的治疗是可能的。尽管首先要克服的是供受体免疫不相容性及免疫排斥反应，但是可以考虑建一个胚胎干细胞库以提供多种不同组织免疫相容性抗原型的胚胎干细胞。

（二）基因编码

胚胎干细胞及胚胎种系细胞另一重要应用是发现一些有治疗功能的基因，这些基因可能编码一些具有直接治疗作用的蛋白，如生长因子，或一些药物治疗的重要靶点。

胚胎干细胞提供了新药物的药理药效、毒理及药物代谢等研究的细胞水平的研究手段，可大大减少药物实验所需实验动物的数量，其还可用来研究动物和人类疾病的发生机制和发展过程，以便找到有效和持久的治疗方法。

利用胚胎干细胞还可以研究基因功能，它不仅避免了用基因敲除技术所带来的精力、资金和时间上的消耗，还可以研究除基因缺失突变外的基因功能获得性突变，即通过体内发育瞬间的表达或某些时期的长期表达来研究基因在人类胚胎发育中的作用。

（三）技术限制

尽管，从最早分离得到小鼠胚胎干细胞到最近获得人类胚胎干细胞，人们对胚胎干细胞的认识和利用已有了长足的进步，但仍存在一系列悬而未决的问题或发展中的“路障”，细胞移植的治疗应用可能还需要长时间的努力。

首先，在胚胎干细胞的建系中就存在很多技术问题。胚胎干细胞是源于ICM或PGCs经体外抑制分化培养克隆出的一种具全能性的细胞系。在胚胎及机体发育过程中，分化和分裂增殖一般同时进行，而胚胎干细胞的建系则要求胚胎干细胞既能快速无限增殖，又呈未分化态。抑制分化和扩增是一对矛盾，必须筛选适宜的条件培养基。而目前人们还不能完全控制胚胎干细胞分化为所需要的细胞，还不知道胚胎干细胞分化时是否有基因突变发生、胚胎干细胞是否有潜在的成瘤性、如何克服供受体免疫不相容、如何获得更多的胚胎干细胞系，这些问题都需要对胚胎干细胞进行更多更深的探索与研究。虽然目前科学家已建立小鼠胚胎干细胞系，但家畜和人类仅得到类胚胎干细胞系，然而即便是类胚胎干细胞系，建系成功率也不高，而家畜、人类胚胎干细胞系建立的最佳条件仍无定论。

其次，胚胎干细胞高度未分化，具有形成畸胎瘤的可能性。因此，在用胚胎干细胞进行克隆治疗前，必须首先在体外诱导胚胎干细胞分化，以产生某种特异类型的组织细胞前体或设计自杀基因。如何控制胚胎干细胞定向分化，是胚胎干细胞应用于临床医学的关键。基因修饰和选择、提纯特异性分化细胞是人胚胎干细胞成功应用于临床的重要前提，而目前尚未见到有关人和家畜胚胎干细胞定向分化的确切可靠的研究报道，目前也没有胚胎干细胞形成复杂组织器官的案例。

综上所述，由于胚胎干细胞及其体外定向分化体系能够基本模拟乃至重现体内复杂的发育及组织器官生成过程，且具备能人工控制、干预，和潜在的规模化、规范化与工艺化等特点，为人们一直难以下手而又梦寐以求的发育图示的研究以及人类早期胚胎发育机制的研究提供了简单而有效的体外模型，为人类向往已久的真正意义的组织工程奠定了必要的学术、技术基础，已引起学术界、技术界，乃至企业界的关注。

三、伦理道德争议

人类胚胎干细胞是存在于人类早期胚胎中、具有发育多能性的细胞类型。医学家们相信，胚胎干细胞研究将使帕金森病、脊髓损伤等重大疾病的治愈成为可能。人类胚胎干细胞研究对提高人民健康水平具有巨大的医学前景。然而，由于在提取胚胎干细胞的过程中需要摧毁胚胎，所以该研究从一开始就饱受众多争议，其中包括“摧毁胚胎是否合法”的争议。“以摧毁胚胎为前提”的研究是否合法首先取决于胚胎的法律地位。如果胚胎被视为法律上的人，则胚胎应具有生命权及人的尊严。在没有正当理由去剥夺胚胎的生命权的情况下，人类胚胎干细胞研究对胚胎的摧毁必将是侵犯人之生命权的违法行为。但是，从只存在于母亲子宫内的“体内胚胎”到通过体外受精技术获得的“体外胚胎”，科技发展带来了胚胎类型的多样化。因此，对人类胚胎干细胞研究是否合法的分析也应根据胚胎类型加以区分。本文讨论的是作为人类胚胎干细胞主要来源的体外胚胎，更确切地说，是体外胚胎中的剩余胚胎。

在多起相关诉讼的推动下，美国对体外胚胎法律地位的分析进行的最为广泛与深入，以下是3个典型案例。

第一个案例：Roe v. Wade 案。

美国德克萨斯州一位未婚妇女Jane Roe怀孕，意求堕胎。但根据该州法律，除了遵医嘱及为拯救母亲生命外，其他一切堕胎均为刑事犯罪。于是Jane Roe以德州堕胎法侵犯美国宪法所保护的隐私权为由提起诉讼。案件一直上诉到联邦最高法院。1973年，Harry Blackmun大法官代表多数意见作出了支持Jane Roe的判决。Blackmun认为，个人具有美国宪法保护的隐私权，隐私权的广泛性足以涵盖妇女自行决定是否终止妊娠的权利。尽管美国宪法没有明文提到隐私权，但无论是美国宪法第九修正案确认的“人民保留的权利”，还是第十四修正案确认的，未经正当程序不可剥夺的个人自由，都隐含着对隐私权的宪法保护。该案的一个关键点就是：胎儿是不是美国宪法第十四修正案下的“人”。对此，Blackmun大法官认为，虽然美国宪法并没有对“人”下定义，但使用“人”这个字眼的所有美国宪法条文中，“人”都是指出生后的人。因此，依当前法律，胎儿并不是“人”，但应依其具存活能力与否给予不同程度的尊重。

第二个案例：Davis v. Davis 案。

Davis v. Davis案发生在1989年，是美国历史上第一个关于体外胚胎的案件，此时IVF-ET（指体外受精—胚胎移植，又称试管婴儿）治疗已经在美国逐渐开展起来。Davis夫妇在离婚诉讼中，对之前经IVF-ET治疗而获得的七个胚胎的归属问题产生了分歧。妻子Mary Sue Davis希望将胚胎植入自己子宫内怀孕生子，而丈夫Junior Lewis Davis希望将胚胎继续保存在冷冻状态。田纳西州地方法院拒绝适用Roe v. Wade判决的见解，认为本案并没有母亲利益与胚胎利益的冲突，并基于胚胎是人的理由，以对胚胎最有利的立场即将他们植入母亲体内发育成熟，将胚胎判给了Mary Sue Davis。该案件最后上诉至田纳西最高法院。最高法院认为，胚胎介于人与财产的中间地位，有发育为人的潜能，应该得到尊敬，但因为胚胎还没有发育为人，因此不需要把其当成人来对待。最后认定原被告对胚胎并无事实上的财产利益，但因为有权决定如何处置胚胎而共同拥有所有权本质的利益。

第三个案例：Kass v. Kass 案。

Kass夫妇在进行IVF-ET治疗前签署了同意书，主要内容为：只有在双方同意的情况下，胚胎才能被用于生育目的；如果双方不再尝试怀孕，对胚胎的处置也没有达成协议，则将胚胎捐赠给研究使用。另外，如果离婚，冷冻胚胎的所有权将以财产清算的方式或由法院决定归属。在十次IVF-ET治疗均告失败后，Kass夫妇决定离婚，但对冷冻胚胎如何处置并没有达成协议。妻子Maureen Kass提起诉讼，申请对冷冻胚胎单独的保管权。纽约最高法院引用Roe v. Wade案中法官的见解，赋予妻子Maureen Kass对胚胎排他的决定权。丈夫Steven Kass提起上诉。纽约州上诉法院认为双方签署的同意书具有法律效力，应适用执行，即将胚胎捐赠给研究使用。由于“人”是不能通过合同约定进行交换或处置的，所以该案在事实上将胚胎视为财产。Kass v. Kass案试图建立一种“有协议、依协议”的判决模式以处理离婚胚胎归属问题，回避了对胚胎法律地位的正面回答，得到了一些州的推崇。

在以上3个典型案件中，终审法院对胚胎法律地位的问题即胚胎是“人”还是“物”（财产）作了不同的回答。Roe v. Wade案所涉及的是体内胚胎，法官认定胎儿不是宪法所指的“人”（胚胎自然也不是），Davis v. Davis案认为体外胚胎介于人与财产（物）之间，而Kass v. Kass案则在事实上将体外胚胎认定为财产（物）。法院观点的迥异反映了胚胎法律地位的复杂性。事实上，随着辅助生殖技术的发展，早在20世纪80年代时体外胚胎就已经不是新鲜事物了，但即使到了今天，对绝大多数国家来说，对这个问题的解答依然是法律上的盲点。

适用尊重模型有利于平衡伦理道德与人类胚胎干细胞研究之间的关系。胚胎是生命早期的一种形式，具有发育成人的潜能，并因此具有象征性意义，应该获得尊重的对待。当然，尊重胚胎并不意味着我们不可以将其用于研究，但研究的目的、方式都应受到限制。研究者和其所属机构必须具备足够的资质与责任，研究也必须在严格的伦理审查与监督下进行，以保证胚胎干细胞研究的科学性、严谨性。

2003年12月，为规范干细胞研究中潜在的诸多伦理问题，科技部和卫生部出台《人胚胎干细胞研究伦理指导原则》。该指导原则规定了禁止生殖性克隆；禁止买卖胚胎、受精卵；贯彻知情同意制度；体外胚胎发育不能超过14天等基本伦理原则。同时，该指导原则也对人类胚胎干细胞的获得来源进行了限制，并要求从事研究的单位建立伦理委员会对研究进行审查、咨询和监督。这些原则正是对“体外胚胎”适用尊重模型的具体体现。但是，《人胚胎干细胞研究伦理指导原则》制定的若干“尊重性条款”在语言的规范化、严谨化以及规定的全面化与具体化方面还存在争议。因此，借鉴其他国家经验，完善中国的人类胚胎干细胞研究立法势在必行。

第四节　心脏干细胞与心肌再生

一、心脏干细胞基础

心脏干细胞（cardiac stem cell，CSC）是指存在于胚胎和成体组织中已提交心肌谱系的多能干细胞。在胚胎发育早期，原始心脏干细胞是位于内胚层上方呈立方形的体腔脏壁上皮，最早出现于胚盘头端的中胚层。在心脏发育过程中，原始心脏干细胞包绕心内膜管分化形成心肌膜和心外膜。

（一）心脏干细胞的发现

传统观点认为，心脏为终末分化器官，但是心脏干细胞的发现推翻了这一理论。2003年，Beltrami等首次在成年大鼠心脏内发现了一类具有再生能力的心脏干细胞，之后许多研究也证实了这类细胞的存在。最近，Bergmann等报道了正常成人心脏心肌细胞平均每年更新1%，约40%的心肌是由出生后新生的心肌细胞组成。这些证据推翻了心脏缺乏自我更新潜能的传统观点，为细胞再生治疗翻开一页崭新篇章。

目前已在多种动物包括大鼠、小鼠、猪、犬，以及人类的心脏中都发现了心脏干细胞的存在，同时也确认了心脏干细胞是未分化细胞。其部分表达心脏早期转录因子（Nkx2.5、MEF2、GATA4），并主要存储于心肌内干细胞小生境中，以对称和非对称方式分裂，具有自我更新和定向分化能力。由于其为自体来源，因此在心血管治疗方面比其他类型成体干细胞更具优势。

对于心脏干细胞的来源，一种观点认为其形成于胎儿发育时期，出生后仍持续存在于心脏的干细胞小生境中。这种观点已经取得一些研究结果的支持。例如，成体$Isl\text{-}1^+$细胞在动物组织器官的分布与胚胎期$Isl\text{-}1^+$细胞分布一致，这意味着他们在胎儿心脏发育时期即存在。

而另一种观点认为，心脏外源原始细胞归巢至心脏成为心脏干细胞，分化为心系细胞。研究显示心脏干细胞可能源于骨髓源循环祖细胞，他们在内源性刺激下，募集并归巢至心脏发挥生物学作用。异基因心脏或者骨髓移植后移植心脏可出现含宿主细胞的嵌合体，从而提出心脏外来源的观点。Barile等将EGFP转基因小鼠骨髓间充质干细胞移植到野生型小鼠，心肌梗死后分离培养心脏干细胞，均表达EGFP，说明了这些心脏干细胞来源于骨髓。

（二）心脏干细胞的生物学特性

根据心脏干细胞生物学特性及表面标志物，将其分为几种类型：c-kit$^+$细胞、Sca-1$^+$细胞、侧群细胞、心球或心球衍生细胞、心耳干细胞、Islet1$^+$、心外膜衍生细胞等。

其中，c-kit$^+$心脏干细胞是目前发现最早、研究最深入的一类心脏干细胞。2003年，Beltrami等首次在成年大鼠心脏发现并分离出c-kit$^+$Lin$^-$细胞，发现其具有干细胞的特性，即自我更新、克隆性和多向分化能力，特别是能够特异分化为心肌细胞、内皮细胞和血管平滑肌细胞3种主要心系细胞类型，并在体内显示了心肌梗死后的心肌再生潜能。其后许多研究也得到了相似的结果。

另外，近年来Sca-1作为干细胞标志与其他干细胞抗原如c-kit、CD34、CD45等一起用于分离某些成体心脏干细胞群。而且Sca-1$^+$心脏干细胞的再生潜能也得到了广泛验证。移植Sca-1$^+$心脏干细胞可通过旁分泌VCAM-1、VEGF和向心肌细胞分化机制改善小鼠心肌梗死后心功能。而敲除小鼠Sca-1基因可造成心脏原发性收缩和修复功能缺陷，从而影响c-kit$^+$心脏干细胞增殖存活能力。这或许提示Sca-1是c-kit$^+$心脏干细胞活化、增殖和分化的必需因子。

二、心脏干细胞用于心肌再生

（一）心脏细胞死亡

在心肌梗死后，梗死心肌周围残存的心肌细胞接受心肌缺血、损伤的信息，并传递给细胞核，经过细胞核反应，启动了多种细胞因子的转录、表达，产生了一系列心室重塑过程的细胞表型改变。残存的心肌细胞肥大，而相应的血管不能再生以供应肥大的心肌，使心肌细胞缺血、凋亡；梗死区成纤维细胞增殖，胶原、纤维合成素、糖蛋白合成分泌沉积，细胞外基质增加；纤维组织替代坏死心肌，梗死区室壁变薄，室腔扩大。最终心脏经历一系列心室重塑，发展为失代偿的缺血性心力衰竭。

因而，这类疾病的共同特征是心肌细胞数量减少和心脏功能低下。多年来，人们一直试图寻找有效方法来逆转这一过程。

在传统理论中，人们一直认为心肌细胞是细胞分化的终点，没有再生和修复损伤的能力，因此认为心肌梗死后坏死的心肌不能进行自身修复，仅能通过非梗死区进行功能替代。而冠心病、心肌梗死、高血压病、心肌病、心瓣膜病等心血管疾病的最终结局都是心力衰竭，其共同特点是有完整舒缩功能的心肌细胞数量相对和绝对减少，受损心肌由纤维组织瘢痕修复。这种情况下，患者对于常规的药物治疗反应性极差。心脏移植虽能代替受损心脏，但供体难以选择，费用高，临床难以推广。

但心脏干细胞的发现改变了现状。心脏干细胞具有心血管分化潜能和旁分泌作用，能够激活抗凋亡、促血管生成信号通路，促细胞存活和改善心功能。此外，心脏外源干细胞与心脏干细胞发挥协同作用也可能是其生物学作用的一个机制。比如，猪心肌缺血后再灌注联合注射人c-kit^{+}心脏干细胞和MSC能够提高其治疗效能，减少梗死面积，改善心功能。

（二）心脏干细胞作用机制

目前，虽然已经有实验支持，但干细胞对于改善心脏功能的机制尚未明确，多认为可能与下列机制有关。

（1）干细胞分化为心肌样细胞，作为修复心肌的原料，重建梗死心肌。许多研究表明，分离扩增的心脏干细胞体外可以分化为心肌细胞、平滑肌细胞和内皮细胞，移植到缺血梗死心脏后能够促进心脏功能的提高。Dawn等研究结果表明，当心脏干细胞被移植入受损心脏中时，心脏干细胞能够分化成内皮细胞并表达心肌特异蛋白。而Tang等在研究心脏干细胞对陈旧性心肌梗死后心脏组织再生和减少心肌梗死后左室重塑是否有效时，发现心脏干细胞处理组大鼠梗死区域存活心肌更多，左心功能增加，但是能定向分化为心肌细胞的干细胞数量太少，不足以解释左室功能提高的程度，推测心脏干细胞直接分化可能不是促使心脏功能提高的唯一途径。

（2）干细胞能够分化为内皮细胞和平滑肌细胞，形成新的血管来供应缺血心肌，拯救临近凋亡的心肌细胞。

（3）干细胞能够促进宿主心肌的血管新生。

（4）干细胞与宿主细胞建立了电机械耦合，直接参与宿主心脏收缩。

（5）干细胞的自分泌、旁分泌功能，产生大量血管活性肽直接强心扩张血管。

干细胞分泌产生大量细胞因子、生长因子，以促进血管再生及侧支循环形成。近年来，越来越多的观点认为移植的心脏干细胞是通过分泌一些细胞因子或生长因子，如血管内皮细胞生长因子（VEGF）、肝细胞生长因子（HGF）、胰岛素样生长因子-1（IGF-1）等对心血管疾病发挥治疗作用的。研究表明，这些因子在体外可以促进干细胞的迁移、增殖、分化和血管形成等，移植到体内后可以促进内源性心脏干细胞的募集，抑制梗死区细胞的凋亡，抗心肌重塑，改善心脏功能。内源性干细胞可能表达细胞或生长因子受体，在旁分泌信号的刺激下，干细胞迁移至损伤梗死区域后分化。

另外，干细胞的旁分泌功能能够刺激心肌本身残存的干细胞增殖，可起到再生心肌主导作用。

（6）干细胞能够限制心室重构，使心室壁增厚、富有弹性，从而限制了心室扩张与梗死区扩大。

（三）心脏干细胞的临床应用

目前，心脏干细胞用于心肌再生有两种主要方式。

（1）从心脏组织分离培养心脏干细胞，再回输体内，促进心肌再生。自体心脏干细胞移植理论上是最理想的心肌细胞移植方法，可用于防治心力衰竭、治疗心肌梗死等。Li等（1996年）观察到鼠已失去分裂能力的成体心肌细胞在适当的体外培养条件下，可以在体外长期培养和扩增，具有一定的增殖能力。但是，这种方法存在许多缺点，如其要求行侵入性手术、细胞扩增时间长、体外操作影响细胞表型、给予心脏干细胞的理想途径尚不明确、成功植入率较低等。

（2）通过药物使心脏干细胞原位活化，发挥心肌再生作用。因其直接跨过细胞移植、移植后存活、归巢、免疫排斥等问题，而可能更具临床实用性，且已有多个研究结果验证了这种方法的有效性。

Zhang等在小型猪心肌梗死后心肌内注射bFGF，发现SDF-1及其受体CXCR4均上调，并促进c-kit$^+$心脏干细胞增殖分化，修复梗死心肌，增加血供。Ellison等研究显示，IGF-1/HGF在体外能够激活c-kit$^+$CD45$^-$心脏干细胞，并促进心肌分化，将其注射至猪缺血再灌注心脏，可原位激活c-kit$^+$CD45$^-$心脏干细胞，促进心脏干细胞增殖、分化以及心肌再生，减少梗死面积。Yaniz-Galende等将干细胞因子（stem cell factor，SCF）腺病毒注射到大鼠心肌，促使其高表达SCF，发现SCF能够促进c-kit$^+$心脏干细胞原位募集增殖，修复梗死心脏。以上结果表明，使用药物原位激活心脏干细胞可达到心脏干细胞移植的效果，并且无细胞移植的不良反应，使这一方法更具可行性。

（四）临床应用的限制

冠心病作为世界范围内发病率和死亡率均居前列的疾病，传统治疗手段只能控制临床症状，防止心功能恶化，而不能促进受损心肌再生。随着心脏干细胞的发现及深入研究，利用心脏干细胞修复损伤心肌成为治疗缺血性心脏病的研究热点。通过使用有效因子激活或直接移植心脏干细胞，使得细胞能够在体内再生心肌和重建血管。由于心脏干细胞能特异性分化为心系细胞、心脏“原住性”、无需归巢等特点，其在心脏病细胞治疗方面具有强大的优势。

虽然心脏干细胞已被广泛研究，但仍有许多问题尚待解决，如来源、作用机制、远期疗效等。

首先，心脏组织特异性干细胞的寻找和分离还存在技术问题，目前用于心脏移植的干细胞尚处于探索阶段，各种相关技术还未成熟。

其次，目前干细胞的多向分化潜能及可塑性已经得到公认，但关于细胞横向分化的调控机制还不清楚，大多数观点认为干细胞的分化与微环境密切相关。可能的机制是干细胞进入新的微环境后，对分化信号的反应受到周围正在进行分化的细胞的影响，从而对新的微环境中的调节信号做出反应，然而调控干细胞分化为心脏组织的微环境的研究较少。

另外，心脏相关干细胞的研究目前相对较集中在对梗死后心肌的修复，对于冠状血管、瓣膜、传导系统、窦房结起搏等相关疾病的研究尚有待深入。除心脏干细胞外，骨骼肌、心肌、骨髓、神经干细胞也可分化为心脏组织细胞，但移植后分化组织的长期命运仍有待评价。

最后，经体外分离、培养的干细胞是一类具有多向分化能力的细胞，其是否存在基因的突变、植入机体后是否有癌变的可能也有待更深入的研究。

对这些问题的深入探索，能够更有效利用心脏干细胞潜能，获得最大治疗效果。

综上，随着心脏干细胞研究的不断深入和拓展，利用心脏干细胞进行心肌再生的作用机制越来越明确，人们在干细胞治疗心血管疾病方面进行了诸多尝试，但仍然面临许多挑战。干细胞与其他新技术联合应用治疗心血管疾病的长期效果及其具体机制尚需进一步的研究。

参考文献

[1] 朱伟，沈波，陈云. 间充质干细胞与肿瘤［M］. 南京：东南大学出版社，2020：330.

[2] 田增民，刘爽，李士月，等. 人神经干细胞临床移植治疗帕金森病［J］. 第二军医大学学报，2003（9）：957-959.

[3] 习佳飞，王韫芳，裴雪涛. 成体干细胞及其在再生医学中的应用［J］. 生命科学，2006（4）：328-332.

[4] 赵志刚，张春玲，张会峰，等. 自体干细胞移植治疗糖尿病足的临床研究［J］. 中原医刊，2006（10）：3-6.

[5] 德伟，张一鸣. 生物化学与分子生物学［M］. 南京：东南大学出版社，2018：281.

[6] 李载平.《分子克隆实验指南》［J］.3 版. 科学通报，2002（24）：1888.

[7] 邹向阳，李连宏. 细胞周期调控与肿瘤［J］. 国际遗传学杂志，2006（1）：70-73.

[8] 胡捍卫，朱晓红. 生殖医学基础［M］. 南京：东南大学出版社，2015：274.

[9] 吴小霞. 生命科学基础［M］. 南京：南京大学出版社，2021：194.

[10] 常万存，窦忠英，马鸿飞，等. 原始生殖细胞的人类胚胎干细胞克隆［J］. 西北农业大学学报，1998（6）：108-111.

[11] 徐令，黄绍良，李树浓，等. 人的类胚胎干细胞的分离和培养［J］. 中山医科大学学报，1998（1）：82-83.

[12] 田玉平，张和平. 内科疾病（舍饲羊疾病防治实用技术丛书）［M］. 银川：宁夏人民出版社，2009：127.

[13] 李少波. 缺血性心肌病的治疗进展［J］. 海南医学，2009，20（12）：1-3.

[14] 葛均波，张少衡. 干细胞能再生梗死心肌吗？［J］. 中华医学杂志，2005（36）：21-23.

[15] Keiichi Fukuda，Shinsuke Yuasa. Cardiac Regeneration using Stem Cells[M].USA：Science Publishers；CRC Press，2013.

[16] Philippe Menasche，Ioannis Dimarakis，Nagy A Habib，et al. Handbook Of Cardiac Stem Cell Therapy[M].Singapore: World Scientific Publishing Company，2008.

[17] 张颖冬. 帕金森病精准诊断与治疗［M］. 南京：东南大学出版社，2020：207.

[18] Patrik Verstreken. Parkinson's Disease［M］.Netherlands：Elsevier Inc.，2017.

[19] 汪锡金，张煜，陈生弟. 帕金森病发病机制与治疗研究十年进展［J］. 中国现代神经疾病杂志，2010，10（1）：36-42.

[20] 刘佳，段春礼，杨慧. 帕金森病发病机制与治疗研究进展［J］. 生理科学进展，2015，46（3）：163-169.

[21] Matthew W Klinker，Cheng-Hong Wei.Mesenchymal stem cells in the treatment of inflammatory and autoimmune diseases in experimental animal models［J］.World Journal of Stem Cells，2015，7（3）：556-567.

[22] 赵岩，周道斌，冷晓梅，等. 自体外周血干细胞移植治疗系统性自身免疫病［J］. 中

华医学杂志，2004（24）：25–29.

［23］ Xiao–mei，Leng Yan，Zhao Dao–bing，et al.A PILOT TRIAL FOR SEVERE，REFRACTORY SYSTEMIC AUTOIMMUNE DISEASE WITH STEM CELL TRANSPLANTATION［J］. Chinese Medical Sciences Journal，2005，20（3）：159–165

［24］ George Emil，Manrai Manish. Response to ‘Profile of Hepatobiliary Dysfunction in Hematopoietic Stem Cell Transplant Recipients：Autoimmune Diseases Also Contribute’［J］. Journal of Clinical and Experimental Hepatology，2021，11（5）：630–631.

［25］ 朱彤波. 医学免疫学［M］. 成都：四川大学出版社，2017：378.

［26］ Liang J，Zhang H，Kong W，et al. Safety analysis in patients with autoimmune disease receiving allogeneic mesenchymal stem cells infusion：a long–term retrospective study［J］. Stem cell research & therapy，2018，9（1）：312.

［27］ Glenn Justin D，Whartenby Katharine A. Mesenchymal stem cells：Emerging mechanisms of immunomodulation and therapy［J］. World journal of stem cells，2014，6（5）：526–539.

第三章　干细胞临床应用

第一节　间充质干细胞治疗炎症性肠病

一、炎症性肠病介绍及治疗

炎症性肠病是临床较为常见的慢性非特异性肠道炎症性疾病，主要包括溃疡性结肠炎和克罗恩病。现代医学研究表明，炎症性肠病的发病机制主要与患者自身的免疫失调密切相关，具体表现为辅助性T细胞1、T细胞2、T细胞17以及调节性T细胞失衡导致慢性肠道黏膜损伤。

炎症性肠病是一类以永久性、特发性为主要特征的消化道慢性炎症性疾病，可影响结肠黏膜或者整个胃肠道。该病的临床症状主要表现为肠炎、腹泻、出血复发，甚至可能进一步造成残疾。此外，炎症性肠病具有发展为癌症的潜在风险，主要包括结直肠癌和淋巴瘤。

炎症性肠病在西方国家更为普遍，美国人和欧洲人深受其害。近年来，在亚洲国家，其患病率与发病率正在迅速增加。目前，大多数的治疗策略主要针对抑制炎症性肠病的临床症状。深入理解炎症性肠病的发病机制，能帮助研究者找到治疗炎症性肠病的最佳方法。

目前，临床治疗炎症性肠病的主要原则为消除活动性炎症，改善免疫功能紊乱，氨基水杨酸制剂、免疫抑制剂和糖皮质激素等均是临床治疗常用药物。

二、临床应用

对于炎症性肠病，常规治疗措施往往难以取得理想的治疗效果，生物制剂以及外科手术虽然治疗效果显著，但是容易产生不良反应。因此，采用间充质干细胞进行治疗成为临床关注的重点。间充质干细胞为具有自我复制以及多向分化潜能的成体干细胞，对于组织修复以及免疫调节等均具有良好的治疗效果。近些年，很多专家将间充质干细胞应用于炎症性肠病的治疗中，取得了良好的效果。

目前已经有多项研究表明，间充质干细胞在克罗恩病合并肛瘘患者的治疗中具有显著疗效。

临床治疗中，间充质干细胞的来源渠道包括骨髓、脐带、脐带血、脂肪组织以及牙髓等。当前，在克罗恩病（一种病因尚不明确的以全消化道慢性非特异性炎症反应病变为特征的全身性疾病）合并肛瘘的临床治疗中，间充质干细胞主要来源于脂肪组织，也有报道显示来源于自体骨髓。但是整体来说，在溃疡性结肠炎和克罗恩病的治疗中，间充质干细胞的来源更倾向于骨髓以及脐带血。相关研究表明，来自脂肪组织以及脐带血的间充质干细胞的免疫抑制作用明显优于来自骨髓的间充质干细胞。相对来说，自体和同种异体间充质干细胞在克罗恩病合并肛瘘的治疗中均具有良好的效果，但是自体间充质干细胞在溃疡性结肠炎、克罗恩病以及系统性红斑狼疮的治疗中效果不理想，这主要是由于同种异体的间充质干细胞相比自体来源的更为稳定。

虽然在不同研究中，间充质干细胞的来源、给药方式以及剂量均存在较大差异，但是均表明了间充质干细胞在克罗恩病合并肛瘘的治疗中的应用价值。采用同种异体间充质干细胞对炎症性肠病患者进行治疗，结果显示患者的临床应答率为60%，缓解率为40%。也有报告显示，对炎症性肠病患者采用自体骨髓间充质干细胞进行治疗，效果不理想。

三、作用机制

间充质干细胞具有多谱系分化潜能，对于组织修复以及免疫调节均具有良好功效。具体来说，间充质干细胞有多种功能可以对炎症性肠病进行作用。

（一）免疫调节

炎症性肠病是一种自身免疫病，间充质干细胞则具有恢复炎症性肠病患者免疫稳态的潜力，可以通过直接分泌抗炎因子或者与免疫细胞直接接触发挥免疫调节作用，使炎症性肠道内及其周围的促炎免疫反应转向为有益的抗炎免疫反应。

间充质干细胞的免疫抑制能力并非一种天然特性，针对细胞旁分泌活性的研究表明，间充质干细胞发挥免疫调节作用需要提前受到促炎细胞因子干扰素、肿瘤坏死因子和白细胞介素1的激活。在炎症环境中，间充质干细胞释放包括转化生长因子β1、白细胞介素10、白细胞介素6、前列腺素E2、白血病抑制因子、肿瘤坏死因子刺激基因6、人白细胞抗原G5、吲哚胺2,3双加氧酶在内的一系列因子，从而减轻炎症性肠病患者肠道炎症的程度。

另外，在没有炎症的环境下，间充质干细胞可分泌炎症趋化因子，将淋巴细胞趋化到炎症部位，并增强T细胞免疫应答。

除了间充质干细胞释放的可溶性因子外，免疫调节也是通过细胞接触依赖性机制引起的。活化的T细胞和间充质干细胞之间的细胞接触可诱导间充质干细胞产生白细胞介素10，白细胞介素10又刺激可溶性人白细胞抗原G5的释放。人白细胞抗原G5可以抑制T细胞增殖、T细胞的细胞毒性、自然杀伤细胞的功能，并促进Tregs产生。间充质干细胞还可通过FAS途径诱导T细胞凋亡，导致Tregs上调，最终出现免疫耐受。除此之外，间充质干细胞还分泌程序性死亡配体1（PD-L1）、程序性死亡配体2（PD-L2），参与独立的免疫抑制机制。WU等经过最新的实验研究证实，间充质干细胞可通过释放外泌体及调节泛素修饰水平，减轻炎症性肠病症状，发挥其功能。

（二）血管生成

适当的血管生成是炎症性肠病患者受损肠道再生和修复的必需因素。

在一项动物研究中，前列腺素缺陷小鼠的结肠黏膜产生了局灶性伤口，由于缺氧和平滑肌坏死，最终发展成穿透性溃疡。研究人员发现，前列腺素I2可以刺激血管内皮生长因子依赖的血管生成，是结肠活检损伤后预防穿透性溃疡所必需的。

此外，与静脉注射间充质干细胞相比，黏膜注射的干细胞可以通过最具代表性的间充质干细胞趋化因子受体CXCR4，强力迁移到肠道损伤部位。因此，损伤后肠道修复和再生所需的适当血管生成，取决于间充质干细胞分泌的血管内皮生长因子水平。除血管内皮生长因子外，已知成纤维细胞生长因子和单核细胞趋化蛋白也是间充质干细胞介导血管发生的主要细胞因子。

（三）肠上皮重生

炎症性肠病患者的肠道上皮黏膜屏障受到损伤，使肠腔内抗原移位至肠黏膜固有层，并激活肠黏膜免疫系统，引发肠黏膜免疫系统功能紊乱。

间充质干细胞可通过促进肠上皮细胞的增殖和肠干细胞的分化，刺激肠上皮修复。同时，间充质干细胞通过帮助这些细胞再生，可以保护分泌肠黏蛋白的杯状细胞。除此之外，间充质干细胞还可以促进紧密连接蛋白、claudin-2、claudin12、claudin15的表达，从而降低炎症诱导的上皮通透性。所有上述间充质干细胞特性，共同阻止腔内抗原/病原体侵入肠黏膜和黏膜下层，从而避免炎症的发生和进一步发展。

四、安全考虑

（一）肿瘤问题

由于干细胞存在癌基因激活的典型肿瘤细胞特性，并且在细胞连续传代的过程中可导致其分化，所以关于间充质干细胞移植是否会引发肿瘤的问题一直受到人们的关注。该问题目前在学术界尚未形成明确的认识，部分专家认为，间充质干细胞不仅不会引发肿瘤问题，而且还会对结肠炎相关的直肠癌进行有效抑制。也有研究认为，间充质干细胞移植后患者会出现短暂性的低热，不过没有发生组织异位生长。有报道指出，大鼠间充质干细胞在体外培养的过程可能自发产生基因突变，并在移植该细胞后诱发纤维肉瘤的形成。因此，间充质干细胞移植会否诱发新生肿瘤值得探讨。

目前，还没有出现关于间充质干细胞治疗引发严重肿瘤问题的报告。有待在后续炎症性肠病治疗中更多随访数据的支持。

（二）给药问题

另一方面，关于间充质干细胞治疗炎症性肠病的干细胞来源、给药方式、剂量、间隔注射时间以及注射次数等目前尚未形成统一的认识。为了保障间充质干细胞治疗炎症性肠病的规范性和有效性，迫切需要开展标准化治疗方案研究，进一步明确更加科学合理的治疗方案。

改善间充质干细胞治疗效果的研究表明，间充质干细胞的免疫抑制作用需要多种炎症因子的参与，因此可以通过改变炎症因子的条件来对间充质干细胞介导的免疫抑制作用进行调节。Toll样受体3预处理以及IFN-γ过表达均可以在一定程度上改善间充质干细胞治疗炎症性肠病的临床疗效。由于抑制受体间充质干细胞中供体DNA的依赖性会随着时间的延长而降低，所以，为了提高间充质干细胞治疗的延长效应，可以尝试提高间充质干细胞的植入量。除此之外，相关报道显示低氧预处理可以促使间充质干细胞表面趋化因子受体CXCR4的表达增加，进而诱导间充质干细胞自发向受损部位进行迁移，提高对模型小鼠心肌梗死的治疗效果。

还有研究显示，脐带血间充质干细胞提取物在小鼠肠炎治疗中的效果要优于间充质干细胞。生理浓度的各种嘌呤以及肿瘤坏死因子α抗体基本上不会影响间充质干细胞的存活和其对单核细胞增殖的抑制功能，而高浓度的硫唑嘌呤对大鼠骨髓间充质干细胞的增殖具有明显的抑制作用，并且可以促使干细胞发生凋亡。

（三）免疫问题

考虑到同种异体间充质干细胞治疗可能引发的免疫反应，一部分研究者支持使用自体间充质干细胞进行研究。一项为期6个月的第一阶段临床试验显示，用自体间充质干细胞移植治疗的12例克罗恩病患者，其完整临床愈合率和复杂瘘管有效治疗率高达83%。同时，另一项局部注射自体骨髓间充质干细胞治疗克罗恩病瘘管的研究表明，骨髓间充质干细胞在克罗恩病瘘管的治疗中表现出良好效果。

对于常规治疗、生物治疗或两者疗效皆不好的复杂肛周瘘而言，同种异体间充质干细胞移植是一种有效且安全的治疗方式。一项三期、随机双盲、平行、安慰剂对照、多中心的临床试验对212例顽固性、复杂性、活动性肛周瘘患者进行手术，闭合瘘管内部开口，然后将间充质干细胞或安慰剂注射到邻近所有瘘管和内部开口的组织中，随访24周，间充质干细胞组与安慰剂组相比具有更高的瘘管闭合率，所有外部开口闭合的时间明显缩短。不仅如此，Soontararak等最近进行的一项研究显示，诱导多能干细胞衍生的间充质干细胞也在炎症性肠病小鼠模型中表现出有效性，其能刺激肠道上皮细胞增殖和肠道干细胞数量增加，并促进了肠道血管的生成，可以显著改善小鼠的临床症状和肠道内的炎症反应。

但到目前为止，无论是在治疗炎症性肠病患者的临床试验中，还是在其他疾病中，都没有报道过严重相关不良事件，只有一小部分研究表明在注射期间或注射后会发生轻度和短暂的发热，但并无组织异位生长的发生。炎症性肠病治疗中的安全性仍需更多长期随访。

基于上述分析，间充质干细胞在炎症性肠病的治疗中具有显著的疗效，是一种微创、低感染风险的生物疗法，能够有效促进炎症性肠病患者的黏膜愈合，消除患者的各项临床症状，改善患者的生活质量，并且具有良好的治疗安全性。

但是，目前利用间充质干细胞治疗炎症性肠病整体仍然处于试验阶段，在治疗过程中还存在很多具体问题，包括安全性问题、临床治疗方案问题以及改善间充质干细胞的治疗效果问题等。随着后续研究的进一步深入，间充质干细胞将会为炎症性肠病的治疗提供更加积极有效的治疗方案。

第二节　干细胞治疗多发性硬化症

一、多发性硬化症介绍

多发性硬化症（multiple sclerosis，MS）是一种中枢神经系统的脱髓鞘性神经炎和神经退化性疾病，常累及脊髓至大脑白质，也可累及大脑灰质及周围神经，以青少年群体多发。

从病理特性上分析，脱髓鞘性疾病以髓鞘脱失而轴索相对保留为主要标志，由于髓鞘再生能力有限，髓鞘脱失后可进一步继发轴索损伤，导致严重的后果。同时，多发性硬化症病变还会累及中枢神经系统中不同部位的白质，脱失的髓鞘局部形成胶质瘢痕，从而形成多发性硬化斑块。在多发性硬化症斑块内及其周围有明显的炎性细胞浸润，这与T细胞活化和细胞免疫反应密切相关。因此，多发性硬化症又被认为是自身免疫性疾病。

作为全球最为常见的神经疾病之一，多发性硬化症在很多国家都是年轻患者非创伤性神经性残疾的首要病因。多发性硬化症国际联合会联合世界卫生组织（WHO）发布了多发性硬化症地图集，其中的数据显示多发性硬化症的发病区域更多集中在欧洲及地中海东部，患病率在100～200/10万，亚洲属于低发区，其中中国发病率为0～5/10万人，但近年来有上升趋势。目前，全世界大约有250万人受到多发性硬化症的影响，这给家庭和社会带来了沉重的负担。

目前，尚不清楚多发性硬化病的发病诱因。流行病学调查表明，多发性硬化症是遗传、环境等因素相互作用的结果，是具有多因素起源的由免疫介导的异质性疾病。基于全基因组关联研究，230余种遗传变异与多发性硬化症风险增加相关，且大多数变异为免疫相关基因，高纬度、维生素D缺乏、EB病毒感染、抽烟等均可增加多发性硬化症的易感性。

长久以来，多发性硬化症的治疗一直面临巨大的挑战。目前，临床上没有相关靶点药物和针对性的治疗方法。应用于多发性硬化症的治疗药物最佳应用窗口期非常短暂，且通常价格高昂，最重要的是，这些药物均无法从根本上阻止疾病进展，也不能逆转患者躯体运动和感觉功能障碍。

因此，已有的针对多发性硬化症的治疗都是姑息性的，一般采用激素疗法、免疫调节及其他对症治疗手段。

二、临床应用

随着近年对中枢神经系统干细胞再生原理的深入研究，大量动物实验及临床研究已经证明，中枢神经损伤可以通过干细胞治疗予以修复或预防。这是由于间充质干细胞具有自我更新的同时，还具备多向分化潜能，使之成为治疗中枢神经系统疾病较有前景的干细胞类型。

与胚胎干细胞相比，间充质干细胞不涉及伦理方面的问题，相对于神经干细胞也不涉及细胞分离和体外扩增的技术难题。鉴于以上原因，间充质干细胞或许能在未来中枢神经系统疾病的再生治疗领域扮演主要角色。

间充质干细胞是非神经源的干细胞类型之一，Woodbury等在2000年首次报道其具有突破谱系屏障分化为神经细胞的功能，且间充质干细胞治疗可提高免疫系统的调控能力，还可诱导神经系统修复和受损神经轴突髓鞘形成，故可用于神经退行性疾病的治疗。在过去的20年中，间充质干细胞已正式进入临床研究，但最初仅局限在通过间充质干细胞形成软骨或相关骨组织来进行取代性治疗，主要原因是由于间充质干细胞具有分化为软骨细胞的潜能，后又利用间充质干细胞分化为血管平滑肌的能力来促进血管的再生。发展到目前，间充质干细胞已经应用于中枢神经系统疾病治疗的临床研究中。

目前，在临床试验的项目中，以干细胞治疗多发性硬化症的研究主要采用间充质干细胞，而造血干细胞或其他神经干细胞在多发性硬化症治疗中的应用则少有报道。例如，近期JAMA发表的造血干细胞移植治疗多发性硬化症的临床研究，共纳入151例多发性硬化症患者（其中复发缓解型123例，继发进展型28例），中位随访2年后，145例患者可用于临床疗效分析，采用扩展残疾状况评分量表进行评估显示，患者的神经功能症状明显改善，由移植前的4.0降至3.0（四分位数1.5~4.0），差异有统计学意义（$P < 0.001$），4年无复发生存率与无进展生存率分别为80%和87%。

三、作用机制

（一）免疫调节

免疫学、遗传学和组织病理学研究表明，免疫系统在多发性硬化症的进展中发挥着重要作用，而且最新研究显示，先天性及获得性免疫反应对多发性硬化症的进展具有主要影响。所以，可从调控免疫反应的角度探讨多发性硬化症治疗的新途径。

间充质干细胞具有明显的免疫调控和免疫抑制作用，且其对先天性和获得性免疫系统的调节能力已在各种自体免疫性疾病中获得临床验证，并可在临床上用于减轻神经功能障碍。

树突细胞（dendritic cell，DC）作为细胞免疫反应和免疫耐受的中心启动者，可以有效激活静止型T淋巴细胞，刺激机体产生长期特异性的免疫反应。不成熟的树突细胞需要共刺激分子以及上调MHC-Ⅰ和Ⅱ分子的表达，才可诱导树突细胞成熟，间充质干细胞对树突细胞的成熟有着重要影响。例如，在有间充质干细胞存在的区域中，树突细胞表面的表型标志物百分比明显降低，与此同时，浆细胞样树突细胞的表型特征增加，因此免疫反应偏离Th1而倾向于Th2反应。此外，在树突细胞分化过程中，间充质干细胞可抑制CD1a、CD40、CD80、CD86、HLA-DR的表达上调，从而抑制树突细胞的成熟。

NK细胞作为先天性免疫系统中的关键效应细胞，被认为是机体抗肿瘤、抗病毒的第一道天然防线，其通过释放颗粒酶B和促进炎性细胞因子的产生而发挥抗病毒及抗肿瘤作用。间充质干细胞可通过下调NKp30和NKG2D的表达而抑制NK细胞的杀伤力。处于静止期的NK细胞与IL-2和IL-15共培养，可获得较强的增殖能力和杀伤功能，但与间充质干细胞共孵化时，静止期NK细胞的增殖能力以及IFN-γ 因子的产生则完全停止。

间充质干细胞在获得性免疫系统中的作用同样重要，能够在抑制细胞毒性T细胞的同时保证抑制性T细胞的数量，从而减少T细胞自身攻击。体内外研究均证实，间充质干细胞可抑制T细胞的增殖分化，且间充质干细胞在体外抑制T细胞增殖主要通过接触依赖性和接触独立性两种途径实现。间充质干细胞主要是通过细胞间的直接接触和分泌如转化生长因子-β（TGF-β）、肝细胞生长因子（HGF）、γ 干扰素（IFN-γ）等多种可溶性细胞因子，参与介导抑制T细胞的活化和增殖。

Tregs细胞在维持免疫系统的平衡以及避免免疫反应引起的病理状态方面具有重要作用。间充质干细胞可诱导pDCs分泌IL-10，从而促进Tregs细胞的产生。Tregs细胞分泌的TGF联合IL-2可直接诱导T细胞分化为Tregs细胞，与此同时，分化的Tregs细胞可抑制TCR依赖的效应性$CD25^-$或$CD25^{low}$T细胞增殖。Zappia等建立自身免疫性脑脊髓炎小鼠模型，通过移植间充质干细胞进入次级淋巴器官分析间充质干细胞的免疫调控作用。结果显示，间充质干细胞可诱导外周T淋巴细胞对髓鞘少突胶质细胞糖蛋白抗原的耐受，并减少中枢神经系统病变部位T细胞和巨噬细胞的浸润。

值得注意的是，间充质干细胞可较好地改善中枢神经系统疾病发病初期或是疾病高峰期的临床症状，但对慢性进展期的中枢神经系统疾病患者无明显作用。

（二）神经性调控因子表达

2005年，Gnecchi等提出了一个新观点，认为间充质干细胞在再生医学中的应用更多地依赖于分泌到细胞外的相关生长因子，而不是它们的分化潜能。

Munoz等将来源于骨髓的间充质干细胞移植到免疫缺陷型小鼠的齿状回，结果显示，植入的间充质干细胞可明显增加内源性神经干细胞的增殖及分化，证明了内源性神经干细胞的增殖、分化与间充质干细胞分泌的生长因子如血管内皮生长因子（VEGF）、睫状神经营养因子（CNTF）、神经生长因子（NGF）密切相关。更重要的是，最近有研究发现，单独注射由间充质干细胞分泌的蛋白质可调控小鼠海马神经元的分化，且间充质干细胞分泌的蛋白可调控少突胶质细胞的微环境。间充质干细胞表达的DKK-1蛋白因子作为Wnt信号通路中重要的拮抗分子，可促进神经突的形成，是神经突形成的必要因子；间充质干细胞分泌的神经营养性因子和细胞外基质分子均被证明可支持神经细胞的连接、神经细胞的生成以及轴突延伸等。此外，Neuhuber等还认为，间充质干细胞产生的神经营养因子对于轴索生长以及脊髓损伤后的功能恢复至关重要。

（三）归巢作用

鉴于间充质干细胞具有显著的归巢能力，因此此点也被利用于治疗中枢神经系统性损伤。

在正常动物体内，骨髓衍生的间充质干细胞大多数归巢于骨髓，而在一些炎性反应较活跃部位，间充质干细胞倾向于向病变区域聚集，但静脉回输并不是使间充质干细胞进入中枢神经系统部位的有效方法。Harting等研究发现，在创伤性脑损伤模型小鼠中，经静脉回输间充质干细胞治疗，96%以上的间充质干细胞进入到肺部而没有进入动脉循环系统。采用定性分析法研究发现，植入的间充质干细胞在体内的生物学分布特征与注射到动物血液中的惰性颗粒相似，敏感细胞示踪技术也验证了该结论。

因此，在中枢神经系统疾病的治疗中，间充质干细胞更多地被用于定向免疫抑制以及分泌再生性分子进入到病变部位。

四、安全考虑

目前，全球报道的其他各种干细胞治疗多发性硬化症的临床试验最后大多以失败告终，分析其原因可能包括以下几个方面。

（1）胚胎干细胞的临床应用受到伦理和国家法律的限制，应用上受到极大限制。

（2）造血干细胞尽管同样具有较强的分化能力，但植入脑部的干细胞不能获得神经干细胞相关的表型特征。

（3）神经前体细胞分化为神经细胞的能力有限，而且仅少数神经前体细胞可修补或替代受损的中枢神经细胞。

（4）虽然究竟哪一种干细胞类型更具有治疗优势还有待进一步探讨，但从目前来说，间充质干细胞在临床疗效和安全性方面都具有比较好的优势。即使如此，多数具有鼓舞性的结果更多体现在包括间充质干细胞作用机制的细胞研究和动物模型研究等方面，而临床试验均处于Ⅰ期或Ⅱ期阶段。面对这样的状况，间充质干细胞在中枢神经系统疾病治疗中的临床应用还有许多亟待解决和深入探究的问题。

因此，尽管间充质干细胞在中枢神经系统疾病的治疗中具备一定的应用前景，但需要全面考虑间充质干细胞的来源、培养条件、移植参数（如细胞回输的数量、移植位点、输注途经、输注疗程）、治疗时机以及患者纳入标准等，才能保证回输的安全性和有效性，仍需要在大规模的临床试验中寻找答案，以期制定出一个规范、标准、可行的治疗方案。虽然目前间充质干细胞的移植比较安全，但其可能存在的潜在危险仍需考虑和权衡。比如，虽然间充质干细胞分化为神经细胞一直被一些学者认为是发挥治疗作用的主要因素，但是其移植后分泌的蛋白因子也已成为目前关注的一个重要部分，还需要进一步的研究发展其应用范围。

在疗效评估方面，干细胞临床试验涉及的最大障碍就是如何界定临床证据的终点，因为这是衡量干细胞在中枢神经系统疾病临床试验中成功与否的重要指标。比如，如何通过长期随访评估晚期毒性也是很重要的指标之一。在干细胞治疗中枢神经系统疾病的临床试验过程中，除建立一个标准操作规范外，还需借用一定的技术对干细胞进行遗传性改造，以期调整或纠正与遗传相关的中枢神经系统疾病，或抑制神经系统疾病的进展，而最终的临床疗效仍需通过随机、对照、多中心、大样本临床试验来进行评估。

综上，介于以上优势和问题，目前间充质干细胞治疗中枢神经系统疾病的基础研究和临床应用之间仍存在较大距离。这也意味着，科学家和临床医生以及相关的监管机构需要共同努力，加速转化医学的进程，以促进间充质干细胞在中枢神经系统疾病临床治疗中的应用。

第三节　干细胞外泌体用于细胞再生与修复

一、干细胞外泌体

（一）外泌体介绍

外泌体（exosomes）是一种大多数细胞分泌的微小膜泡，属于细胞外囊泡（EVs）的范畴。细胞外囊泡是细胞旁分泌产生的一种亚细胞成分，实质上是一组纳米级颗粒，包括外泌体、微粒（MP）、微囊泡（MV）、凋亡小体等。细胞外囊泡或微囊泡，最早被认为是细胞移除代谢废物、维持细胞内稳态的一种机制，而目前认为它还是细胞相互交流的一种重要方式，能够被大多数类型的细胞释放和胞吞。

1983年，外泌体首次于绵羊网织红细胞中被发现。1987年，Johnstone将其命名为“exosome”。作为细胞间的一种通讯方式，人体几乎所有类型的细胞都能分泌外泌体，外泌体广泛存在于各种体液中，包括血液、淋巴液、脑脊液、唾液、尿液、羊水、精液、乳汁、胆汁、腹水等。其在电镜下呈杯状或双凹圆盘状，直径30～150nm，大小与病毒类似，携带多种蛋白质、mRNA、miRNA和脂质类物质等。多种细胞在正常及病理状态下均可分泌外泌体。外泌体主要来源于细胞内溶酶体微粒内陷形成的多囊泡体，经多囊泡体外膜与细胞膜融合后释放到胞外基质中。不同的外泌体在成分上有细微的差别，体现了细胞对外泌体形成的精密控制。

从制药角度来看，外泌体是内源性脂质纳米颗粒（LNP），由真核细胞产生，被双层脂质膜包裹，包含生物活性的脂质、蛋白、受体、mRNA、microRNA（miRNA）、长链非编码RNA以及完整的细胞器，例如线粒体。四跨膜蛋白CD9、CD63、CD81和CD82是外泌体常见的分子标志物。外泌体通过转运多种生物活性成分，参与了机体的生理病理过程，具有在一定程度上体现来源细胞的生理病理状态、信息传递、清除细胞内成分及充当药物载体等生物学功能。近年来，与外泌体相关的研究数量呈指数增长。外泌体是一种重要的细胞间通信工具，在各种生理和病理过程中发挥着重要的生物学作用。

（二）干细胞外泌体

干细胞同样可以通过旁分泌的作用来分泌外泌体。干细胞外泌体与干细胞具有相似的生物学性能，同时兼具体积小、易穿透生物膜、低免疫原性、易存储等优点，其特殊的脂质双分子层膜性结构可保护其内容物，抵挡RNA酶对核酸的破坏。同时，干细胞外泌体更加安全、稳定、高效，具有更强而复杂的信号分子转运和调控能力。在无细胞移植治疗的情况下，干细胞外泌体为实现组织再生、组织修复提供了新策略和新方法。

近年来，研究表明间充质干细胞外泌体与间充质干细胞有着相似的功能，包括修复与再生组织、抑制炎症反应和调节机体免疫。2010年，Reunn等人首次报道了间充质干细胞培养基中具有心肌保护功能的成分是间充质干细胞释放的外泌体，其是由胆固醇、鞘磷脂和磷脂酰胆碱组成的磷脂囊泡。

干细胞外泌体具有一些基本特点，比如安全性高、易保存运输、来源广泛、无伦理争议等，同时还具有作用快、效率高的优点。此外，作为干细胞的外泌体还具有以下特点。

（1）体积小　纳米级粒子，大小约为细胞的1/200，能穿透一般毛细血管的细胞间隙抵达目标，因此能很好地被人体所利用。

（2）免疫反应程度低　外泌体不是细胞，仅作为载体，外膜的表层上呈现较少的抗原，免疫系统难识别，对人体影响小。

（3）可穿透血脑屏障　体积小加上脂质外膜的特性，使其可以通过血脑障壁，抵达脑部组织。

（三）干细胞外泌体作用机制

间充质干细胞外泌体促进细胞再生的作用在多种疾病或损伤模型中已被证实。

外泌体所包含的RNA（包括编码mRNA、miRNA、tRNA）被认为是调节受体细胞活动的主要物质。其中，miRNA是细胞间交流的主要调节物质，能够通过自身的降解和再表达来调节受体细胞的基因表达。细胞中RNA的表达谱特征不具有供体和组织特异性，然而外泌体中所含的RNA却较大程度地受细胞类型和分化状态的影响，不同组织来源的间充质干细胞外泌体具有不同的性能。间充质干细胞外泌体中的RNA或者蛋白能够发挥细胞归巢作用，并调节细胞的增殖与分化，可以限制损伤、调节免疫反应以及促进细胞损伤后的自我修复和组织再生。

二、临床应用

间充质干细胞外泌体在不同组织和细胞再生中，有着广泛的应用。

（一）神经系统细胞再生与修复

间充质干细胞外泌体对于神经系统疾病和神经变性疾病显示出治疗优势。魏俊吉等用P12细胞建立谷氨酸神经细胞损伤模型，用脂肪间充质干细胞外泌体处理损伤细胞，结果显示，外泌体中含有大量的对大脑损伤有一定保护作用的细胞因子，如胰岛素生长因子和肝细胞生长因子，能够提高损伤细胞的存活率。其作用机制可能是外泌体通过PI3KAkt通路实现对损伤神经的保护作用。

有学者建立了小鼠创伤性脑损伤模型，通过小鼠尾静脉注射间充质干细胞外泌体后，发现小鼠认知和感觉运动功能恢复、齿状回中新形成的成神经元细胞和成熟神经元细胞数目增加、损伤边缘区域和齿状回中新形成的内皮细胞数目增加、大脑炎症反应降低。应用小鼠中风模型研究发现，静脉注射间充质干细胞外泌体后促进了神经突重塑、神经再生和血管再生，从而促进神经功能恢复。将骨髓间充质干细胞来源的外泌体注射到视神经损伤小鼠的玻璃体中，外泌体可以从玻璃体迁移到节细胞层，促进受体细胞（视网膜神经节细胞）存活和轴突再生。

阿尔兹海默病是一种神经退行性病变，其特征性表现是β-淀粉肽在脑中沉积。脑啡肽酶是脑中最重要的β-淀粉肽降解酶，脂肪间充质干细胞来源的外泌体能够携带高水平的脑啡肽酶，与高表达β-淀粉肽的成神经细胞瘤细胞共培养时，能够降低细胞内、外的β-淀粉肽，这提示脂肪间充质干细胞来源的外泌体可能能有效治疗阿尔兹海默病。另有研究表明，脱落乳牙干细胞来源的外泌体能够抑制6-羟基多巴胺诱导的多巴胺能神经元凋亡，提示以间充质干细胞外泌体为基础的治疗方式可能成为帕金森病一种新的选择。

（二）心血管细胞再生与修复

尽管目前医疗水平已有了飞速发展，但心血管疾病的发病率和死亡率仍然很高，且预后不佳。干细胞治疗可能是心血管疾病治疗的发展前景，尤其是间充质干细胞来源外泌体。

间充质干细胞来源外泌体能通过促进血管形成保护心脏组织，由此推断间充质干细胞来源外泌体的促血管生成活性在保护缺血性心脏损伤中发挥至关重要的作用。间充质干细胞来源外泌体可通过协调多种细胞过程（如迁移、增殖、基质合成、细胞浸润和细胞因子的产生等），从而实现最有效的组织缺损再生修复。脂肪间充质干细胞来源外泌体可以进入人脐静脉血管内皮细胞胞质，并促进人脐静脉血管内皮细胞增殖、迁移及管样分化。将脂肪间充质干细胞来源外泌体注入裸鼠皮下，血管数量显著高于对照组。

自2010年LAI等首次报道间充质干细胞外泌体可以作为一种心脏保护剂以来，越来越多的研究证明了间充质干细胞外泌体应用于心血管疾病的可行性及有效性。间充质干细胞外泌体可以促进心脏干细胞增殖、迁移以及血管生成，将用间充质干细胞外泌体预处理过的心脏干细胞局部注射到心肌梗死区域后，增加了梗死区域毛细血管密度、减少了心肌纤维化，并且保护了心脏功能。体外实验发现，间充质干细胞外泌体能够促进内皮细胞增殖、迁移和血管形成；应用小鼠急性心肌梗死模型进行体内实验发现，在心肌内局部注射间充质干细胞外泌体能够显著促进血流恢复、减小梗死区域范围、保护心脏收缩和舒张功能。

有学者发现，在心脏修复中，间充质干细胞外泌体比间充质干细胞有更好的治疗效果，并通过二者miRNA测序比较分析了间充质干细胞外泌体促进心脏修复的可能机制，发现两者有着相似的RNA表达谱。例如，均促进miR-29和miR-24表达，抑制miR-34表达，这些均利于上调心脏功能；但间充质干细胞外泌体中miR-21和miR-15的表达却明显低于间充质干细胞，其中miR-21下调可以防止心肌肥大，miR-15的抑制能够防止心脏缺血性损伤。这在一定程度上解释了间充质干细胞外泌体发挥治疗效果的原因。

由此可见，脂肪间充质干细胞来源外泌体可促进人脐静脉血管内皮细胞增殖、迁移及管样结构形成，并可在体内促进血管新生，可用于组织工程血管的构建。

（三）肾脏细胞再生与修复

有学者报道，干细胞来源的条件培养基能够促进缺血性肾损伤恢复，这提示干细胞分泌的可溶性细胞因子或者外泌体具有治疗肾脏损伤的可能性。

有研究将人脐带间充质干细胞外泌体注入急性肾损伤小鼠的肾囊内，发现它能够减少有害物质形成，抵抗药物诱导的氧化反应，抑制肾细胞凋亡，并通过激活ERK1/2通路促进肾细胞增殖，最终减轻顺铂诱导的肾脏损伤。另有研究应用小鼠肾脏缺血再灌注模型比较脂肪间充质干细胞、脂肪间充质干细胞来源外泌体以及两者联合应用的效果，发现单独应用外泌体即能达到减轻肾缺血再灌注损伤的效果，两者联合应用也比单独应用干细胞更能减轻肾脏功能的恶化和保护肾脏结构的完整性。

在肾脏缺血再灌注损伤时，C-C模体趋化因子配体2（C-C motif chemokine ligand 2，CCL2）通过与其主要受体C-C模体趋化因子受体2（C-C motif chemokine receptor2，CCR2）结合，募集大量的外周血单核细胞和巨噬细胞，导致肾脏炎症损伤。而间充质干细胞外泌体富含膜CCR2，局部应用后能够消耗肾损伤处自由状态下的CCL2，减少炎症细胞浸润，减轻炎症反应，最终促进肾脏损伤修复。

（四）肝脏细胞再生与修复

多种因素（病毒性肝炎、药物、酒精、代谢类疾病等）可以导致肝脏损伤，目前间充质干细胞外泌体已经作为肝脏损伤修复的一种治疗选择。

有学者用四氯化碳诱导小鼠肝脏纤维化后，在肝脏内直接注射人脐带间充质干细胞外泌体，发现其能够降低肝细胞转化生长因子TGF-β1的表达，通过阻断Smad2信号通路磷酸化，逆转肝细胞表皮间充质转化，最终减少胶原沉积，促进肝脏损伤修复。此外，Herrera等证明干细胞来源的微囊泡可以促进肝脏细胞增殖，并且在小鼠肝脏切除后能够促进肝脏组织再生。

在四氯化碳诱导小鼠肝损伤的动物模型中，应用间充质干细胞外泌体可以促进损伤后的肝脏再生。在相应的体外研究中发现，间充质干细胞外泌体能够恢复过氧化氢和对乙酰氨基酚导致的细胞活性损伤。在肝脏缺血再灌注模型中，静脉注射间充质干细胞外泌体能够抑制受损区炎症细胞浸润、减少炎性细胞因子释放、减轻氧化应激，最终达到降低肝细胞凋亡、坏死和减轻肝脏损伤的效果；同时，间充质干细胞外泌体还能够促进肝脏细胞增殖。谷胱甘肽过氧化物酶和超氧化物酶是主要的内源性抗氧化剂，间充质干细胞外泌体中含有大量的谷胱甘肽过氧化物酶，能够抑制过氧化氢和四氯化碳所引起的肝细胞的氧化应激和凋亡，其机制可能与ERK1/2、Bcl-2上调和IKK8/NF-κB/casp-9/-3通路下调有关。

（五）骨细胞再生与修复

骨损伤的愈合是一个涉及一系列生理活动的复杂过程，骨折部位的各种干细胞增殖和分化在愈合中起着至关重要的作用。随着干细胞技术的兴起，越来越多的研究将干细胞用于治疗多种疾病。近年来，研究人员将干细胞衍生的外泌体应用于骨损伤修复。另外，肌组织的再生受到一系列因素的精细调控，包括细胞内在转录因子、信号通路和外界的微环境。随着细胞治疗技术的发展，应用干细胞衍生物治疗肌肉损伤是今后的发展趋势。

间充质干细胞外泌体可以促进成骨细胞增殖和分化，这表明它在骨修复或骨组织再生中的潜能。FURUTA等应用CD9-/-小鼠建立骨折延迟愈合的动物模型，由于结痂受到阻碍，CD9-/-小鼠的骨愈合率明显低于野生型小鼠，而注射间充质干细胞外泌体能够促进软骨内成骨，加速骨折愈合。另有学者将人诱导多能干细胞定向分化为间充质干细胞（human-induced pluripotent stem cell-derived mesenchymal stem cells，hiPS-MSC），并提取其外泌体，与磷酸三钙支架联合应用，发现其可以促进小鼠颅骨缺损处的骨再生。与此同时，在体外细胞实验中发现，外泌体可以被人骨髓间充质干细胞胞吞，并促进细胞的迁移、增殖和成骨分化。

此外，在心脏毒素诱导小鼠骨骼肌受损模型中，局部注射间充质干细胞外泌体后组织学结果显示，与对照组比较，实验组纤维区域减小并且有大量肌纤维、毛细血管形成，说明间充质干细胞外泌体能够促进骨骼肌再生。

（六）口腔细胞再生与修复

牙髓感染或坏死的传统治疗方法（根管治疗、根尖屏障术等）是以生物材料替代有活力的牙髓，而牙髓血管再生治疗仅能在根管内形成牙骨质样、骨样组织和牙髓样、牙周膜样结缔组织，未能实现真正意义上的牙髓再生。依据组织工程三要素，要真正实现具有生理性功能的牙髓再生，干细胞及支架材料的选择以及局部微环境的诱导（细胞因子的选择）是亟待解决的问题。外泌体含有丰富的生物活性因子，能够替代单一的细胞因子，在牙髓再生中发挥重要的作用。

用常规培养基及成牙本质条件培养基分别培养牙髓干细胞（dental pulp stem cells，DPSCs）4周，提取上清中外泌体，实验分为常规培养牙髓干细胞分泌的外泌体组（DPSC-Exo组）和成牙本质诱导后牙髓干细胞分泌的外泌体组（DPSC-OD-Exo组），将牙髓干细胞与提取的外泌体接种在Ⅰ型胶原膜上形成复合物，将复合物置于长约3～4mm的牙根片段内，植入裸鼠背部皮下。2周后免疫组化染色显示，在牙根内表面与软组织接触处，2组均高表达基质矿化和细胞成牙本质向分化的关键调节因子DMP1和DPP，其中DPSC-OD-Exo组蛋白的表达量更多。

此外，免疫荧光染色显示在再生的牙髓样组织中，DPSC-Exo及DPSC-OD-Exo均使多种蛋白（促血管生成因子PDGF和转录因子Runx2）的表达水平提高。体外研究也发现，外泌体可能激活P38促分裂原活化蛋白激酶（P38 mitogen activated protein kinase，MAPK）通路，促进DPSCs以及骨髓间充质干细胞的成牙本质向分化。以上研究提示，外泌体可能作为一种生物工具应用到牙髓再生中，为牙髓坏死或牙髓炎提供新的治疗策略。

（七）成纤维细胞再生与修复

皮肤伤口通常需要精细组织修复，愈合不良会产生瘢痕，若发生坏死，不仅会破坏皮肤的屏障功能，而且对疼痛、温度和触感的感知也会发生变化。因此，寻找一种替代方法加速伤口愈合至关重要。间充质干细胞外泌体能够呈剂量依赖性地促进成纤维细胞迁移、增殖和胶原合成。

在小鼠皮肤切口模型中，静脉注射外泌体后，外泌体可以被募集到软组织创伤区，通过改变成纤维细胞的性能，在创口愈合的早期促进Ⅰ、Ⅲ型胶原形成，晚期则抑制胶原表达从而抑制疤痕形成，最终促进皮肤创口愈合。

三、安全考虑

在再生治疗中，外泌体可以避免干细胞治疗的一些缺陷（免疫排斥、伦理问题等），并且外泌体具有高稳定性、易于储存、无需增殖、便于定量使用以及向损伤处募集等优势。因外泌体包含多种蛋白质和RNA，与某种单一的细胞因子比较，其具有较高的安全性和更大的组织再生潜能。因此，间充质干细胞外泌体在组织再生中具有极大优势。

虽然有较好的应用前景，但是外泌体的提取方法及其复杂的分类系统阻碍了它的应用，外泌体高效提存技术成为临床应用前的有待解决的重要问题。目前，动物实验局部注射间充质干细胞外泌体后，损伤处外泌体的浓度未知，外泌体促进组织再生或者免疫调节时的最佳浓度、外泌体的半衰期也需要更深入的研究。此外，因为由不同细胞或者同一细胞不同生理状态下分泌的外泌体可能存在差异，外泌体发挥作用的内容物及机制需要更深入研究。同时，外泌体转运多种生物分子，如何在体内调节受体细胞、改变细胞的状态和命运也尚未明确。

干细胞来源外泌体已显示出较好的临床应用前景。不过，在应用中，应根据不同的疾病类型，通过不同的方法进行管理。在进行临床试验时，也应考虑外泌体怎样容易进入疾病区域，从而更适当地选择和优化给药途径，以产生较高的治疗效益。

第四节 干细胞外泌体用于无细胞再生医学治疗

一、无细胞再生医学治疗

（一）无细胞再生医学

干细胞疗法作为新兴的细胞治疗手段，逐渐受到医学领域研究者的关注。

干细胞治疗的机制主要包括分化和旁分泌机制。近年来，随着研究的深入，人们把视线逐渐转向了其旁分泌机制，尤其是发现干细胞分泌的外泌体在机体损伤修复方面的巨大潜能，可以为再生医学“无细胞”治疗提供一种强有力的修复工具。

最初人们设想的干细胞在病灶区增殖、分化，重新构建组织结构的愿望并未完全实现。有研究发现，被标记的间充质干细胞注入体内后，虽然有部分细胞能够到达受植靶器官，但这些干细胞很快就消失了。动物实验研究证实，经静脉注入的间充质干细胞虽然有少部分能够到达受损组织，但大部分都被肺部的毛细血管拦截并清除。尽管干细胞能否在体内存活的问题受到质疑，但间充质干细胞植入体内的短期治疗效果是肯定的。多年来的研究发现，间充质干细胞能产生大量的生长因子，并能调节免疫系统。有研究也证实了SD大鼠唾液腺细胞与人羊膜上皮细胞之间存在细胞旁分泌的交互作用，细胞因子在细胞之间相互影响。基于这些发现，学者们逐渐意识到移植到损伤组织内的干细胞起到的修复治疗作用实际是旁分泌因子的结果，而非移植入体内存活的干细胞进行再生修复的结果。

（二）外泌体无细胞再生生理作用

蛋白质在外泌体内容物中的占比较大，且种类多样，主要分为两大类：一类是普遍存在于外泌体表面或内腔中，并参与其结构构成的蛋白质，包括骨架蛋白、膜转运和融合相关蛋白、热休克蛋白、四跨膜蛋白超家族成员以及多泡小体形成相关蛋白等；另一类是具有一定的特异性，并与其细胞来源有关的蛋白，如富含主要组织相容性复合体-Ⅰ、CD80相关蛋白的血小板来源外泌体，富含转化生长因子-β、凋亡相关因子配体相关蛋白的肿瘤细胞来源外泌体等。

外泌体具有脂双层结构，含有丰富的胆固醇、鞘磷脂、磷脂等，并含有一些功能性的脂类酶。同时，外泌体所含的脂质种类因其来自不同的细胞而有一定的区别。这些脂质分子不但可以保持外泌体正常的外形结构，而且可以参与多种生物学活性过程，如激发钙内流、调节外泌体分泌等。外泌体区别于其他生物囊泡的一大特征就是含有大量的核酸，如双链DNA（dsDNA）、信使RNA（mRNA）、微小RNA（miRNA）、转运RNA（tRNA）以及长非编码RNA（LncRNA）等。近年来，一些研究证明miRNA与疾病的发生发展、转归有着密不可分的关系。Cheng等发现，肿瘤来源的外泌体分泌产生的生物标志物microRNA-146a-5p可促进肿瘤的发生；Cui等证实了外泌体miRNA-224作为一种肿瘤启动子，与肝细胞癌的发生发展有着密切的联系，并且可作为肝细胞癌患者诊断和预后的指标；Hunsaker等研究发现，口腔癌外泌体中miR-21、miR-155等的表达水平可以用作研究相关抗肿瘤药物的作用机制和途径。此外，由于外泌体中的miRNA体积小，又能避免RNA酶的降解，因此，可以较长时间稳定地存在于体内，使得外泌体miRNA已成为一种理想的疾病诊断和预后生物标记物。除了辅助癌症诊断之外，外泌体miRNA在心血管疾病等慢性疾病上也起着同样的作用。外泌体的这些生理作用与其在再生医学领域，如骨组织再生等的应用，也有着密切的关联性。

干细胞外泌体目前在骨/软骨组织修复、神经组织再生、肝肾组织再生、肌肉组织修复、血管组织再生等领域已进行了大量的临床前期研究，展现了外泌体的再生潜能。外泌体能够作为“无细胞治疗”的手段之一，其中一个重要的原因是免疫调节作用。据报道，外泌体对体液免疫及细胞免疫均可产生强有力的影响，并有可能与损伤后组织修复及再生有关的抗炎、促炎功能有一定的关联，而干细胞外泌体发挥组织修复及再生作用的关键就在于其能在适当的时间促进抗炎、促炎这两个完全相反的功能。另一个不可忽略的原因是外泌体在细胞间信号传递上起到的作用，外泌体可改变细胞的运动、增殖、表型变化和成熟，亦可通过传播保护或损伤信号来维持细胞内的稳态。外泌体能介导某些特殊功能分子转移，这些分子有可能将触发受体细胞的促修复途径。

二、临床应用

（一）骨再生

骨再生是对成骨细胞、破骨细胞、骨细胞、软骨细胞和内皮细胞等不同类型细胞活动的时空协同调节。

Furuta及其团队将间充质干细胞外泌体作用于骨折小鼠模型，与对照组相比，实验组骨折愈合所需时间较短，证明干细胞外泌体有着良好的促进骨再生能力。与干细胞相比，外泌体更安全、取材更方便，目前已成为骨再生领域的研究热点。

Zhang等将β-磷酸三钙（β-tricalciumphos-phate，β-TCP）制成直径5mm、深2mm、平均孔隙500μm的支架，无菌条件下将人骨髓间充质干细胞来源的诱导多能干细胞（iPSCs）的外泌体涂抹在β-TCP支架上，4小时后吸收完全；然后将SD大鼠麻醉后，用电钻在颅骨两侧构建颅骨缺损；最后，将β-TCP支架植入缺损区域内，分为β-TCP组、β-TCP+exos组（外泌体浓度为5×10^{11}个/ml、10^{12}个/ml）。术后8周，取颅骨经组织学和免疫组织化学检测发现，与β-TCP组相比，β-TCP+exos复合支架组具有更强的成骨作用。体外实验通过基因表达谱和生物信息学分析表明，β-TCP+exos复合支架显著改变了磷脂酰肌醇3-激酶/丝氨酸/苏氨酸激酶（phosphatidylinositol-3-kinases/serine/threoninekinase，PI3K/AKT）信号通路相关基因网络的表达。

Jia等将大鼠内皮祖细胞外泌体局部注射到大鼠牵张后胫骨间隙中，评价内皮祖细胞外泌体对骨再生和血管生成的影响，结果表明外泌体通过刺激血管生成，促进了牵张成骨这一过程中的骨再生。因此，外泌体可大大提高牵张成骨治疗骨缺损的质量和减少临床诊治所需的时间。

（二）皮肤再生

软组织创伤治疗过程中，如何防止瘢痕形成是一大难点。瘢痕形成是肉芽组织逐渐纤维化的过程，各类免疫细胞先后消失，毛细血管退化，仅存留少量小动脉及小静脉。

Hu等研究表明，脂肪间充质干细胞外泌体可被成纤维细胞摄取内化，在外泌体作用下成纤维细胞有着优于对照组的增殖能力、迁移能力和胶原生成能力。在小鼠背部制造1.5cm × 1.0cm的皮肤缺损伤口，实验组静脉注射或局部注射脂肪间充质干细胞外泌体，以注射磷酸缓冲盐溶液作为阳性对照组，阴性对照组则不做任何治疗，在术后1、5、7、14、21天的固定时间点采集背部创面闭合显像。结果表明，实验组较对照组（未治疗组和磷酸盐缓冲液处理组）创面闭合时间减少。静脉注射组在术后7天伤口关闭50%，术后14天伤口关闭75%，术后21天伤口大部分关闭，约90%，且静脉注射外泌体的效果优于局部注射；静脉注射治疗组Ⅰ、Ⅲ型胶原两种胶原含量最高，且在术后5天达到峰值。该研究证实，脂肪间充质干细胞外泌体可以缩短小鼠皮肤切口创面愈合时间，并减少瘢痕形成，表明脂肪间充质干细胞外泌体在软组织伤口愈合过程中有着广阔的临床应用前景。

Shi等利用脱乙酰甲壳素/丝素蛋白凝胶海绵作为牙龈间充质干细胞外泌体的载体，研究其对糖尿病大鼠皮肤损伤恢复的效果，通过创面面积测定、组织学、免疫组织化学和免疫荧光分析等方法检测，结果表明牙龈间充质干细胞外泌体能在一定程度上加快糖尿病皮肤创面的修复。

（三）血管再生

间充质干细胞在诱导和促进血管生成中的作用机制还有待于进一步的研

究，但其外泌体很有可能参与了这一过程。相关研究表明，使用不含有外泌体的条件培养基会使血管生成过程受到影响。进一步的研究探讨发现，血小板衍生生长因子或外泌体中的mRNA及miRNA与血管再生有着密切关系。因此，外泌体在血管再生领域也成为了一个新焦点。

研究表明，核因子-κB（nuclear factor-kappaB，NF-κB）信号是间充质干细胞外泌体在内皮细胞血管生成中的主要调控者。间充质干细胞外泌体被人脐静脉内皮细胞内化后，内皮细胞显示出高于正常的增殖和迁移能力，且血管形成能力也有所提升，而新的血管形成是血管再生的关键点。Anderson等相关研究证明，间充质干细胞外泌体的功能可能是由蛋白质介导的，而蛋白质又受到微环境的影响。Anderson等将间充质干细胞置于外周动脉疾病（动脉粥样硬化导致的血管狭窄、阻塞的缺血性疾病等）样微环境中，干细胞呈现多种血管生成相关蛋白如血小板衍生生长因子等高表达状态。另外，研究结果进一步表明，外周动脉疾病样微环境对外泌体的分泌具有正向的促进作用，使其血管形成能力得到一定的提升，并证实了这一过程是通过NF-κB通路实现的。miRNA作为外泌体内容物中一个重要的组成成分，也参与其中，可能是通过微调细胞的增殖、分化与归巢来发挥作用的。其中，miRNA-6087可调控内皮细胞的分化；miRNA-222、miRNA-21等可调节血管生成。

如何提高基于外泌体的“无细胞”治疗的成血管效果，是外泌体应用于临床研究的关键因素之一。同时，不同来源的间充质干细胞所分泌的外泌体的成血管能力有所差别，在未来探索过程中需要科学家们花更多的精力去筛选出最适合用于血管再生的干细胞外泌体来源。另外，外泌体可以通过“改性”来优化成血管性能，如负载成血管因子等。

（四）神经组织再生

外泌体在神经系统中也扮演着重要角色，可促进神经系统中的细胞间通讯，参与神经元的发育、再生、突触功能调节和维持神经系统的正常功能。

例如，牙髓干细胞具有独特的神经源性特性，本身即可表达巢蛋白等神经标志蛋白。Jarmalaviciūt·e等研究表明，乳牙牙髓干细胞外泌体能够抑制6-羟基-多巴胺诱导的人多巴胺能神经元的凋亡。

越来越多的研究证实，外泌体对中风和神经损伤后的神经恢复有着非常重要的作用。Zhang等采用骨髓间充质干细胞外泌体治疗大鼠外伤性脑损伤，结果表明其对脑损伤后的功能恢复十分有利，一方面能促进血管重塑和神经轴突生长及突触发生，另一方面能抑制神经炎症因子的产生。目前，大量动物实验表明，外泌体在神经系统中具有较好的修复作用，外泌体可应用于脊髓损伤、脑卒中等。

（五）心肌再生

心肌疾病是以心肌病变为表现的一类疾病，在世界范围内有着高发病率和高死亡率。由于心肌受损后心脏再生能力下降，改善心脏功能成了比较棘手的问题。干细胞外泌体为心肌疾病提供了一种有前景的治疗方案。

Wang等采用新生儿心肌细胞和人脐静脉内皮细胞共培养的方法，体外观察其外泌体分泌及其对细胞的作用，并采用大鼠模型比较心肌内注射人骨髓间充质干细胞、脂肪干细胞和人子宫内膜来源间充质干细胞的治疗效果。结果表明，人子宫内膜来源的间充质干细胞较其余两种干细胞具有更好的心脏保护作用，并增强了微血管密度。

相关抑制剂研究发现，细胞治疗的效果主要由外泌体中的miRNA-21介导，miRNA-21进入受体细胞后，抑制下游靶点同源性磷酸酶-张力蛋白（PTEN），从而增加蛋白激酶B（PKB）磷酸化，在细胞凋亡和血管生成中发挥重要作用。Bian等对Wistar大鼠进行急性心肌梗死造模，造模成功后在心肌内注射人骨髓间充质干细胞来源的外泌体，经血流动力学分析、心脏功能评价等发现，外泌体可以改善大鼠的血流恢复，并缩小梗死面积。Zhang等相关研究表明，利用间充质干细胞外泌体预处理，可促进心脏干细胞的增殖、迁移和血管新生，且在一定范围内促进效果随外泌体浓度变化而出现改变。

（六）肝脏组织再生

肝脏是人体消化系统中最大的器官，也是体内少数几个具有再生潜能的器官之一，它通过正常肝细胞的复制而再生。这种保护机制在肝损伤中有着重大意义，但是当损伤达到引起功能障碍的情况下，这种保护机制反而会导致更严重的结果，如出现急性肝功能衰竭等。肝病的病因有很多，且中国是乙肝高发地区，所以发掘一种有效的治疗方法是大势所趋。

Tan等将间充质干细胞外泌体经脾内注射于药物性肝损伤小鼠模型，通过血清学及组织化学评价来评估肝损伤的治疗效果，结果显示外泌体可以改善肝损伤。随后的对乙酰氨基酚（APAP）和过氧化氢（H_2O_2）体外肝损伤模型研究结果表明，外泌体可以通过诱导位于静止期（G0）的肝细胞在APAP或H_2O_2诱导损伤后重新进入细胞周期（G1），从而调节肝细胞的增殖；同时，外泌体也可以增强G1期转录因子的表达。Damania等将骨髓间充质干细胞外泌体作用于对乙酰氨基酚和过氧化氢体外肝损伤模型，发现外泌体可以使肝损伤好转，在动物实验中也得出了相同的结论。Li等利用人脐带间充质干细胞外泌体治疗肝纤维化疾病模型，研究表明外泌体可阻断TGF-β1/Smad途径、抑制肝细胞上皮-间充质转化和胶原生成，从而减轻肝纤维化程度，为肝脏的再生提供了一种有前景的诊疗手段。

（七）肾脏组织再生

Zhou等建立了顺铂诱导的大鼠急性肾损伤模型，经肾包膜注射人脐带间充质干细胞外泌体，发现外泌体能够有效抑制大鼠肾小管细胞的程序性死亡，提高肾小管细胞的分裂能力，且能够逆转由顺铂导致产生的肾氧化应激。

同时，相关机制研究结果表明，外泌体主要通过激活细胞外调节蛋白激酶（ERK1/2）信号通路来发挥其作用，使受损细胞重新恢复增殖能力，从而达到肾损伤的修复作用。Koppen等对人胚胎间充质干细胞衍生条件培养基（CM）对慢性肾病的保护作用展开了研究，结果表明CM能使肾小管和肾小球损伤减轻、肾小球内皮细胞增多，从而达到肾损伤修复的目的。然而，在相同条件下，单纯采用人胚胎间充质干细胞外泌体进行研究，则发现对肾损伤并无任何保护效力。

因此，肾组织的损伤修复对外泌体具有一定的选择性，并不是所有细胞来源的外泌体均有治疗效果。在未来的研究过程中，需要广大研究者们筛选出有效的外泌体来源，为肾病患者带去福音。

三、安全考虑

当然，关于外泌体也还存在着一些问题，如外泌体提取方面，虽然超速离心法作为首选方法，但依然存在纯度不高、容易造成外泌体崩解等缺点。一些商品化的试剂盒可提高外泌体的提取产量，但纯度也有所下降，仍需开发新的收集方法。另外，外泌体在组织修复和再生过程中的潜在作用尚未完全阐明，尚不清楚外泌体的哪些成分/性质能够促进组织再生，也不清楚用于治疗的外泌体的量到底该如何衡量，过量的外泌体是否有可能造成不可逆的组织损伤。

综上，基于外泌体的治疗是一种很有前途的治疗手段，从干细胞中提取外泌体并加以纯化和储存可以为未来各种疾病的治疗以及组织再生提供一种全新的治疗模式。当然，干细胞外泌体要真正应用于临床实践，还需要更多设计良好的临床前期实验和临床随机对照研究。

第五节　肿瘤干细胞及其在肿瘤免疫治疗中的应用

一、肿瘤干细胞

1959年，Makino首次提出肿瘤干细胞（CSC）形成肿瘤组织的观点。以后的实验证实，用1个白血病细胞可以在异种异体模型上制备出白血病，$CD44^{+}CD24^{-}Lin^{-}$乳腺癌细胞在异种异体模型上能成瘤和转移，从而确立了肿瘤干细胞存在的理论。

近年来，以肿瘤干细胞为靶标的肿瘤诊疗方案越来越受到人们的关注。相较于更加成熟的肿瘤细胞，肿瘤干细胞是一类分化程度低、长期具有增殖潜能的自我更新细胞，因此，肿瘤干细胞可以长时间维持一定数目的肿瘤，促进肿瘤生长并介导它的复发和转移。除此之外，肿瘤干细胞另一个重要特征就是对抗肿瘤药物具有抵抗作用。

（一）肿瘤干细胞形成机制

从理论上说，任何发育阶段的一个体细胞或一群体细胞都可能在基因水平上发生功能获得性突变而转化，或者受外来物的侵入或环境的诱导，使表观遗传学的表达发生改变而转化。性质发生了转化的一个或多个、一群或多群细胞为肿瘤的起源细胞，成为肿瘤干细胞。肿瘤干细胞通过不对称性或对称性分裂形成一个或多个克隆性生长，形成一个或多个病灶，导致肿瘤的发生。

一个肿瘤病灶是一个异质性的有机实体，可以再次发生多次突变或异常分化。一个克隆性病灶包含有第1个或第1群肿瘤起源细胞和不同层次的子代干细胞和分化了的细胞。肿瘤病灶内的细胞可以再次和多次发生内在突变和外在诱导所产生的转化。诱导Hedgehog基因高表达，可使已经系列定向的粒细胞系祖细胞变为成神经管瘤细胞。而同一种疾病不同个体的肿瘤干细胞的起源，可以不在同一发育层次：发生在干细胞阶段，形态尚不可辨认，具有极高的转移力；发生在祖细胞阶段，获得“干性（stemness）”，形态可辨认，可转移；发生在成熟的细胞阶段，获得“干性”，形态容易辨认，转移少。

同一种疾病不同个体的肿瘤基因表达明显不同，预后也不同。同一个体同一疾病不同病期可以有1个以上起源的肿瘤干细胞。慢性粒细胞白血病（CML）慢性期在$CD34^{+}$发育水平上有1个CML-肿瘤干细胞，当发生急变时，又有1个$CD34^+$发育水平以下的肿瘤干细胞出现。Wnt/β-catenin能使CML患者的GM-CFU阶段的祖细胞发生干性改变，成为急变的肿瘤干细胞，此时患者就有2个发育分化水平起源的肿瘤干细胞同时存在。肿瘤作为一个有机实体，肿瘤包块内部的肿瘤干细胞与非肿瘤干细胞出现平衡转化。IL-6有促进乳腺癌非肿瘤干细胞向肿瘤干细胞转化的作用。

（二）肿瘤干细胞生物特性

肿瘤干细胞具有很多独特的生物学特性，可以用于治疗领域。

1. 自我复制能力和长生命期　肿瘤干细胞通过不对称分裂，可以复制出1个与亲代“干性”完全相同的子代细胞（另1个子代细胞向下分化）。每进行一次不对称分裂，复制出与亲代“干性”完全相同的1个子代细胞，因此肿瘤干细胞是分代龄和分层次的。如果是对称性分裂，则分裂1次可以复制出2个与亲代“干性”完全相同的子代细胞。肿瘤干细胞正常凋亡调控通路改变，如BCL-2高表达，不会发生自发性的凋亡。肿瘤干细胞在大多数时间和空间中处于静息状态和慢周期，有很长的生命期。

2. 恶性本能和自主的适应性侵袭能力　肿瘤干细胞在表型特征和生长信号的调控方面与正常干细胞、诱导的多潜能干细胞具有相似性，唯一不同的是肿瘤干细胞的恶性生物学特性。正常干细胞参与创伤的修复、机体的新陈代谢、组织器官结构和功能的维持。肿瘤干细胞有自主的侵袭性、转移性和免疫缺陷个体的异种异体的可移植性，导致临床上肿瘤的多处转移和机体组织的破坏。

3. 对细胞毒性药物和辐射的抵抗性　肿瘤干细胞高表达ABCG1、ABCG2和ABCB5，构成了对细胞毒药物的高排出性；DNA损伤控制闸门阈值的降低，使更多有辐射损伤DNA的细胞进入细胞周期进行增殖；DNA修复能力的增强，使受损伤的细胞得以修复而增殖。

4. 免疫逃逸和颠覆免疫反应　肿瘤干细胞的外源性凋亡信号通路调节失常，分别表现为DR、DcR表达的异常及抗凋亡信号的增强等。肿瘤干细胞可以分泌免疫抑制因子（如IDO），抑制微环境中免疫细胞的杀伤功能。肿瘤可以利用免疫细胞分泌的因子作为生长因子来支持肿瘤的生长。

5. 遗传和表观遗传学表达的紊乱　与正常的干细胞相比，肿瘤干细胞遗传和表观遗传学表达的紊乱和复杂是其一个特点，目前对肿瘤干细胞的遗传和表观遗传学表达的揭示是个体性或是亚类性的。

二、临床应用

肿瘤干细胞是肿瘤发生的根源，其能抵抗常规的化疗和放射治疗，肿瘤干细胞又是肿瘤复发和转移的种子细胞。同时，免疫系统对肿瘤干细胞表达的抗原和相关分子具有识别能力，免疫治疗具有清除肿瘤干细胞的作用。消除肿瘤干细胞能明显提高肿瘤的治愈率和患者生存质量，以肿瘤干细胞为靶的治疗正在成为各种治疗的新定位。免疫治疗具有抗原识别的靶向性和时空效应性，是以肿瘤干细胞为靶的治疗的根据。

通常认为，肿瘤干细胞是一群具有特殊生物学特征的细胞亚群，不同于其他普通肿瘤细胞，其在恶性细胞群中具有独特的单向细胞层次结构，因此产生的奇特的排斥能力可以维持恶性肿瘤无限期延续性生长，也就是说，肿瘤干细胞天生对大多数治疗方法都不敏感，并且可以将这一特性传给下一代肿瘤干细胞和其他普通肿瘤细胞。而恶性肿瘤的难治性属性正是肿瘤干细胞持续的基因组和外遗传性改变导致的。除此之外，肿瘤干细胞可以改变其自身所处的细胞外液微环境，使之有利于自身生存和生长，这可能也是它们抵抗各种治疗、耐受放化疗，导致治疗失败的原因之一。因此，从理论上来说，杀灭肿瘤干细胞即能控制肿瘤的复发和转移。

（一）单克隆抗体治疗

靶向肿瘤干细胞标志物的治疗方法，主要依赖于单克隆抗体对肿瘤干细胞表面标志物的特异识别和结合衍生出相应的单抗药物、抗体偶联药物（ADC）、双特异抗体、嵌合抗原受体T（CAR-T）细胞和纳米微粒药物，等等。

目前，已经有很多靶向标志物的单克隆抗体进行了动物实验或者临床试验，例如靶向CD44、CD47、CD123、EpCAM、CD133、IGF1等蛋白的单克隆抗体。一些靶向CD44的单克隆抗体药物，如P245、H4C4、GV5等，能够有效地减少甚至消除某些肿瘤中的干细胞。一种靶向CD133的单克隆抗体对$CD133^{+}$胶质瘤干细胞表现出显著的杀伤作用。多个研究报道，靶向DLL4的单克隆抗体可以有效消除肿瘤干细胞。

以单克隆抗体为基础的靶向治疗有三种应用形式：抗体与补体、抗体与毒性物质（核素或细胞毒性药物）、抗体与免疫细胞的联合。根据肿瘤来源和抗原表达的不同，用单克隆抗体直接杀灭不同分化水平上的肿瘤干细胞。另外，针对其他分子的抗体也能对肿瘤干细胞的生物学特性进行干预。例如，抗IL-4mAb使肿瘤干细胞对5-FU、Oxiplatin介导的凋亡敏感；抗CD47抗体能增强吞噬细胞对白血病的吞噬作用；抗CD44抗体能清除AML的肿瘤干细胞；抗CTLA-4、PD1、TGF-β抗体能阻断负性信号并联合GM-CSF，增强T细胞的杀伤能力，在前列腺癌、结肠癌、恶性黑色素瘤中已初步显示出治疗效果；用抗CD20抗体与化疗联合治疗B-NHL，获得95%的完全缓解率，单用该抗体进行巩固治疗则能使90%的患者达到9年以上的高质量的生存（治愈）。

（二）免疫细胞治疗

1. 固有免疫效应细胞治疗 以NK细胞为例，NK细胞是固有免疫的主要效应细胞，承担清除转化细胞和抗病毒的任务。人肿瘤干细胞在T、B细胞缺陷和T、B、NK细胞均缺陷的异种异体移植的小鼠动物模型上充分证实了NK细胞的免疫监视作用。NK细胞能清除HLA缺失的肿瘤细胞，NK细胞受肿瘤干细胞表达的免疫激活分子（MICA/B、ULBPs、PVR、Nectin-2、BAT3等）的激发，发挥杀伤效应。静息状态NK细胞的细胞毒活性很低，激活后才有杀伤功能。Nectin-2激活的NK细胞有杀伤胶质瘤肿瘤干细胞的作用。NK细胞在体外激活后直接输注应用，称为建立在NK基础上的免疫细胞疗法。

2. 适应性免疫效应细胞治疗 以T细胞为例，T细胞是适应性免疫的主要效应细胞之一，承担清除异常抗原表达细胞的任务。T细胞与结肠癌的侵袭性和预后相关，故提出结肠癌的免疫学分期。T细胞受肿瘤相关抗原（TAA）的激发而产生特异性的细胞毒效应，如MART-1、酪氨酸酶、GP100、CTA-NY-ESO-L等。表达在肿瘤干细胞的Sox2、EZH2、Survivin、Livin、Aurora-A、EP-CAM分子可被T细胞识别和靶向杀伤。T细胞具有杀伤$ABCB5^{+}$MART-1肿瘤干细胞的能力。在体外致敏后直接输注应用，称为抗原提呈细胞致敏的T细胞免疫疗法（DC/p-T-basedimmunotherapy）。

3. 调节肿瘤干细胞被免疫细胞杀灭的敏感性 通常，肿瘤干细胞处于静息状态，内外源凋亡系统处于关闭状态，抗凋亡分子高表达而表面免疫激活分子低表达，处于不能激发免疫反应和抵抗免疫杀伤的状态。只有“受到应激（stress）”的肿瘤干细胞才能表达应激分子，激发免疫反应和开放凋亡系统，对免疫细胞杀伤作用敏感。Zoledronate非肽磷酸化合物致敏结肠癌肿瘤干细胞对Tγδ 的杀伤敏感。研究显示，多酚类植物单体能分别激发白血病、淋巴瘤、骨髓瘤肿瘤干细胞表达MICA/B或ULBP分子，激活NK细胞；可调节肿瘤干细胞外源性凋亡受体DR、DcR、casapse-8的表达，使其成为杀伤敏感细胞。

（三）干性基因靶点治疗

癌的“干性”表现在它的多潜能性。目前已知的几个基因（如Oct4、Sox2等）可以将正常分化成熟的体细胞进行“干性编程”，将其转化成为iPS。已经发现肺癌细胞高表达Oct4、Sox2基因；表达胚胎样干细胞基因的癌多处于未分化的组织学状态，侵袭性高，常规治疗反应差。因此，调节“干性”相关的基因就可改变肿瘤“干性编程”和细胞的癌性功能，消除肿瘤的自我更新和多潜能性；将肿瘤干细胞转变为非肿瘤干细胞，成为常规治疗的敏感细胞，达到常规治疗即可将肿瘤治愈的目的。

80%正常人的CD45RO^{+}CD4^{+}细胞对Oct4产生反应，说明正常的免疫系统可以控制多潜能干细胞的发育。35%的生殖系肿瘤患者存在反应性的T细胞，Oct混合肽负载的DC可以放大T细胞对Oct4的反应。化疗杀灭的癌细胞产物可以作为免疫反应的诱生剂，这在睾丸癌中得到了证实。机体针对Sox2可以产生体液和细胞介导的免疫反应，抑制MGUS病的克隆性生长。有Sox2反应性T细胞者2年生存期为100%，否则为30%。Let7 miRNA可以诱导CD44^{+}CD24^{-}的乳腺癌肿瘤干细胞向下分化。

（四）干性信号通路靶点治疗

肿瘤干细胞像正常干细胞一样，受Notch/Jagged-1、Hedgehog、Wnt/β-连环蛋白等信号的调控，如果这些信号系统相关分子有突变或调节紊乱则呈现活性增强状态，导致肿瘤干细胞的自我更新能力增强、多潜能活力增强，使可异种异体移植的细胞比例增多，更多的细胞处于未分化状态。因此，这是目前开发中最庞大的一类靶向肿瘤干细胞的药物。靶向信号通路治疗肿瘤干细胞通常采用的方法是阻断肿瘤干细胞异常的信号通路，主要包括Wnt、NF-κB、Notch、Hedgehog、JAK-STAT、PI3K/AKT/mTOR、TGF/SMAD和PPAR通路。

信号通路Notch与肿瘤干细胞息息相关，所以Notch通路激活所必需的γ-分泌酶的抑制剂可以有效消除乳腺癌、髓母细胞瘤和胶质瘤中的肿瘤干细胞。Hedgehog通路的激活是多种肿瘤干细胞维持生存所必需的，例如多发性骨髓瘤、骨髓性白血病、结直肠癌、胃癌和胶质瘤，Hedgehog通路的共受体Smoothened的拮抗剂环巴胺可以降低肿瘤干细胞的比例，甚至消除肿瘤干细胞，导致某些类型的肿瘤消退，如胰腺癌和脑肿瘤。

三、安全考虑

肿瘤起源于肿瘤干细胞，只有消除肿瘤干细胞才能治愈肿瘤。肿瘤干细胞对常规化疗和放疗是抵抗的，因此，寄希望于免疫治疗能清除肿瘤干细胞，以肿瘤干细胞为靶的免疫治疗具有一定的理论依据和技术上的可行性。

但是，目前面临的挑战也是明显的。抗体治疗的抗原调变和修饰，直接影响抗体治疗效果，针对多个抗原的多种抗体联合治疗有待研究。调节“干性”相关的关键性基因和关键性信号能否直接引发肿瘤干细胞的凋亡或衰老，需要大量的实验证实。静息状态下的肿瘤干细胞对免疫细胞治疗是抵抗的，如何打开肿瘤干细胞的外源性凋亡通道，使肿瘤干细胞对免疫细胞的杀伤变得敏感是免疫细胞治疗的前提。静息状态下的免疫细胞是没有杀伤能力的，如何激发免疫细胞针对肿瘤干细胞的特异性杀伤和避免在杀伤过程中被肿瘤干细胞免疫编辑是免疫细胞杀灭肿瘤的基本要求。

因此，在临床治疗上，要设计出能同时清除肿瘤干细胞和非肿瘤干细胞的治疗策略和技术，快速地消除肿瘤实体细胞和控制复发。上述关键问题的解决，将会推进以肿瘤干细胞为靶的免疫治疗进入临床。

第六节　间充质干细胞作为癌症治疗载体

一、作用机制

癌症是指由各种疾患引起的组织细胞异常增生形成的恶性新生物。目前，对癌症多采用化疗、放疗、手术、免疫、单克隆抗体等综合治疗。但是，这些传统的治疗存在局限性，不能预防肿瘤的复发和转移，而且这些治疗缺乏对癌细胞的针对性。抗癌治疗的失败并不是癌细胞对最初治疗无反应或不能缓解，而是治疗后发生了复发或转移。

间充质干细胞具有天然免疫豁免特性、向肿瘤细胞迁移的能力、多系分化的潜能，使其成为抗肿瘤的一种生物制剂。

在肿瘤生长微环境下，间充质干细胞具有双重作用：促肿瘤形成和抗肿瘤形成。哪种作用占优势，取决于间充质干细胞的类型及来源、肿瘤细胞的类型、干细胞与机体免疫细胞和癌细胞的相互作用等。另外，间充质干细胞分泌的肿瘤坏死因子相关凋亡诱导配体具有促进肿瘤细胞凋亡的作用。脐带组织来源的间充质干细胞与癌细胞共培养，可促进干细胞表达该配体，具有抗肿瘤作用。

（一）肿瘤靶向性

间充质干细胞具有向肿瘤组织的趋向性，引起了科研工作者的浓厚兴趣。1999年，Maestroni等提出间充质干细胞可迁移到肿瘤部位，将这种特性定义为间充质干细胞的归巢特性。

肿瘤被称为“不能治愈的伤口”，间充质干细胞具有向伤口的趋向性，已被众多的研究所证实。间充质干细胞可通过多种途径与肿瘤细胞发生相互作用，促进或抑制肿瘤生长。Maestroni的研究显示，骨髓来源的间充质干细胞可释放多种可溶性因子，抑制小鼠肺癌和B16黑色素瘤的生长。间充质干细胞对胶质瘤的趋向性在大鼠实验得到证实，与人类神经干细胞（hNSC）相比，间充质干细胞对胶质瘤的趋向性具有选择性。hNSC获取困难，体外不易扩增，使其应用得到限制。间充质干细胞则易于获取，体外易培养和扩增。

如前所述，肿瘤就如同一个伤口，可持续释放细胞因子和趋化因子，募集各类细胞，包括间充质干细胞。多种肿瘤具有促进间充质干细胞归巢的特性，如胰腺癌、卵巢癌、大肠癌、乳腺癌、肺癌、恶性胶质瘤等。肿瘤促进间充质干细胞迁移的机制目前尚不清楚，可能与肿瘤微环境的生物特性有关。高浓度的炎性趋化因子和生长因子被认为是将间充质干细胞整合到肿瘤基质的主要原因。由于肿瘤被看作一个“伤口”，其周围环境即是一慢性炎症场所。由于这种慢性炎症，促使间充质干细胞释放各种可溶性因子，如表皮生长因子、血管内皮生长因子-A、成纤维生长因子、血小板源性生长因子、基质衍生生长因子-1a、白介素-8、白介素-6、粒-巨细胞集落刺激因子、转化生长因子β等，在这些因子的参与下，完成了间充质干细胞的迁移。

综上，间充质干细胞成为理想的运载抗癌生物制剂载体，主要是由于其具有肿瘤趋向性，能够整合到肿瘤细胞的基质，且具有天然免疫豁免特性。将抗癌基因转染到间充质干细胞，能够成功起到抗癌效果，如转染干扰素β治疗胰腺癌，转染白介素-12治疗黑色素瘤和肝癌，转染干扰素γ治疗白血病，转染白介素-2治疗胶质瘤，转染NK4基因治疗肺癌，转染TRAIL基因治疗乳腺癌、胶质瘤和肺癌。间充质干细胞的趋向性可将溶瘤细胞病毒输送到肿瘤部位，动物实验证明，与直接注射腺病毒相比，将携带溶瘤腺病毒的间充质干细胞移植到肿瘤部位的杀瘤效果更明显。

（二）免疫豁免

除了肿瘤靶向性，间充质干细胞的另一个主要优势是免疫豁免性，这使其反复给药或同种异体间的给药成为可能，也使其较抗体或病毒等传递载体在肿瘤治疗中更具优势。

近几年的研究认为，间充质干细胞具有低免疫原性，原因是间充质干细胞缺乏MHC-Ⅱ，仅微量表达MHC-Ⅰ。在体内，间充质干细胞可以通过多种机制来影响免疫系统。比如，间充质干细胞可以抑制T细胞的增殖，从而导致免疫耐受。实验发现，当间充质干细胞与T细胞混合后观察不到T细胞的增殖反应，而且这种现象并不是由T细胞凋亡或其他的有害作用引起的。同时，随着间充质干细胞的分化，其抗原性也并没有随之增加。除了抑制T细胞增殖，有研究发现间充质干细胞在体外亦可阻止初始T细胞向辅助性T细胞（Th17）分化，同时抑制相关IL-17、IL-22、IFN-γ和TNF-α等细胞因子的分泌。总之，大量数据表明，间充质干细胞可以直接抑制$CD4^{+}$T细胞而持续诱导调节性T细胞，从而逃避免疫系统的清除。

除了T细胞的抑制作用外，间充质干细胞对DCs功能的调节是间充质干细胞发挥免疫抑制作用的另一条主要途径。在体内，成熟DCs能有效激活初始T细胞，进而可以启动、调控并维持免疫应答。

二、临床应用

（一）肿瘤靶向传递载体平台

当前，肿瘤基因治疗面临的最大瓶颈是如何高效地将治疗基因传递至肿瘤细胞。而间充质干细胞恰恰因其独特的性质，如肿瘤靶向性和免疫豁免性，而可能用来解决基因疗法一直以来存在的传递问题。近几年的一些研究也表明，间充质干细胞可以作为体内高效的肿瘤靶向细胞载体携载治疗基因进行肿瘤治疗。经不同基因重组的间充质干细胞用于不同肿瘤动物模型的治疗，已取得了巨大的进步。

Nakamura等曾报道，利用基因重组的间充质干细胞治疗恶性脑瘤。他们利用复制缺陷型的腺病毒感染间充质干细胞，表达人白介素-2（IL-2），发现基因修饰后的间充质干细胞表现出明显的抗瘤作用，同时延长了荷瘤大鼠的生存率。此研究证明，利用间充质干细胞作为靶向传递载体治疗脑瘤将会是一种极具前景的新型治疗手段。胡敏等也曾报道过，基因重组sFlt-1的小鼠BM-间充质干细胞静脉注射后，可以集中在肿瘤内并表达sFlt-1，进而抑制肿瘤血管新生，增加肿瘤细胞的凋亡。由此表明，间充质干细胞可以作为基因的运载工具用于肿瘤治疗。

对于转移瘤，间充质干细胞亦可作为传递治疗基因的载体，有文献报道了腺病毒修饰人IFN-β的间充质干细胞注射后，对MDA231和A375SM的肺转移瘤小鼠模型表现出肿瘤抑制和提高生存率的作用。作者前期研究显示，经非病毒载体PEI600-Cyd修饰肿瘤坏死因子相关的细胞凋亡诱导配体（TNF-TRIAL）后的间充质干细胞，经尾静脉注射后，对小鼠肺黑色素转移瘤模型表现出良好的抑制作用。

由此可见，间充质干细胞作为肿瘤治疗基因的靶向细胞载体，可以高效地传递各种肿瘤治疗相关蛋白至肿瘤组织，并产生明显的抑瘤或肿瘤杀伤作用。间充质干细胞的此性质有助于将其作为一个广泛的肿瘤靶向传递载体平台，用于肿瘤的基因治疗。

（二）自杀基因疗法

基于间充质干细胞的自杀基因疗法即是一个良好的典范。利用间充质干细胞携载各种自杀基因，如胞嘧啶脱氨酶（CD）或单纯疱疹病毒胸苷激酶（HSV-TK）等，都取得了较好的抑瘤效果。

Huang等研究显示，间充质干细胞对脑胶质瘤细胞在体内外都表现出趋向性，联合使用修饰了HSV-TK基因并过表达间隙连接蛋白Cx43的间充质干细胞和药物更昔洛韦（GCV），对大鼠脑胶质瘤模型具有明显的抑瘤效果。刘晓智等在脑胶质瘤上也得到了类似的结果。最近的研究也表明，基于间充质干细胞的自杀疗法对实体瘤和肺转移瘤模型都显示了良好的抑瘤效果。另外，Amano等研究指出，修饰HSV-TK的间充质干细胞在活化GCV杀伤脑胶质瘤细胞的过程中，对正常脑组织并不会造成显著的损伤，因此认为此治疗方法是相对安全的。顾健人也认为，HSV-TK自杀基因的旁观者效应只发生于分裂的肿瘤细胞，而其周围的非分裂细胞不受累。

因此，利用间充质干细胞作为肿瘤靶向的自杀基因载体不但高效同时也相对安全。

在给药方式上，静脉注射间充质干细胞是最为常见的方式，通常动物模型上采用尾静脉注射的方式给药。例如，修饰HSV-TK的间充质干细胞静脉注射后对皮下接种的PC3前列腺癌和RIF-1纤维肉瘤的肺转移癌都具有明显的治疗效果。对于脑瘤模型，如脑胶质瘤的治疗，由于血脑屏障等的存在，一般采用颅内注射的方法。但是也有采用动脉内注射间充质干细胞来治疗脑胶质瘤的报道。

三、安全考虑

间充质干细胞对于免疫系统的抑制作用，可能帮助肿瘤细胞逃脱免疫系统的监视，存在促进肿瘤生长的风险。如前所述，间充质干细胞可以抑制NK细胞、DCs、T细胞和B细胞等的增殖或功能，使得间充质干细胞获得免疫豁免权，但同时，间充质干细胞也改变了肿瘤的免疫微环境，有利于肿瘤发展、侵袭力的增强及恶化和复发。最近的一项研究便指出，经IL-1α处理后，可以促进间充质干细胞的免疫抑制作用，进而帮助前列腺癌细胞逃避免疫系统的杀伤，促进肿瘤的生长。

除了免疫抑制作用，间充质干细胞还具有分泌生长因子、促进肿瘤血管形成以及创建肿瘤干细胞巢等促进肿瘤生长的功能。因此，利用间充质干细胞作为肿瘤靶向的基因传递载体虽然前景美好，但依然存在诸多风险和未知因素。需要指出的是，对于天然间充质干细胞在肿瘤微环境中对肿瘤生长是促进还是抑制，当前仍然存在争议。

多数研究认为，间充质干细胞具有抗肿瘤形成的活性，因此可以被用于肿瘤的免疫治疗。研究发现，静脉注射的人天然间充质干细胞对卡波济氏肉瘤的小鼠模型具有明显的抑制作用。但同时也有一些文献报道，处在肿瘤微环境中的天然间充质干细胞对于肿瘤生长具有促进作用。最近的一项研究认为，间充质干细胞被募集到肿瘤基质后，能够影响肿瘤细胞的表型。肿瘤细胞来源的白细胞介素1（IL-1）可诱导间充质干细胞分泌前列腺素E2（PGE2）。自分泌的PGE2与旁分泌的IL-1信号合作，诱导间充质干细胞表达大量细胞因子。PGE2及细胞因子以旁分泌的方式作用于肿瘤细胞，诱导β-catenin信号的激活以及肿瘤干细胞的形成。最终，间充质干细胞可通过PGE2及细胞因子的释放，创造一个肿瘤干细胞的微环境而促使肿瘤发展。

此外，间充质干细胞的注射剂量也应该是未来研究中需要考虑的一个重要因素。事实上，肿瘤微环境的复杂性和间充质干细胞自身可以分泌多种细胞因子及具有多向分化潜能都造成了目前研究间充质干细胞在肿瘤微环境中对肿瘤生长的影响的棘手性。因此，对这方面的研究依然还需不懈的努力。在利用间充质干细胞作为抗癌基因的靶向载体的同时，间充质干细胞自身对肿瘤微环境的影响及其安全性同样值得深入研究。

目前，对于基因重组的间充质干细胞输入体内后的命运及其在体内的稳定性知之甚少，对于外源性植入的间充质干细胞可能会引起的不良反应也还没有明确的解释。此外，许多研究的结果都无一例外的显示，经全身输入的间充质干细胞会不可避免地被肺部截留。这也在一定程度上限制了静脉注射的间充质干细胞向其他部位的迁移效率。因此，利用间充质干细胞静脉输入来进行细胞治疗时，必须要考虑到间充质干细胞的肺部截留问题。

同时，当前对于间充质干细胞的基因重组多利用了病毒基因载体，但病毒载体存在着较大的安全风险。一些非病毒基因载体被证明同样可以对间充质干细胞进行基因修饰并发挥疗效，同时在安全性等方面占有优势。但是对于一些依赖于蛋白浓度的治疗方法，如何提高非病毒载体在间充质干细胞上的转染效率依然需要更多的研究。

总之，基因重组的间充质干细胞作为肿瘤靶向的细胞载体在肿瘤的基因治疗中具有很大的应用前景，但还有许多问题需要去阐明或优化。随着细胞生物学、干细胞组织工程学和药剂学等学科的发展，基于间充质干细胞的靶向基因传递系统的研究也会得到进一步的深入发展。

第七节 干细胞在遗传疾病治疗中的应用

一、遗传疾病介绍及治疗

（一）遗传疾病介绍

遗传病是以遗传物质变化为基本特征的疾病，具有先天性、终身性和家族性的特点。中国是遗传病的高发国家，有大量患者患有各种类型的遗传病，每年出生的先天残疾儿总数高达80万~120万，占每年出生总人口的4%~6%。遗传病严重降低了患儿的生活质量，给家庭及社会造成严重的经济、精神负担。目前已发现的7000种罕见病中，有80%是由遗传变异引起的，严重威胁人类的健康。

根据遗传物质在细胞不同层次的改变，可将其分为染色体病、单基因病、多基因病、体细胞遗传病。染色体疾病主要是因为染色体异常所导致，如三体综合征，即通常所说的唐氏综合征；基因病又有单基因病和多基因病之分，单基因病即单个基因异常导致的疾病，如先天性耳聋、白化病、血友病等，多基因病即多个基因发生异常导致的疾病，如高血压、糖尿病等。

目前，遗传病的研究手段主要有细胞模型、动物模型的构建以及分子水平研究等。由于小鼠基因编辑易操作，且与体外细胞模型相比，小鼠模型可获得更全面的信息，故小鼠模型的应用较为广泛。但是由于物种特异性，人和小鼠在发育、遗传、生理上存在很大差异，这导致通过基因编辑构建的人类遗传病小鼠模型有时无法产生与人类相同的表型。如具有囊性纤维化变异的小鼠在出现呼吸症状前常死于肠梗阻，基因编辑所获得的小鼠Lesch–Nyham综合征模型常不出现和人类相似的症状。另一方面，研究中所用的细胞模型通常是取材于患者的体细胞，部分疾病因发病特点和伦理学限制，导致携带某一疾病表型的原代细胞来源受限，且常存在不易分离和无法长期进行体外培养等问题，因而很难构建理想的细胞模型。

1998年，Thomson等人成功分离出人胚胎干细胞，为克服上述疾病模型存在的问题提供了新策略。

（二）现有治疗方案

以前，人们认为遗传病是不治之症。近年来，随着现代医学的发展，医学遗传学工作者在对遗传病的研究中，弄清了一些遗传病的发病过程，从而为遗传病的治疗和预防提供了一定的基础，并不断提出新的治疗措施。遗传病的治疗主要有以下几种方法。

1. 饮食治疗 某些遗传病可通过控制饮食达到阻止疾病发展的目的，从而达到治疗效果。如苯甲酮尿症的发病机制是苯甲氨酸羟化酶缺陷使苯甲氨酸和苯丙酮酸在体内堆积而致病，可出现患儿智力低下、惊厥等。如果通过新生儿筛查或早期发现，诊断准确，在早期开始着手防治，给婴儿服用低苯丙氨酸配方“奶粉”，并在儿童期给予患儿低丙酮酸饮食，如大米、大白菜、菠菜、马铃薯等，则可促使婴儿正常生长发育。等到孩子长大上学时，再适当放宽对饮食的限制。又如遗传性葡萄糖 6– 磷酸脱氢酶缺乏症（我国长江以南相对多发），临床表现为溶血性贫血，严重时可危及生命。这类患者对蚕豆尤其敏感，进食蚕豆及蚕豆粗制品后即可引起急性溶血性贫血，故又称“蚕豆病”。对这类患者应严格禁食蚕豆及其制品。同时，这种病还可引起药物性溶血，故平时用药必须慎重。

2. 药物治疗 遗传病的药物治疗遵循“补其所缺，去其所余，禁其所忌”的原则。“补其所缺”主要针对某些生化代谢性疾病，使用激素类或酶制剂的替代疗法，或补充维生素，通常可得到满意的治疗效果。还有些疾病如先天性低免疫球蛋白血症，可以注射免疫球蛋白制剂，以达到治疗的目的。“去其所余”主要针对的是因遗传性代谢障碍引起体内某些毒物的堆积，如采用螯合剂、促排泄剂、代谢抑制剂、换血等治疗方案，可以减少毒物的蓄积而造成的危害。“禁其所忌”是指若机体不能对某些药物进行正常代谢，则可减少这些物质的摄入，降低对机体的危害。

3. 手术治疗 手术矫治指采用手术切除某些器官或对某些具有形态缺陷的器官进行手术修补的方法。如球形红细胞增多症，由于遗传缺陷使患者的红细胞膜渗透脆性明显增高，红细胞呈球形，这种红细胞在通过脾脏的脾窦时极易被破坏而引起溶血性贫血。可以实施脾切除术，脾切除后虽然不能改变红细胞的异常形态，但却可以延长红细胞的寿命，获得治疗效果。对于腹壁裂、肛门闭锁等可以在新生儿阶段进行手术修复。多指（趾）、兔（腭）唇及外生殖器畸形等，可通过手术矫正。

4. 基因疗法 基因治疗遗传病是一种根本的治疗方法，即向基因发生缺陷的细胞导入正常基因，以达到治疗目的。基因治疗说起来简单，可事实上是一个相当复杂的问题，其难点是如何将正常基因转入细胞内替代缺陷基因，并能够输送到目标组织（器官），使基因进行正常的表达。此种治疗方法目前还处在研究和探索阶段之中。

5. 干细胞治疗 干细胞治疗是继基因治疗提出后用于遗传病治疗的新手段。其主要通过定向分化多潜能的干细胞，获得某种特定的组织或器官，用于替换病变的组织或器官，所以又称组织工程。另一种途径是将干细胞输入患者体内，干细胞归巢之后分化成相应的功能细胞，如骨髓移植。干细胞治疗的关键是获得干细胞并进行定向分化。异体干细胞治疗需要组织配型，自体干细胞治疗需要导入正常基因后方能纠正细胞的缺陷。由利用体细胞核移植得到的胚胎来获取干细胞，然后进行基因纠正和定向分化，即诞生“治疗性克隆”的新技术，有望在遗传病的治疗上获得突破，并解决移植排斥问题。

二、临床应用

目前已经发现，在系统使用诸如通过静脉或在骨内使用时，间充质干细胞会朝向炎性组织迁移并移入炎性组织内。间充质干细胞可以改正由遗传缺陷引起的组织和/或器官功能障碍，这是因为间充质干细胞携带野生型拷贝基因，而该基因在所治疗的动物中是有缺陷的。将携带野生型基因的间充质干细胞移入受疾病影响的组织和/或器官后，移入的间充质干细胞能根据局部环境进行分化，分化后能表达野生型型式的蛋白质，弥补该蛋白质的缺陷或者不足。因此，供体在缺陷组织和/或器官内的移入和分化可以改正组织和/或器官功能。

目前，可治疗的遗传疾病或病症包括但不限于：囊性纤维化病、多囊性肾病、威尔逊氏病、肌萎缩侧索硬化（或ALS或LouGehrig氏病）、迪谢内肌营养不良（Duchenne muscular dystrophy）、贝克肌营养不良（Becker muscular dystrophy）、高歇氏病、帕金森病、阿尔茨海默症、亨廷顿氏病、夏—马—图三氏综合征（Charcot-Marie-Tooth syndrome）、泽韦格综合征（Zellweger syndrome）、自身免疫性多内分泌腺综合征（autoimmune polyglandular syndrome）、马方氏综合征（Marfan's syndrome）、沃纳综合征（Werner syndrome）、肾上腺脑白质营养不良（adrenoleukodystrophy）（或ALD）、门克斯综合征（Menkes syndrome）、恶性婴儿骨硬化症（malignant infantile osteopetrosis）、脊髓小脑性共济失调（spinocerebellar ataxia）、脊髓性肌萎缩（spinal muscular atrophy）（或SMA），或葡萄糖半乳糖吸收不良。

（一）囊性纤维化病

囊性纤维化病（CF）是一种以肺、胰腺和其他器官中分泌细胞功能受损为表征的遗传疾病。这些细胞的分泌缺陷是囊性纤维化病跨膜传导调节物基因的功能性拷贝的缺乏引起的。囊性纤维化病调节物基因的突变导致肺中出现异常厚的、黏的黏膜，阻塞气道，还会导致威胁生命的感染。还有，胰腺中厚的分泌物阻止消化酶达到肠，从而导致并发症。

在一些实施方案中，采用间充质干细胞治疗囊性纤维化病症状，其通过向受疾病影响的组织提供野生型（正常的）囊性纤维化病调节物基因来实现。通常认为，系统投递的间充质干细胞向肺的定位，是通过循环流的路径和间充质干细胞对炎性组织的迁移响应实现的。囊性纤维化病患者通常遭受频繁的肺部铜绿假单胞菌（pseudomonas aeruginosa）感染，连续多轮假单胞菌感染和消退伴有炎症和瘢痕形成。囊性纤维化病患者肺中的炎性标志物包括TNF-a和MCP-I，是促进间充质干细胞募集的趋化因子。

因此，在受累组织内整合后，间充质干细胞根据局部环境进行分化（成熟），并开始生成功能上正常的囊性纤维化病调节物蛋白。含有活性形式的蛋白质的细胞的存在可以改善或改正囊性纤维化病组织中观察到的分泌损伤。投递还可以限制囊性纤维化病患者（即动物，包括人）肺中的纤维化进行和瘢痕扩大。

（二）威尔逊氏病

威尔逊氏病是一种铜转运的遗传病症，会导致肝、脑、眼和其他位置中的铜积累和毒性。威尔逊氏病患者的肝没有将铜正确地释放入胆汁中，ATP7B基因的缺陷导致了威尔逊氏病的症状。

肝中的铜积累导致以炎症和纤维化为表征的组织损伤。威尔逊氏病的炎性响应牵涉TNF-a，即一种已知的促进间充质干细胞募集到受损组织的趋化因子。因此，可以认为系统投递的间充质干细胞能迁移到威尔逊氏病患者中的炎性肝区域。

移入后，间充质干细胞分化形成肝细胞，并且启动ATP7B基因的正常拷贝的表达和功能性ATP7B蛋白的生成。因此，源自外源投递的间充质干细胞的肝细胞因此可以进行正常的铜转运，由此降低或改善肝中过量的铜积累。间充质干细胞在特定位置成熟，如脑部或眼部，还可以降低该部位的铜累积。通过间充质干细胞疗法，降低组织中铜积累，能减轻威尔逊氏病患者的症状。

（三）肌肉营养不良（muscular dystrophy）

肌肉营养不良（muscular dystrophy）是牵涉随意肌的逐渐损耗，最终影响控制肺功能的肌肉的疾病。杜兴（Duchenne）和贝克（Becker）肌肉营养不良均由编码蛋白质抗肌萎缩蛋白的基因突变引起。在杜兴肌肉营养不良（即更严重的疾病）中，正常的抗肌萎缩蛋白是缺乏的。在较轻微的贝克肌营养不良中，生成一些正常的抗肌萎缩蛋白，但是生成的量不足。

抗肌萎缩蛋白通过连接内部细胞骨架与质膜将结构完整性赋予肌肉细胞。缺乏或具有不足量的抗肌萎缩蛋白的肌细胞也是相对可透过的。细胞外成分可以进入这些更可透过的细胞，提高肌肉压力，直至肌肉细胞破裂并死亡。随后的炎性反应可以增加损伤。肌肉营养不良中的炎性介导物包括TNF-α，即一种已知的促成间充质干细胞迁移至受损伤组织的趋化因子。

因此，含有正常抗肌萎缩蛋白基因的间充质干细胞的投递，可能治疗杜兴和贝克肌肉营养不良症状。局部环境可以导致迁移至变性肌肉（degenerative muscle）的间充质干细胞分化，形成肌细胞。进行分化以形成肌肉会表达正常的抗肌萎缩蛋白，因为这些细胞携带正常的抗肌萎缩蛋白基因。间充质干细胞衍生的肌细胞能与内源肌细胞融合，向多核细胞提供正常的抗肌萎缩蛋白。变性肌肉内移入的程度越大，肌肉组织在结构和功能上越类似正常的肌肉。

三、安全考虑

基因与干细胞治疗用于遗传疾病的临床治疗已经取得了长足发展，但目前还面临着很多问题，比如基因脱靶、分化效率、细胞迁移和长期疗效问题等，需要长期的研究来验证效果。在未来，随着CRISPR/Cas9技术、纳米材料等新技术和新材料的出现，势必将进一步辅助基因与干细胞治疗策略，为遗传性疾病的临床治愈带来无限机遇和无限可能。

第八节　间充质干细胞治疗自身免疫病的机制

一、自身免疫病介绍

自身免疫性疾病是在某些遗传因素和环境因素等诱因下自身免疫耐受状态被打破或自身免疫性细胞调节异常，免疫系统对自身抗原产生持续迁延的免疫应答，造成了自身组织细胞损伤或功能异常而导致的临床病症。随着研究的深入，越来越多的疾病相继被列为自身免疫性疾病。然而，对于自身免疫性疾病的治疗一直是令人困扰的问题，巨大的经济负担和病痛折磨使得患者苦不堪言。

在过去，对自身免疫病的治疗主要依靠免疫抑制疗法，但长时间应用这种治疗方案不可避免地带来很多不良反应，传统免疫抑制剂往往会全面抑制机体的免疫反应，使机体识别和清除外来入侵抗原及体内突变或衰老细胞的能力下降，从而导致机体感染风险明显升高，甚至会增加恶性肿瘤的罹患率。

二、临床应用及作用机制

间充质干细胞是来源于早期中胚层的干细胞，具有高度自我更新能力和多向分化潜能。20世纪70年代，Friedenstein等首次发现从骨髓中分离可在体外培养增殖的纤维样细胞，将其移植到皮下后能够形成骨组织和重建造血微环境。在不同的诱导条件下，间充质干细胞可以向多种组织如骨、软骨、肌肉、韧带、肌腱、脂肪及基质细胞增殖分化。大量研究表明，间充质干细胞来源广泛，可以从骨髓、皮肤、脂肪及脐带等组织中获取，且免疫原性低，能够逃避免疫监视、参与免疫调控。

虽然不同来源的间充质干细胞在免疫表型、增殖能力、分化能力和基因表达等方面存在差异，但在生物学上也具有很多共性。比如，它们都可以抑制效应T细胞、B细胞、自然杀伤（NK）细胞和树突状细胞（DC）的分化、增殖或功能。Dominici等定义了间充质干细胞的必备特性：①结构成纤维细胞纺锤样。②具有在体外能诱导分化为成骨细胞、脂肪细胞及软骨细胞的潜力。③仅表达非特异性表面标志CD105、CD90和CD73，不表达造血细胞表面标志，如CD34、CD45、CD14、CD11b、CD19。

有研究表明，间充质干细胞通过调节抗原提呈降低了对主要组织相容性复合体（MHC）和共刺激分子CD40、CD80和CD86的表达。因此，其具有低免疫原性，即使用第三者的间充质干细胞移植也不会被排斥，可以解决异基因造血干细胞移植中人类白细胞抗原不相合的问题，也使其成为异基因干细胞移植的合适来源。虽然确切的分子机制尚不清楚，但已有报道间充质干细胞对T细胞、B细胞、自然杀伤细胞和树突状细胞均发挥免疫调节作用。其他研究表明，骨髓间充质干细胞能抑制T淋巴细胞生成，调节炎症介质的表达，显著降低血清肿瘤坏死因子-α（tumor necrosis factor，TNF-α）水平，产生调节性T细胞（regulatory T cell，Treg），促进骨和软骨的修复。

因此，间充质干细胞的免疫调节作用和组织修复能力为治疗严重的难治性自身免疫性疾病提供了一种很有前途的新疗法。相比传统的治疗方法，间充质干细胞除了可以由中胚层分化为多谱系细胞以代替病变受损的细胞组织以外，还具有独特的免疫调控作用，即通过间接作用于一系列可溶性细胞因子，从免疫学层面调控多种抑炎因子释放，使机体获得免疫耐受性，保持免疫自稳。另外，间充质干细胞可逃避异体T细胞和NK细胞的识别，而在异种体内长期存活。因此，它们具有低免疫原性和双向免疫调节能力，这也是其不同于其他成体干细胞的特殊之处。

近年来，已有大量试验对间充质干细胞治疗多种自身免疫病的有效性进行了探索，为代替传统治疗方案开辟了新的道路。

（一）类风湿关节炎

类风湿关节炎（rheumatoid arthritis，RA）是一种常见的自身免疫性疾病，其主要特征是破骨细胞形成，淋巴细胞浸润关节形成滑膜炎，导致关节肿痛以及关节骨质受损等，对患者生活和工作造成了极大负担。同时，类风湿性关节炎患者动脉粥样硬化风险增加，从而导致心血管问题，成为死亡的重要原因。

用于治疗类风湿关节炎的常规药物，包括非甾体抗炎药、皮质醇类和改善病情抗风湿药，例如甲氨蝶呤、柳氮磺吡啶、羟氯喹和来氟米特等。近年来，类风湿关节炎的治疗选择有所增加，甲氨蝶呤、生物皮质醇类和改善病情抗风湿药联合使用，如TNF-α受体拮抗剂、阿巴西普和托法替布等，已被证明有效。然而，仍有部分患者疗效不佳，出现感染和恶性肿瘤等并发症。

间充质干细胞具有强大的免疫调节和抗炎作用，能通过细胞间相互作用和多种因子的分泌来调节局部环境和活化内源性祖细胞，从而发挥修复受损组织的作用。最近的证据表明，在关节组织中注射的间充质干细胞可以分化，修复受损组织，这种修复功能可以对炎症环境产生抑制。

其作用机制可能有两个方面。

1.分化修复作用　间充质干细胞在相应的诱导条件下可分化为成骨细胞、软骨细胞、肌细胞等多种类型的间质细胞，参与组织修复。

2.免疫调节作用　间充质干细胞通过分泌免疫调节性细胞因子，如转化生长因子TGF-β1、IL-10等，发挥免疫调节作用，包括调节T淋巴细胞的分化、增殖及活化，抑制B淋巴细胞的分化、增殖，下调DC的成熟及NK细胞的活性，并抑制上述细胞相应细胞因子的表达。此外，间充质干细胞还能在炎症局部诱导调节性T淋巴细胞生成，通过接触抑制的方式抑制T细胞的活化和增殖，并抑制细胞因子，发挥免疫抑制效应。

（二）干燥综合征

干燥综合征（sjogren's syndrome，SS）作为一种慢性全身性自身免疫性疾病，其特征是泪腺和唾液腺等外分泌腺呈淋巴细胞浸润。临床表现复杂，最常见的症状是口干、眼干，且常伴有脏器损害，部分患者可向恶性淋巴瘤发展。

间充质干细胞具有高度增殖、免疫调节及多向分化能力，可抑制多种免疫细胞增殖分化、炎症因子分泌及抗体产生等，同时促进损伤组织修复。因此，间充质干细胞移植成为干燥综合征治疗的新方法。

间充质干细胞治疗干燥综合征的机制主要有以下两个方面。

1. 重建涎腺　间充质干细胞在体内通过转化和融合的方式成为涎腺上皮细胞以及血管内皮细胞等细胞，参与重建涎腺，改善涎腺分泌。

2. 参与泪腺组织修复　间充质干细胞在体内通过分化进行泪腺组织修复，或利用泪腺周围可能存在的干细胞发挥自我增殖的功能进行修复。

间充质干细胞移植能显著增加干燥综合征患者的唾液流率，改善临床症状，并抑制炎症反应，同种异体间充质干细胞移植治疗干燥综合征是一种新的、有效的、安全的方法。但是，目前间充质干细胞治疗干燥综合征仍处于试验阶段，尚未真正应用于临床，还需要更多研究支持。

（三）系统性硬化症

系统性硬化症（systemic sclerosis，SSc）是一种以皮肤增厚和纤维化进而萎缩为特征，且可引起多系统损害的结缔组织病。年轻女性发病率较高，并可能导致残疾。临床表现具有异质性，皮肤和其他器官胶原异常沉积导致多器官功能障碍，肺、心脏或肾脏受累的个体预后较差。目前尚不清楚纤维化的具体机制，且纤维化不可逆转，尚无安全有效的治疗方法。

间充质干细胞具有分化为成骨细胞、肌肉细胞以及内皮细胞的潜力。与健康人相比，系统性硬化症患者的间充质干细胞表现出异常的细胞功能，如TGF-β和VEGF的表达增加，内皮细胞分化受损，这可能在系统性硬化症纤维化的发展过程中起关键作用。

间充质干细胞治疗系统性硬化症的主要机制为：①抗炎，以抵消免疫系统失调。②抗纤维化，以下调与皮肤和内部器官增厚相关的胶原蛋白过量生成。③促血管生成，以抵消广泛的血管病变。Okamura等研究了异源间充质干细胞对系统性硬化症模型小鼠的治疗作用，发现与对照组相比，间充质干细胞可减轻博莱霉素诱导的系统性硬化症模型小鼠的皮肤和肺纤维化。免疫组化染色显示，与对照组相比，间充质干细胞对系统性硬化症模型小鼠的治疗作用机制主要体现在3个方面。①抑制真皮中$CD4^+$、$CD8^+$T细胞和巨噬细胞的浸润。②减弱皮肤中胶原蛋白和纤维生成细胞因子（如白细胞介素-6和白细胞介素-13）的mRNA表达。③降低脾脏中产生纤维生成细胞因子的$CD4^+$T细胞和效应B细胞的含量。

基于这些发现，同种异体间充质干细胞移植似乎是治疗系统性硬化症的一种有希望的疗法。

此外，间充质干细胞还能够应用于其他自身免疫疾病，比如多发性肌炎/皮肌炎等。

三、安全考虑

间充质干细胞移植治疗自身免疫性疾病的有效性已得到广泛证实，但还应考虑其安全性问题，感染和癌症是间充质干细胞移植的两个重点关注问题，也是关键问题。

一项长期随访显示，间充质干细胞移植之前和之后6年，血清肿瘤标志物未增加，仍没有间充质干细胞移植与感染和癌症发生率之间相关性的报道。基线水平时，由于慢性炎症和免疫系统受损，与普通人群相比，自身免疫病患者更有可能患感染和癌症。此外，激素和免疫抑制剂的广泛使用，也会增加感染的风险和癌症的发病率。间充质干细胞对不同自身免疫性疾病的调控机制尚未完全阐明，仍缺乏更大规模和随机的多中心临床研究。

另外，由于各种自身免疫病所侵袭的靶器官不尽相同，如何使间充质干细胞尽量归巢到靶器官，或是富集于受损组织是一个非常关键的问题。这样一方面能最大限度地发挥其治疗作用，同时也能减少其他器官或组织的不良反应。有研究将间充质干细胞静脉注入系统性红斑狼疮小鼠，发现间充质干细胞能够定植于肾脏，减少了狼疮小鼠的尿蛋白，这样的归巢效果是符合临床期许的。但Augello等将间充质干细胞静脉注射至胶原诱导关节炎小鼠体内，临床及免疫学指标均未获益，将间充质干细胞经荧光素酶标记后检测其体内迁移情况发现，间充质干细胞并未归巢至关节组织。此外，有研究显示间充质干细胞的增殖代数也会影响归巢能力。为此有研究改变了注射部位，选择关节腔注射，并利用生物荧光成像技术追踪转染了荧光素酶的间充质干细胞，结果显示间充质干细胞在注射关节保留数周。

干细胞治疗科学领域期望高质量的临床证据，以支持干细胞转化应用，临床研究也可以为干细胞基础研究指明未来发展方向。我们有理由相信，随着人们对间充质干细胞的生物学特性和临床应用认识的逐步提高，间充质干细胞移植必将有更广泛的应用前景。

第九节　间充质干细胞用于系统性红斑狼疮免疫治疗

一、系统性红斑狼疮介绍及治疗

系统性红斑狼疮（SLE）是一种异质性的慢性自身免疫性疾病，血清中出现以抗核抗体（ANA）为代表的多种自身抗体和多系统受累是系统性红斑狼疮的两个主要临床特征。

系统性红斑狼疮是一种复杂的自身免疫性疾病，发病机制尚不清楚。一般认为，其发病是由多种因素引起的，导致机体免疫调节功能出现障碍，并出现造血干细胞、B淋巴细胞、T淋巴细胞和巨噬细胞功能异常，导致异常的免疫耐受，使淋巴细胞无法正确识别自身组织，导致自身免疫反应的发生和持续存在。Lisnevskaia等认为，遗传易感性与外界因素如药物、紫外线、感染、压力等共同导致了系统性红斑狼疮发病。尽管影响因素不同，但基本和最终的途径是大量免疫细胞（包括T细胞、B细胞和单核细胞系）的畸变，导致T细胞缺陷、多克隆B细胞活化、产生自身抗体和免疫复合物的形成。

系统性红斑狼疮通常可通过糖皮质激素和免疫抑制剂来控制。美国国立卫生研究院（NIH）方案和Euro-Lupus方案都认为糖皮质激素联合环磷酰胺（CYC）或霉酚酸酯（MMF）具有良好的疗效和耐受性，可以作为一线方案缓解狼疮性肾炎。近年来，生物靶向治疗也成为系统性红斑狼疮的一种治疗方向。

除了传统的药物治疗，如环磷酰胺和麦考酚酯，一些新的治疗方法也逐渐发展起来，目的在于特异性活化与系统性红斑狼疮发病机制相关的通路。例如，B细胞清除疗法，用单克隆抗体利妥昔单抗和依帕珠单抗治疗，对特异亚型的红斑狼疮患者有好处。最近报道，造血干细胞移植能改善疾病的活动性，治疗难治的系统性红斑狼疮。动物实验显示，造血干细胞能逆转器官功能障碍。尽管采用积极的免疫抑制药物和新的治疗方法治疗，一些系统性红斑狼疮患者的发病率和死亡率仍较高，这主要是由于疾病的活动性和内脏器官的病变。因此，对于系统性红斑狼疮患者，特别是难治性系统性红斑狼疮患者而言，急需发展更有效的治疗方法。

系统性红斑狼疮传统的治疗方案，如糖皮质激素联合免疫抑制剂治疗，虽能有效提高系统性红斑狼疮患者的长期存活率，但部分患者仍然会复发，而部分患者则治疗无效，使用传统治疗方案治疗无效的系统性红斑狼疮被称为难治性系统性红斑狼疮，目前尚无特效的治疗方法。此外，糖皮质激素及免疫抑制药物不良反应大，骨髓抑制和感染的发生率高。近10年来，大量实验与临床证据显示干细胞包括骨髓间充质干细胞、脐血间充质干细胞或其他来源的间充质干细胞具有显著的组织与细胞修复、抗纤维化、免疫抑制与免疫调节功能。间充质干细胞治疗系统性红斑狼疮取得了一定的疗效，理论上其可用于治疗系统性红斑狼疮。

二、临床应用

间充质干细胞是来源于发育早期中胚层，具有高度自我更新能力和多向分化潜能的多能干细胞。间充质干细胞最常见的来源是骨髓，称骨髓间充质干细胞，另外间充质干细胞也可从其他组织分离，如外周血、脐血、骨组织、软骨组织、肌肉组织、肌腱组织、脂肪组织、血管组织等。与骨髓间充质干细胞相比，脐带间充质干细胞有更充足的来源，扩增能力更强，且免疫原性较弱，能够耐受更大程度上的人类白细胞抗原（HLA）配型不符，移植物抗宿主病发生率较低。2000年，Erices等首次报道了脐血中可以分离培养出间充质干细胞，随后Romanov等又分别从脐静脉内皮和内皮下、脐带Wharton's胶质和血管周围组织中分离培养出了间充质干细胞，并建立了脐带间充质干细胞的分离培养方法。

脐带间充质干细胞与骨髓来源的间充质干细胞一样，能够稳定表达CD29、CD44、CD73、CD105和HLA-1，但不表达CD34、CD45和HLA-DR，不表达协同刺激分子CD80、CD86和CD40。一般认为，整合素家族成员CD29，黏附分子CD44、CD105等是其重要标志。研究表明，间充质干细胞不表达MHC Ⅱ分子、不表达或极低水平表达MHC Ⅰ分子，由于人类MHC Ⅱ分子是诱发异体免疫排斥的主要抗原，因而间充质干细胞具有低免疫原性。此外，间充质干细胞表面不表达T细胞共刺激分子B7-1、B7-2，也不表达刺激细胞凋亡的分子，如CD40、CD80、CD86和FasL，缺少T细胞活化所必需的第二信号。

脐带间充质干细胞是多能干细胞，能分化成各种细胞类型，包括成骨细胞、软骨细胞、脂肪细胞、肌（肌腱）细胞、骨髓基质细胞、肝脏细胞和神经细胞等，能对系统性红斑狼疮所导致的多系统、多脏器损伤进行修复。间充质干细胞具有多向分化潜能，在特定的诱导条件下，它不仅能分化为脂肪、骨和软骨等中胚层组织细胞，而且能够分化为其他胚层组织细胞，包括神经细胞及皮肤、肺、肝、肠等上皮细胞。间充质干细胞可分泌多种细胞因子，如巨噬细胞集落刺激因子、IL-6和血管内皮生长因子等，参与造血调控、促血管生成及免疫调控等多种作用。鉴于这些优点和它极低的免疫原性，间充质干细胞已经被认为是一种理想的细胞治疗、组织工程和基因治疗的新型靶细胞。2004年，LeBlanc等报道了首例异基因间充质干细胞移植成功治疗类固醇治疗无效的严重的移植物抗宿主病（GVHD）。目前，美国食品药品管理局已经批准间充质干细胞作为急性GVHD治疗的一线药物用于临床。有文献报道，骨髓间充质干细胞移植能逆转系统性红斑狼疮模型小鼠和人的多器官功能障碍。

近年来，有几项研究指出，系统性红斑狼疮患者的骨髓间充质干细胞可能存在基本属性缺陷。与正常对照组相比，系统性红斑狼疮患者的骨髓间充质干细胞生长缓慢，更容易发生凋亡和衰老，且体外迁移能力降低，分泌细胞因子水平下降，存在抑制增殖、分化T细胞和B细胞功能缺陷，进而导致免疫功能受损。因此，上述研究表明，间充质干细胞与系统性红斑狼疮的发病机制密切相关。除此之外，间充质干细胞来源广泛，可以来自骨髓、脐带血、脐带、胎盘、动员的外周血、脂肪组织等。其中，骨髓间充质干细胞具有更低的免疫原性（HLAⅠ类分子的表达降低，无HLAⅡ类分子的表达）。其免疫原性低，在不同个体之间进行间充质干细胞移植后，也不易诱导免疫排斥反应，为治疗系统性红斑狼疮提供了理论基础。叶玲等通过研究发现，脂肪间充质干细胞移植可通过提高树突状细胞的活性而上调调节性T细胞的比例，并抑制辅助性T细胞向Th2亚型的转化，抑制Th1向Th2分化转变，调节系统性红斑狼疮小鼠的免疫功能，改善免疫功能紊乱。也有学者研究发现，在系统性红斑狼疮患者中应用脐带间充质干细胞联合利妥昔单抗治疗的效果显著。进一步的深入研究发现，间充质干细胞在某些情况下具有促炎作用，并发现不同的炎症微环境可使间充质干细胞具有两种独特类型的M1和M2，类似于巨噬细胞，即促炎性间充质干细胞1和炎性间充质干细胞2两种类型。

可见，间充质干细胞的免疫调节能力具有双向性。系统性红斑狼疮传统疗法可以控制大多数患者的病情，但有些患者长期治疗后敏感性逐渐降低。间充质干细胞免疫原性低和有免疫调节的功能，为治疗系统性红斑狼疮提供了新的治疗方法和手段。由于间充质干细胞在临床试验中的治疗效果有限，目前研究人员试图构建高效率的间充质干细胞以提高治疗效果。长期的疗效是否维持稳定及是否会产生其他不利于机体的反应等仍然需要观察。由于间充质干细胞免疫调节的双向性导致的不可预测性，故需要更多的基础研究和

临床试验来认识其机制，以优化系统性红斑狼疮患者的免疫应答，改善患者的临床症状，以获得最佳的治疗效果

迄今为止，在NIH的临床试验官方网站注册的用间充质干细胞移植治疗系统性红斑狼疮的相关研究共有5个，其中有4个使用的细胞是异基因骨髓间充质干细胞或脐带间充质干细胞。目前，已经有多项研究报道了间充质干细胞移植在系统性红斑狼疮患者中的疗效。

2007年开始，南京大学医学院附属鼓楼医院首先应用同种异基因的骨髓间充质干细胞治疗难治性系统性红斑狼疮患者，至今共移植400多例。最初入选的4个难治性狼疮性肾炎患者，均对一线治疗方案［泼尼松剂量＞20mg/d联合CYC 0.75g/（m^2·月），6个月］无效，所以接受了骨髓间充质干细胞移植（细胞数为10^6/kg体重，骨髓来自于患者的健康家庭成员）。移植后所有患者的系统性红斑狼疮疾病活动指数明显降低，蛋白尿明显减少，泼尼松和CYC剂量逐渐减少。这个临床结果大大鼓励了后期的研究。

一项多中心临床研究更具有说服力。来自4个临床中心的40例系统性红斑狼疮患者均输注脐带间充质干细胞2次（10^6个/kg体重，间隔1周），随访12个月后总生存率为92.5%。所有患者耐受良好，无移植相关不良事件发生。SLEDAI评分和英岛狼疮评定组指数评分在移植3个月后明显降低，血清ANA、抗ds-DNA抗体水平亦在移植3个月后明显下降。该研究还发现许多患者在移植6个月后病情复发，提示可在移植6个月后再次移植以减少复发。

在一项纳入87例难治性系统性红斑狼疮患者的Ⅱ期临床研究中，59%的患者在移植前3天接受CYC［10mg/（kg·d）］治疗以期抑制淋巴细胞反应，41%的患者由于严重的基础疾病未接受CYC治疗。69例患者接受了1次间充质干细胞移植，18例患者接受了多次间充质干细胞移植。平均随访27个月后，患者的总生存率为94%，且生存率与病程、初始SLEDAI评分、间充质干细胞的来源或CYC预处理方案均无关。缓解时间3～24（9.4）个月，总复发率为23%（20/87），5例死于非移植相关事件。同时，该研究还对骨髓间充质干细胞和脐带间充质干细胞的移植疗效进行对比，发现后者的疗效更优。

三、作用机制

间充质干细胞治疗系统性红斑狼疮的机制尚不十分清楚，目前认为可能主要包括以下四个方面。

（一）间充质干细胞归巢

有研究发现，MRL/lpr小鼠移植间充质干细胞后，很快就能在肾、肺、肝、

脾等组织检测到CFSE标记的脐带间充质干细胞，在24小时达到最高水平，并持续1周。静脉输注间充质干细胞11周后仍然能在肾脏检测到移植的间充质干细胞。在另一种狼疮模型NZB/W狼疮小鼠中，经尾静脉输注1×10^6个/kg体重UC-间充质干细胞2周后也仍然能在肾脏检测到间充质干细胞。

这些归巢的细胞能通过抑制单核细胞趋化蛋白-1和高迁移率族蛋白1、血管内皮生长因子、TGF-β的表达来调控局部的炎症反应，或通过分化为肾小管上皮细胞来促进肾脏组织的修复。

（二）间充质干细胞对T细胞的调控

T细胞免疫功能紊乱是系统性红斑狼疮发生发展的关键环节。间充质干细胞可以产生大量的可溶性免疫调节因子、生长因子，参与调控T细胞免疫反应。

骨髓间充质干细胞在某些炎性细胞因子的刺激下表达高水平的膜抑制分子如细胞间黏附分子-1等，抑制T细胞免疫活性。间充质干细胞可通过分泌CXCL8和TGF-β1促进$CD4^+$T细胞的迁移及分化。在系统性红斑狼疮中，异体脐带间充质干细胞可通过IFN/吲哚2,3双加氧酶（IDO）轴抑制T细胞的增殖。另有研究发现，IFN-γ通过STAT1刺激间充质干细胞产生IDO，进而增强间充质干细胞的免疫抑制能力，抑制系统性红斑狼疮患者T细胞的过度增殖。

骨髓间充质干细胞能有效抑制辅助性滤泡T细胞（Tfh）的分化及IL-21的产生，减轻狼疮性肾炎病理损伤，提高狼疮小鼠的存活率。人脐带间充质干细胞可以调节淋巴细胞和抗炎因子的产生，使其从促炎状态转为抗炎状态，维持机体免疫微环境平衡。

骨髓间充质干细胞可利用FAS及其配体FASL偶联诱导T细胞凋亡，而巨噬细胞利用凋亡的T细胞碎片释放高水平的TGF-β，上调Tregs，维持机体免疫耐受，是治疗系统性红斑狼疮的潜在有效途径。系统性红斑狼疮患者存在Treg缺陷，间充质干细胞通过释放TGF-β1促进系统性红斑狼疮中Treg生成，影响系统性红斑狼疮进展。间充质干细胞可依赖可溶性人白细胞抗原-G（sHLA-G）上调系统性红斑狼疮患者的Treg细胞。在狼疮小鼠中，间充质干细胞诱导产生的一氧化氮合酶不仅抑制Tfh的增殖，还降低B细胞产生亲和成熟抗体的能力。同时，间充质干细胞通过IDO、PGE2和IL-10等阻断或降低APC的免疫激活功能，导致T细胞缺少第二信号的刺激而不能被激活。

此外，系统性红斑狼疮患者Th1/Th2、Th17/Treg比例失调，而间充质干细胞能够诱导T细胞趋向Treg和Th2，抑制Th17和Tfh细胞的免疫反应，调节T细胞的分化，维持细胞亚群平衡，减轻系统性红斑狼疮患者的自身免疫炎性反应。研究证实，脐带间充质干细胞可通过TGF-β和PGE2上调Treg、下调Th17，进而延缓系统性红斑狼疮疾病的进展。系统性红斑狼疮患者骨髓间充质干细胞中microRNA let-7f表达显著下降，let-7在Treg/Th17失衡中起关键作用。因此，移骨髓间充质干细胞，增加let-7f的水平对系统性红斑狼疮的治疗具有重要指导意义。

（三）间充质干细胞对B细胞的调控

系统性红斑狼疮中存在大量异常活化的B细胞，主要表现为记忆B细胞和抗体产生增加。研究表明，系统性红斑狼疮患者Toll样受体7（TLR7）高表达，TLR7能刺激B细胞活化及抗体生成，参与系统性红斑狼疮发病。

间充质干细胞使B细胞生长周期停滞，使浆细胞生成受损、免疫球蛋白水平降低。研究发现，正常的骨髓间充质干细胞对系统性红斑狼疮来源的B细胞具有抑制作用，但系统性红斑狼疮患者的血浆会抑制正常的间充质干细胞发挥调节作用。在机体炎症微环境下，间充质干细胞通过耗竭色氨酸抑制B细胞的增殖和成熟，通过与T细胞的直接接触间接抑制B细胞的分化、成熟及抗体的产生。

B细胞的异常活化导致大量抗体及免疫复合物生成，激活补体，引起炎症细胞浸润及其介质释放，参与系统性红斑狼疮发病。间充质干细胞免疫抑制活性可通过与B细胞直接接触和诱导各种因子的释放实现。间充质干细胞促进Breg产生IL-10，在诱导免疫应答和抑制炎症过度反应中起关键作用。间充质干细胞抑制系统性红斑狼疮中B细胞产生IgG、IgM和IgA，下调相关配体的表达，降低CD27与CD38的表达，进而影响B细胞的趋化和功能。狼疮小鼠经间充质干细胞移植后，血清IgG和IgM水平显著降低；狼疮患者经间充质干细胞移植后，血清ANA、抗ds-DNA抗体水平显著降低。以上都表明间充质干细胞可调节B细胞功能。

（四）间充质干细胞对巨噬细胞的调控

巨噬细胞存在于所有组织中，具有极大的可塑性和功能多样性，是免疫应答、组织修复、维持机体稳态的关键调节因素。巨噬细胞极化失衡，导致系统性红斑狼疮的发生、发展。在系统性红斑狼疮中，巨噬细胞凋亡异常，抗原提呈能力缺陷，激活自身反应B细胞，导致自身抗体生成和免疫复合物沉积，进而导致靶器官损伤。

在体内外炎症因子刺激下，骨髓间充质干细胞能够促进巨噬细胞分化为抗炎表型（M2），同时抑制促炎表型（M1）的分化，且能够增强巨噬细胞对微生物的清除、杀伤能力。此外，间充质干细胞外泌体可通过miR-223靶向pknox促进巨噬细胞向M2分化，发挥其抗炎特性。间充质干细胞经静脉输注可显著增加CD206阳性巨噬细胞（M2）在狼疮小鼠腹膜及肾组织中的表达，且巨噬细胞的吞噬活性明显提高。

巨噬细胞介导的炎症反应能够增强间充质干细胞免疫调节功能。间充质干细胞通过TGF-β/Akt/Foxo1通路促进巨噬细胞M2极化，改善炎症状态，提高吞噬能力。间充质干细胞对巨噬细胞的表型及功能的调控作用为治疗系统性红斑狼疮提供了新的思路。另外，间充质干细胞外泌体能通过调节巨噬细胞表型的转化，增强M2抗炎表型，调节系统性红斑狼疮体内免疫微环境的平衡。间充质干细胞外泌体可显著抑制湿疹创面愈合模型小鼠外周血单个核细胞增殖，诱导Treg分化，减轻炎症反应和促进血管再生。研究表明，在局部和全身应用间充质干细胞外泌体能有效抑制组织炎症反应，促进受损实质细胞的存活和再生，被认为是缓解系统性红斑狼疮患者炎性反应的一种潜在治疗方法。

（五）间充质干细胞对树突状细胞（DCs）的调控

大多数系统性红斑狼疮患者外周血中高度表达I型IFN基因，I型INF水平与肾脏、造血系统和中枢神经系统损伤的严重程度密切相关。然而，浆细胞样树突状细胞被认为是I型IFN的主要产生者，同时T细胞、B细胞也参与介导IFN的产生。

在脐带间充质干细胞存在的情况下，单核细胞来源的树突状细胞能促使异体naïve $CD4^+$ T细胞极化为Th2细胞。间充质干细胞可以抑制树突状细胞成熟标志的上调，导致它们激活同种反应性T细胞的能力下降。同种异体骨髓间充质干细胞可通过上调耐受性树突状细胞抑制系统性红斑狼疮炎症反应；同种异体脐带间充质干细胞移植后可显著上调外周血$CD1c^+$DC和血清FLT3L，并使其与FLT3结合，促进耐受性$CD1c^+$DC的分化，为系统性红斑狼疮患者的治疗提供新的思路。

（六）间充质干细胞对NK细胞的调控

系统性红斑狼疮患者NK细胞的细胞毒功能和细胞因子谱受损，细胞数量减少，其中CD56 NK细胞占比下降，但IFN-γ产生增加，呈激活状态，与疾病活动性相关。活动性系统性红斑狼疮患者NK中颗粒酶B表达升高，并通过产生IL-15进一步增强其表达，从而参与系统性红斑狼疮炎症状态的维持。

系统性红斑狼疮患者NK细胞中CD3zeta表达减少，使NK细胞转化为促炎表型，发生功能改变。间充质干细胞能够抑制NK细胞的增殖、分化和成熟，调控NK细胞毒性、活性。胎肝来源的间充质干细胞外泌体通过TGF-β抑制NK细胞的增殖、激活和细胞毒性，进而发挥免疫调节功能。然而，间充质干细胞及间充质干细胞外泌体是否能调控系统性红斑狼疮中NK细胞的比例与功能罕见报道。

四、安全考虑

已有间充质干细胞移植狼疮后的一些小样本的长期安全性研究，数据显示，间充质干细胞移植后无移植相关死亡，血清肿瘤相关标志物包括甲胎蛋白、癌胚抗原、糖抗原（CA）155和CA19-9无升高，提示狼疮患者间充质干细胞移植的安全性。国外多个随机对照临床试验的统计学结果发现，间充质干细胞治疗组和对照组的感染率没有差异，明确提出间充质干细胞治疗不会增加感染的风险，而且间充质干细胞治疗组和对照组在致瘤方面也没有差异。大量基础研究也证实，间充质干细胞可通过其分泌的IDO来抑制病原微生物，比如金黄色葡萄球菌、表皮葡萄球菌、弓形虫和巨细胞病毒，但是具体机制还不是很清楚。

间充质干细胞治疗狼疮的安全性较高。在已发表的临床研究中（总共356例狼疮患者），除了1例患者在输注脐带间充质干细胞开始后5分钟时出现轻度的头晕、发热（很快得到缓解），另外1例在治疗过程中出现了上呼吸道感染外，未见其他不良反应报道。在远期不良反应方面，因为间充质干细胞可能是异基因甚至异种来源，同时具有较强的免疫抑制性能，需排除引起肿瘤易感性的可能。有报道称，人胎儿骨髓间充质干细胞和人脂肪间充质干细胞单独或与肿瘤细胞株F6或SW480（1：1或1：10）一起可以促进BALB/c-nu/nu小鼠肿瘤细胞的生长。另一方面，有报道称间充质干细胞有抗肿瘤的作用。胎儿皮肤或脂肪组织来源的间充质干细胞可以通过抑制人肝癌细胞株、乳腺癌（MCF-7）、原代白血病细胞的增殖、克隆、致癌基因表达，进而抑制其生长。WangD等在一个长达6年的随访研究中发现，肿瘤标记物AFP、CEA、CA125、CA199在脐带间充质干细胞治疗前后并无差异。有纳入36篇研究的

Meta分析显示，自体或异基因间充质干细胞注射治疗和肿瘤的发生无相关性。但由于目前研究病例数较少，缺乏大样本的长期研究。

像其他细胞疗法一样，在间充质干细胞移植的临床应用中，也需要考虑其安全性的问题，涉及细胞采集、分离、培养、纯化和移植到患者体内的每一个环节。间充质干细胞本身存在基因突变和遗传不稳定、过度增殖及分化、致瘤性等，其免疫抑制作用可受到供体变异和体外扩增等免疫微环境的显著影响，详尽的治疗机制还需要进一步的探讨研究。除此之外，间充质干细胞和间充质干细胞外泌体移植存活率低、归巢和植入损伤组织能力差、长期应用的安全性等阻碍了其临床应用，还需要进一步的临床评估。进一步明确间充质干细胞及间充质干细胞外泌体的调控作用及机制，能够为间充质干细胞和间充质干细胞外泌体临床治疗及应用提供更充分、更有力的证据，为系统性红斑狼疮的治疗提供更安全、有效的间充质干细胞治疗方案。

另外，间充质干细胞对肿瘤细胞的调控也是双向的。间充质干细胞可以通过重构间质、抑制免疫、生成血管等促进肿瘤生长，也能通过改变细胞周期或凋亡蛋白的表达来抑制肿瘤生长。总的来讲，间充质干细胞移植的有效性和安全性已经得到一定的认可，但仍需足够多的基础研究和临床研究来进一步证实。随着这些研究的进一步深入，间充质干细胞移植必将为临床疾病的治疗提供新的角度和思路。

综上，间充质干细胞可以抑制系统性红斑狼疮患者的自身免疫反应，调节机体的免疫状态，从而减轻患者自身免疫应答和继发性组织、脏器损伤，有望成为一种理想可靠的非药物治疗手段，尤其是对激素和免疫抑制剂抵抗、疗效差的难治性和重症系统性红斑狼疮患者。

第十节　干细胞在心肌病治疗中的应用

一、心肌病介绍及治疗

心肌病（cardiomyopathy）也称心肌病变，是一组会影响心肌的疾病的通称。心肌病的概念自1957年由Brigden提出以来便不断得到修正与补充，对心肌病分类的深入认识对其诊断、治疗及预后评估等方面意义重大。美国心脏协会与欧洲心脏病学会的最新指南与共识，均将心肌病定义为一组引起心肌结构及功能异常的异质性疾病，并根据分类标准的不同又具体划分为不同的类型。

1995年，世界卫生组织（WHO）/国际心脏病学会联合会（ISFC）将心肌病定义为伴心功能不全的心肌疾病，分为原发性和继发性两类。原发性心肌病包括扩张型心肌病（DCM）、肥厚型心肌病（HCM）、致心律失常性右室心肌病（ARVC）、限制型心肌病（RCM）和未定型心肌病。

心肌病早期的症状可能很轻微，甚至没有症状。有些因为心脏衰竭而有呼吸困难、容易疲倦或脚部水肿的情形，可能会有心律不齐或是昏厥的症状。因此，心肌病的治疗方法包括用药、外科手术植入装置、心脏手术，严重情况下甚至需要心脏移植，临床选择哪种治疗方法具体取决于心肌病的类型以及严重程度。以上方法虽然能减缓疾病进展，改善心脏功能，但因心肌细胞缺血坏死，预后大多不良。

虽然有不少证据表明心脏受损伤后心肌细胞更新的速率会增快，但这种反应较轻微且增殖的细胞不足以代替缺失的心肌细胞数，仍会导致心力衰竭的发生。随着对干细胞基础及临床研究的日益深入，以及干细胞研究技术的成熟，近年来发现干细胞移植可促进缺血梗死局部血管新生和心肌再生，通过多重机制修复心脏，成为目前最有前景的治疗手段之一。

二、临床应用

不同种类的干细胞已被用于临床前实验及临床试验。大部分临床试验使用自体干细胞以避免免疫反应。目前，用于治疗的干细胞主要包括胚胎干细胞、诱导多功能干细胞、骨骼肌干细胞、骨髓干细胞（BMSCs）、间充质干细胞（MSCs）和心脏干细胞等。

以上全能干细胞包括胚胎干细胞和诱导多能干细胞（iPS cells），通常分化为心肌或心肌样细胞，用于心脏修复。相反，多能/单能干细胞，如骨骼肌干细胞、骨髓干细胞、间充质干细胞和心肌干细胞等，通常用于直接恢复心功能。

（一）胚胎干细胞

实验证明，胚胎干细胞可以诱导分化为有功能的心肌细胞，有助于心肌的修复和再生。

胚胎干细胞可通过直接分化为心肌细胞，或通过旁分泌作用显著改善心肌缺血后的心脏功能。在体外培养条件下，胚胎干细胞可诱导分化为心肌细胞，这种心肌细胞具有早期心肌细胞的结构和功能特点，能够与宿主心肌细胞形成偶联。

但是，人类胚胎干细胞移植却面临很多问题，如伦理、道德和法律的限制，胚胎干细胞移植后心肌的发育以及免疫等。研究也发现，新形成的心肌细胞仅部分是成熟的，大部分更像是未成熟胎儿心肌细胞，可观察到有非致死性室性心律失常出现。因此，在真正用于临床研究之前，胚胎干细胞分化而来的心肌细胞仍存在治疗安全性和有效性的问题。

（二）诱导多功能干细胞

诱导多功能干细胞是将类似多向分化相关基因导入人成体组织细胞，使之高表达转录因子，所获得的具有高度自我更新和多向分化潜能的细胞。

诱导多功能干细胞能分化为具有心肌特异性分子结构［肌钙蛋白Ⅰ，α肌动蛋白，钙联接蛋白43（Cx43）］和功能特征的细胞类型，是干细胞移植治疗冠心病的新选择。诱导多功能干细胞来自患者自身的“细胞重新编制”，避免了伦理和免疫方面的问题。有研究表明，来自缺血性心肌病患者的皮肤成纤维细胞，通过慢病毒转导Oct4、Sox2和klf4基因后转变为诱导多功能干细胞，能诱导分化为功能性心肌细胞，将其移植到体内能与心脏组织融合。

然而，诱导多功能干细胞在临床上的主要障碍是细胞重新编程效率低，表观遗传记忆和致癌风险大，以及心肌生成率低等。

受到诱导多功能干细胞技术的启发，近年来研究者采用直接重编程的方法，将成纤维细胞直接重编程为心肌样细胞，整个过程未经历多能状态阶段，不形成中间前体细胞，而直接从完全分化的细胞转换为另一种成熟细胞类型。

（三）骨骼肌干细胞

骨骼肌干细胞是一类可以分化为骨骼肌的祖细胞。骨骼肌干细胞可由自体组织获得，易于体外扩增并可分化为可收缩的骨骼肌细胞。骨髓机干细胞对缺血有较好的耐受性，有很高的增殖潜能和较低的肿瘤发生率。

早期研究显示，于心脏梗死区植入骨骼肌干细胞可以有效改善心脏功能。然而，后续前瞻性、随机、对照研究却未能得出相似的结论。Menasche等纳入97例合并心力衰竭的心肌梗死患者，在接受冠状动脉旁路移植术同时经心外膜心肌内注射骨骼肌干细胞，随访6个月，同安慰剂相比，骨骼肌干细胞组心脏功能无显著差别，但其室性心律失常发生率显著增高。

目前认为，骨骼肌干细胞难以分化为心肌细胞，移植入梗死区后只能分化为肌管并保留骨骼肌特征，难以同自身心肌细胞形成有效的电机械偶联，容易形成折返并引起恶性心律失常。同时，研究发现植入的骨骼肌细胞和宿主细胞之间可能不能同步收缩。另外，骨骼肌细胞与心肌细胞的电生理特性不同，存在心律失常的可能性。

（四）间充质干细胞

间充质干细胞是细胞移植治疗的另一选择。间充质干细胞突出的特点是具有自我更新和多向分化潜能，属于成体干细胞。间充质干细胞疗法的主要优点在于低免疫原性，且能通过细胞分子的旁分泌作用促进梗死区域细胞的生长、存活和分化。研究发现，当同其他心肌细胞共同培养时，间充质干细胞可分化为心肌细胞。间充质干细胞极易提纯及增殖，能通过淋巴细胞修饰以及抑制炎性因子释放调节宿主免疫系统。因此，间充质干细胞被认为是治疗梗死心肌的理想细胞之一。

Rose等研究显示，间充质干细胞未能在体外分化为有功能的心肌细胞，但是它可以表达心肌特异性蛋白。然而部分动物实验证实，间充质干细胞可以改善心肌梗死后动物的左室功能。关于间充质干细胞的第一个临床研究采用了随机、双盲、安慰剂对照的方法，对心肌梗死患者静脉注射间充质干细胞，随访12个月，治疗具有良好的安全性，动态心电图检查显示同对照组相比，间充质干细胞治疗显著降低了心律失常发生率。6个月时，间充质干细胞组心功能评分显著提高；左室功能在3个月时明显改善，然而在6个月时同对照组无明显差别。

间充质干细胞治疗的机制目前尚不明了。研究并未显示间充质干细胞可显著分化为心肌细胞，其可能机制考虑并非直接心肌再生，而是其他非直接方式，如旁分泌促进血管新生及新的宿主心肌细胞的生成。

（五）心脏干细胞

传统观点认为，心肌细胞是永久细胞，出生后逐渐失去再生能力。但近年的研究表明，胎儿和成熟心脏均具有一定再生潜能，心脏中存在心脏干细胞，能分化为心肌细胞、平滑肌细胞和内皮细胞，参与损伤修复，移植后可减少梗死面积。

根据心脏干细胞表面标志物结合生物学特性，大致包括以下类型：c-Kit^{+}CSCs、Scal-1^{+}CSCs、心肌球衍生细胞（CDCs）、侧群细胞和Islet1^{+}等。心脏干细胞有定向分化为心脏细胞系的趋势，并且自体移植治疗不存在伦理问题，无免疫排斥反应，是治疗缺血性心肌病的理想细胞，但仍需要大规模试验研究。

虽然成体干细胞作为自体细胞移植治疗对研究者来说具有很大吸引力，但其分化潜能却不如胚胎干细胞。将心脏来源的干细胞和心外来源的成体干细胞进行比较，如与骨髓单核细胞和来自骨髓或脂肪组织的间充质干细胞比较，人们发现心脏来源的干细胞对心肌修复的优势是旁分泌因子分泌均衡，且具有较高的心肌分化和植入能力，但还需要进一步的体内干预试验来研究这种功能优势的具体机制。

三、作用机制

（一）直接分化

越来越多的研究表明，多种不同类型的干细胞能够分化为心肌细胞、平滑肌细胞和内皮细胞，尽管这种直接分化的细胞百分比很小。

比如，不管是在体外培养还是体内移植，骨髓间充质干细胞能诱导分化为心肌细胞，移植入梗死区能够表达心肌标志物如肌钙蛋白T、α-肌动蛋白以及连接蛋白等。骨髓间充质干细胞移植后也能表达平滑肌细胞、血管内皮细胞特异性蛋白，提示骨髓间充质干细胞向平滑肌细胞或内皮细胞直接分化，促进毛细血管再生，改善心肌缺血。

（二）旁分泌

移植的干细胞可通过释放生长因子和细胞因子发挥旁分泌作用，抑制炎症反应和细胞凋亡，增加毛细血管密度，减少心肌梗死瘢痕形成，促进心脏修复和心肌再生。现已知，干细胞旁分泌作用可通过如下方面发挥作用。

1. 可募集激活内源性干细胞，增加内源性心肌修复 有研究表明，多种生长因子和信号途径能激活内源性干细胞。如在心肌缺血情况下，移植外源性骨髓间充质干细胞可通过释放细胞因子等激活心脏干细胞，活化后向心肌细胞定向分化，激活后的内源性干细胞可归巢到受损缺血部位。

激活胰岛素样生长因子-1（insulin-like growth factor-1，IGF-1）系统能诱导心脏干细胞分化为心肌细胞、增加端粒酶活性、维持端粒长度、延缓衰老等。干细胞因子（SCF）可通过磷脂酰肌醇-3-激酶（PI3K）和基质金属蛋白酶-2/9（MMP-2/9）途径，诱导心脏干细胞的趋化和迁移，使用PI3K/丝苏氨酸蛋白激酶（AKT）抑制剂LY294002后，可观察到SCF诱导的心脏干细胞迁移受到阻碍。移植干细胞也可通过释放其他因子促使心脏干细胞增殖，例如神经调节蛋白-1（NRG-1）、成纤维细胞生长因子-1（FGF-1）和血管内皮生长因子（VEGF）等。

此外，有研究证明在缺血损伤条件下，骨髓间充质干细胞也可通过分泌大量直径在50～100nm的膜性囊泡（外泌体），发挥旁分泌作用。外泌体包含多种成分，如细胞因子、分子蛋白、信使RNA（mRNA）、miRNA等，不仅可以减轻组织损伤，还可以提高内源性干细胞修复能力。

2. 抗炎作用　干细胞移植能够调节炎症因子如肿瘤坏死因子-α（TNF-α）、白细胞介素-6（IL-6）、白细胞介素-1（IL-1）等的表达，影响免疫细胞的功能，从而保护受损心肌细胞。

3. 调控纤维化过程，减少瘢痕面积，改善心肌收缩能力　干细胞移植还能够改善心肌梗死后心肌收缩功能。有研究表明，干细胞改善心肌功能是通过增加转化生长因子-1β（TGF-1β），减少TNF-α和白细胞介素-1β（IL-1β）的表达来实现的。干细胞移植后心肌细胞最大收缩力、收缩和舒张的最大速率显著改善。

研究表明，对心肌梗死后的SD大鼠注射2×10^6个人经血间充质干细胞，结果与对照组相比，术后7天治疗组能显著减少梗死面积，降低心脏胶原沉积，具有抗纤维化作用。人经血间充质干细胞通过抑制TGF-β1/Smad信号通路，调节内皮细胞向间充质干细胞转化过程（EndMT）相关转录因子的表达，从而抑制EndMT过程，减少成纤维细胞生成。

（三）血管生成

移植的干细胞除了分化为心肌细胞外，也可直接分化为内皮细胞和平滑肌细胞，在损伤部位形成新生血管，为缺血心肌提供更多的氧和营养物质，起到保护心脏的作用。

研究显示，移植后干细胞上标记的内皮细胞黏附分子（CD31）和血管性血友病因子（vWF）及血管平滑肌细胞肌动蛋白表达显著增加。除了少部分细胞直接分化外，干细胞主要通过分泌细胞因子如VEGF和碱性成纤维细胞生长因子（bFGF）等促进血管生成，募集内源干细胞或骨髓来源的EPC分化成内皮细胞，促进心肌毛细血管密度增加。

（四）免疫调节

骨髓间充质干细胞具有免疫豁免特性，通过分泌某些因子能抑制局部免疫反应。

有研究表明，移植自体或异体骨髓间充质干细胞用于治疗缺血性心肌病，均能取得相似的效应，移植后组织中TNF-α、IL-1β和IL-6等炎症因子显著减少。Di Trapani等研究也显示，多种来源的干细胞（包括心脏干细胞）移植能调节宿主的免疫反应，尤其通过调节炎症反应来实现。

四、安全考虑

多种类型干细胞移植均显示出其修复受损心肌、改善心功能方面的作用。目前，已有大量的干细胞基础和临床研究在全球范围内开展，尽管目前报道的临床研究尚未观察到严重不良反应，但样本量小、时间尚短，还不能完全证明干细胞治疗的安全和可行性，所以这些方面的问题必须得到密切关注。比如，心脏干细胞对心肌细胞再生与修复的作用机制还需要深入探索，以明确其修复心脏的有效性和安全性。此外，干细胞分化具体机制尚不清楚，如何分化及移植数量、种类、移植途径与疗效的关系等仍需要大量基础研究阐明。干细胞移植介导在冠心病治疗中的远期效果如何，也还需要多病例的累积和长时间的随访。

同时，干细胞治疗缺血性心肌病仍存在一些其他问题，主要体现为移植后细胞归巢到损伤组织局部的细胞数量少，且移植后细胞存活率较低，这些因素使得干细胞移植疗效不理想，成为干细胞修复心肌的瓶颈。已有报道利用基因修饰和缺氧预处理等方法能提高干细胞移植疗效，改变细胞因子等释放。基因修饰干细胞存在致瘤性和免疫原性等风险，使其在临床上应用受限，移植前对干细胞进行预处理可望克服上述弊端。

根据目前的临床研究，大部分治疗缺血性心肌病的临床试验仍处于临床Ⅰ期或Ⅱ期，规模有限，缺乏长期观察结果，也存在临床应用问题：采用何种干细胞类型和途径更有效、每种干细胞的剂量反应关系和注射频率、干细胞治疗的细胞数量和移植时间点的选择等，同时缺乏明确标准的治疗方案。仅少数研究直接比较了不同干细胞类型的治疗效果，且联合治疗可能比单一干细胞治疗效果更显著，但不同干细胞之间共同调控再生过程的具体机制尚不清楚。

因此，在未来还需要开展更多深入研究的基础实验和设计严谨的临床试验，为临床应用做好准备。未来更多的临床试验将进一步证实干细胞在缺血性心肌病中的应用价值，完善干细胞治疗缺血性心肌病的策略。

第十一节 干细胞用于神经退行性疾病

一、神经退行性疾病介绍及治疗

神经退行性疾病是指神经元功能和结构逐渐丧失，导致认知障碍（如痴呆）。神经退行性疾病部分由神经元死亡和胶质细胞稳态引起，并且与衰老有关。神经退行性疾病可能由于年龄增加而出现，如阿尔茨海默症（AD）、帕金森病（PD）；或由于遗传突变影响CNS细胞功能而导致，如亨廷顿病（HD）、早期发作的AD或PD以及肌萎缩性侧索硬化症（ALS）。

神经退行性疾病是慢性高发疾病，严重威胁人类健康和生活质量。随着老龄化的加剧，神经退行性疾病患病人数逐年上升。阿尔茨海默症（Alzheimer disease，AD）已成为全球第七大死因，2015年全球约有150万人因该疾病死亡。

DNA甲基化和组蛋白修饰被发现与阿尔茨海默症和帕金森病有关，但对疾病的确切作用尚不清楚。对环境的修饰以及针对表观遗传变化的潜在风险的靶向位点是抗神经退行性疾病的疗法发展中的增长领域。

目前，所有的神经退行性疾病都没有特效药或者治疗方案，即便是能减缓病程的药物也十分稀少，目前仅有的办法就是通过良好的生活习惯降低发病率和延缓发病时间。

由于神经退行性疾病的发病机制尚未明晰，治疗药物很少，且仅能缓解症状，无法逆转或阻止神经元的丧失。因此，开展神经退行性疾病研究，探索疾病发生发展机制，寻找有效的早期诊断、预防和治疗途径具有重要的现实意义。

二、临床应用及作用机制

（一）亨廷顿病

亨廷顿病是一种常染色体显性遗传性神经退行性疾病，主要是由于huntingtin基因中CAG三连体重复扩增，导致大脑纹状体内投射到苍白球和黑质网状部的γ-氨基丁酸（γ-amino-butyricacid，GABA）能神经元功能紊乱或功能丧失，进而引起发病。如果CAG重复序列在35个以下，患者不会发病，但是当CAG重复超过40个以上则会发展成疾病。患者常在发病前把疾病基因遗传给下一代。通常在中年时发病，随着病情的发展，症状加重，出现迅速的不随意运动，讲话和吞咽困难，认知能力减退，消沉，偶尔出现错觉、幻觉以及精神分裂症。

在美国，约有3万人患亨廷顿病，另有15万人有患病的危险。患有亨廷顿病的人通常在第一次出现症状后的8～25年内死亡。至今尚无任何有效方法对其进行治疗。尽管药物可以缓解一些症状，但不能彻底治疗。早在20世纪90年代，就有研究小组尝试移植人胎儿纹状体组织来治疗亨廷顿病。这些研究首次证明了，人胎儿纹状体来源的组织能够在宿主脑内存活和发育，支持“细胞移植能够替代损伤的神经元，并且能够重新建立神经连接”的假说。也有报道表明，大鼠的纹状体神经元移植入灵长类亨廷顿病动物模型的脑内后也能够替代损伤的神经元，形成新的突触连接。最近报道，胎儿神经组织移植入亨廷顿病患者脑内可以分化为神经元，而且可以存活6年以上，但移植的细胞和宿主纹状体细胞很少能够整合，这可能是亨廷顿病临床症状没有明显减轻的原因。

随着干细胞生物学研究的深入，已经发现神经干细胞、间充质干细胞、胚胎干细胞等在特定的诱导条件下均能够分化为神经元和其他类型的神经细胞。最近，一些实验室尝试了用干细胞治疗亨廷顿病，取得了一定的进展。

Lescaudron等人将自体骨髓干细胞移植到亨廷顿病大鼠模型脑内损伤的纹状体，结果发现，移植的细胞仅有少数表现神经细胞表型，但亨廷顿病大鼠的记忆功能得到改善。Kordower等人将人胎儿脑皮质来源的神经干细胞在体外分别用加有神经营养因子和不加有神经营养因子的培养基培养后移植到亨廷顿病大鼠模型脑内，结果发现，经过神经营养因子培养的神经干细胞在宿主脑内对损伤的纹状体有更好的修复能力，移植的神经干细胞可以迁移到苍白球、黑质等部位，而且分化为神经元和星型胶质细胞，亨廷顿病大鼠的症状得到缓解。Roh等人将永生化的神经干细胞直接注入亨廷顿病大鼠脑室或通过尾静脉注射入亨廷顿病大鼠体内，结果发现，移植的神经干细胞从脑室或通过血液循环迁移到纹状体，而且没有引起宿主的组织损伤和肿瘤形成。同样，Kim等人也将人的神经干细胞通过静脉注射移植到亨廷顿病大鼠模型体内，结果发现移植的人神经干细胞不仅迁移到大鼠纹状体损伤处，而且分化成神经元和胶质细胞，减少了纹状体的萎缩，在较长时间内促进了亨廷顿病大鼠的功能恢复。Modo等人的实验表明，神经干细胞移植到亨廷顿病大鼠模型脑内后，虽然不能完全治愈亨廷顿病，但能够缓解症状，阻止脑损伤的进一步发展。Vazey等人报道，将成年大鼠室管膜区分离的神经干/祖细胞移植入用喹啉酸（quinolinic acid，QA）处理的亨廷顿病大鼠模型脑内，8周后发现，移植的细胞有12%能够存活，并在损伤的纹状体内广泛迁移，分化为星形胶质细胞和神经元，而且接受移植的亨廷顿病大鼠受损的运动功能得到缓解。Johann等人进一步证明，神经干细胞移植入亨廷顿病大鼠模型脑内后的效果与移植的时间和移植细胞的状态有关，在QA造模后早期（QA损伤后2天）移植神经球，比在造膜后晚期（QA损伤后7天或14天）移植神经干细胞悬液效果更好。最近，神经干细胞在亨廷顿病的治疗上取得了突出进展，Bachoud-Lévi等人将人胎儿神经干/祖细胞移植入5位亨廷顿病患者脑内，结果发现有3位患者的认知能力和运动功能持续2年得到改善，但在随后的4~6年内干细胞移植效应逐渐减退甚至消失。

这一进展是干细胞治疗亨廷顿病从动物模型到人的突破，是干细胞用于人的亨廷顿病治疗的一次尝试。虽然取得了初步的成功，但也提出了一些亟待解决的问题：如何让移植的干细胞发挥长期的治疗效应、如何选择适合干细胞治疗的人群、如何避免长期治疗过程中的不良反应、干细胞治疗如何与神经营养支持以及神经保护治疗配合等。

（二）帕金森病

帕金森病是继阿尔茨海默症后的第二大神经退行性疾病，在临床上表现为震颤、僵直、运动缓慢及步态不稳，还伴有其他精神症状，其根本原因是中脑多巴胺神经元凋亡。本病以散发为主，家族性病例占20%左右。分子遗传学研究已经鉴定出多个与帕金森病发病相关的基因和遗传位点，如α-Synuclein（SNCA）、Parkin、DJ-1、PINK1、LRRK2、NURR1等。

帕金森病是由于脑内某些含色素神经元，包括黑质的多巴胺（dopamine，DA）能神经元、蓝斑的去甲肾上腺素（noradrenalin，NA）能神经元、迷走神经背核和脑干中缝核的5-羟色胺（5-HT）能神经元、下丘脑和无名质的乙酰胆碱（acetylcholine，ACh）能神经元等，发生退行性病变和坏死引起的。主要症状表现为震颤、僵直、运动迟缓、平衡失调、走路困难等。不同的发病者发生病变的细胞不同，表现的症状也不同，往往引起发病的原因也很难确定。目前，帕金森病的致病原因不是很清楚，尚无有效的治疗方法。早在10年前，研究人员就尝试用组织移植的方法来治疗帕金森病，他们将胎儿的中脑组织（含有丰富的有丝分裂后的多巴胺能神经元）移植到帕金森病患者的纹状体内，移植的神经元在患者脑内存活10年之久，而且能够与患者的神经细胞重新整合，受神经支配，使纹状体的多巴胺分泌水平恢复正常，逆转了运动不能症。虽然这种治疗方案能够缓解或治疗帕金森病，但由于可供移植的胎儿中脑组织的缺乏和移植后细胞功能的不可预测性以及伦理问题，这种方案的应用受到极大的限制。继这一尝试成功之后，一些实验室又尝试用移植胎儿中脑祖细胞来源的多巴胺能神经元来治疗帕金森病，他们发现移植的多巴胺能神经元能够与脑内细胞整合，形成神经通路，使帕金森病症状消失。但也发现，这种替代治疗仍然存在很多问题，如胎儿中脑祖细胞来源的神经元不能持续分泌多巴胺、移植后引起更严重的运动不能症、免疫排斥反应以及慢性炎症等。

干细胞来源广泛，具有很强的自我更新能力和多向分化潜能，在体外易于进行遗传修饰，便于某种表型细胞的分离和功能分析。这些特性使干细胞成为替代、修复或加强受损或衰老组织或器官功能的理想种子细胞，特别是胚胎干细胞，已被多个实验室证明能够治疗帕金森病。Björklund等人将低剂量（1000～2000个）的小鼠胚胎干细胞移植到帕金森病大鼠的纹状体，14周后发现移植的胚胎干细胞分化为多巴胺能神经元，帕金森病症状得到缓解。Kim等人通过五步法将小鼠胚胎干细胞诱导分化为分泌多巴胺的神经元，然后移植到帕金森病大鼠的纹状体，结果发现胚胎干细胞来源的神经元在帕金森病大鼠的脑内能够持续分泌多巴胺，其产生的轴突能够植入宿主的纹状体，形成有功能的突触连接，而且能够自发调整，表现出药理学诱导行为，大鼠的帕金森病症状得到缓解。随后，Nishimura等人也将小鼠胚胎干细胞来源的酪氨酸羟化酶阳性细胞移植入帕金森病小鼠脑内，同样发现帕金森病小鼠的症状减轻。

最近，胚胎干细胞治疗帕金森病取得了很大的进展。日本京都大学的研究人员Takagi等人在灵长类动物上取得了成功，他们先将猴子胚胎干细胞诱导分化为神经祖细胞，然后再进一步诱导为分泌多巴胺的神经元，将这些神经元植入帕金森病病猴模型的大脑中，结果发现，移植10周后，帕金森病猴子的症状明显减轻，运动能力增强，而且移植的猴子没有一只出现运动障碍，也没有出现恶化，意识没有受到任何干扰。这一实验的成功为胚胎干细胞治疗人类帕金森病提供了可靠的科学依据。Hellmann等人的实验证明，骨髓间充质干细胞移植入帕金森病动物模型脑内后能够存活，并发生迁移和向神经细胞分化。Weiss等和Fu等两个实验室分别将人脐带血来源的间充质干细胞移植入帕金森病大鼠模型脑内，结果发现间充质干细胞在宿主脑内能够存活至少4个月，帕金森病大鼠的症状得到改善，而且没有引起脑肿瘤和宿主的免疫排斥反应。最近又有报道表明，间充质干细胞本身能够表达一些神经调节因子，可以促进神经细胞的存活和再生。也有报道表明，人骨髓间充质干细胞移植到裸鼠脑内能够促进内源性神经干细胞的发生。这就为间充质干细胞移植后能够促进神经退行性症状的缓解提供了实验证据。

Barker等人分别将猪胎儿脑皮质来源的神经组织和神经干细胞移植入6-羟基多巴胺制作的大鼠帕金森病模型脑内，结果发现，猪胎儿脑皮质来源的神经干细胞在宿主脑内可以存活5个月以上，分化产生的神经纤维可以整合到宿主脑组织形成突触连接，而猪胎儿脑皮质来源的神经组织移植后在宿主脑内存活的时间较短。这一报道表明，异种神经干细胞也有可能成为治疗帕金森病的种子细胞。Sladek等人将人的神经干细胞移植入1-甲基-4-苯基-1,2,3,6-四氢嘧啶（1-methyl-4-phenyl-1,2,3,6-tetra-hydropyridine，MPTP）处理的猴脑内尾状核和黑质部位，分别在4个月和7个月后检测这些猴脑内移植部位的酪氨酸羟化酶阳性细胞，结果发现，移植人神经干细胞的猴脑内酪氨酸羟化酶阳性细胞的大小和数量恢复到MPTP未处理的对照猴脑内酪氨酸羟化酶阳性细胞的水平。这就表明，人神经干细胞移植后对维持宿主脑内纹状体微环境具有作用。Redmond等人同样将未分化的人神经干细胞移植到MPTP处理的非洲绿猴帕金森病模型脑内，移植的细胞在宿主脑内能够存活、迁移，而且猴子的帕金森病症状得到缓解。进一步分析发现，移植的人神经干细胞部分分化为多巴胺阳性神经元，大部分分化为支持性的星形胶质细胞，调节神经细胞的周围环境，应对损伤。

以上研究表明，胚胎干细胞、骨髓间充质干细胞以及神经干细胞均有可能成为治疗帕金森病的理想种子细胞。而且已证明，人神经干细胞能够有效缓解灵长类（非洲绿猴）的帕金森病症状，这一突破性进展为干细胞用于人的帕金森病治疗奠定了理论依据。

另外，将突变的SNCA在人体胚胎干细胞中过量表达，发现分化的多巴胺神经元存活力降低。Daley实验室和Jaenischi实验室报道了帕金森病患者诱导性多能干细胞的产生及分化成多巴胺神经元，虽然未见到患者诱导性多能干细胞与正常人诱导性多能干细胞分化的多巴胺神经元的差异，但可能是由于差别不显著而不能从细胞表型显现出来。帕金森病患者诱导性多能干细胞分化的多巴胺神经元移植到动物模型能改善大鼠的运动功能。最近，Seibler等报道了具有PINK1基因突变帕金森病患者诱导性多能干细胞的产生。此诱导性多能干细胞分化成多巴胺神经元后，Parkin介导的线粒体趋化能力受到损伤且细胞内线粒体数目增多。用PINK1基因转染具有PINK1突变的神经元，发现过量表达PINK1能改善PINK1突变多巴胺神经元的表型与功能，提示突变的

PINK1功能下降通过损伤线粒体功能引起多巴胺神经元凋亡。另外，LRRK2与SCNA基因突变的帕金森病患者诱导性多能干细胞受基因突变影响，多巴胺神经元脆性增加，易于受到氧化损伤等环境因素影响而凋亡。

（三）阿尔茨海默症（Alzheimer′disease，AD）

阿尔茨海默症是最常见的老年人神经退行性疾病，患者的主要临床表现是进行性的记忆力减退和健忘。病理上发现，患者大脑皮层萎缩及广泛的神经细胞减少，并伴有大量的神经纤维聚集形成的蛋白体（amyloid fibril plaque）。蛋白聚集体的主要成分是由APP蛋白（amyloid precursor protein）经酶切产生的Aβ肽（β-amyloid）形成。大脑中Aβ肽的聚集导致神经细胞的退行性病变，逐渐引起神经细胞丢失。分子遗传学研究已经表明，APOE、PS1、PS2及APP基因突变是导致阿尔茨海默症的主要遗传因素。

随着干细胞生物学的发展，干细胞替代治疗作为一种新的治疗方案得到人们的重视。Martinez Serrano等人尝试将前脑的胆碱能神经元移植入成年大鼠脑的纹状体和Meynert核，结果发现移植的细胞在宿主脑内不仅能够存活，而且呈现胆碱能神经元的表型。Sinden等人的报道表明，移植胆碱能丰富的神经干细胞能够减轻大鼠的阿尔茨海默症症状。Qu等人也将人的未分化的神经干细胞分别移植入成年（6月龄）和老年（24月龄）大鼠的脑内，结果发现老年大鼠的认知功能得到改善。Wu等人则进一步证明，人胎脑来源的神经干细胞移植入成年大鼠的脑内后，仅在特定的区域分化为胆碱能神经元。Wang等人报道，将胚胎干细胞来源的神经干细胞（神经球）移植到化学损伤Meynert核神经元的阿尔茨海默症小鼠模型脑内皮质。结果发现，移植的神经球能够在宿主脑皮质存活、迁移，而且能够分化为许多胆碱能阳性神经元和少量复合胺阳性神经元，阿尔茨海默症小鼠的记忆紊乱症状得到缓解；移植胚胎干细胞的对照鼠却形成了畸胎瘤，而且移植的胚胎干细胞不能分化为神经元，阿尔茨海默症症状没有得到缓解。

在阿尔茨海默症患者的脑内有严重的淀粉样β肽沉积，主要是由于β和α分泌酶降解淀粉样β前体蛋白（amyloid-βprecursor protein，APP）所致。研究表明，APP信号通路是与神经干细胞的分化和迁移相关的调节系统，在脑发育过程中和脑损伤后APP表达上调，APP过表达引起神经干细胞向胶质细胞分化，然后这些胶质细胞分泌营养因子来支持周围损伤的细胞，同时促进周围神经元的迁移和其他神经干细胞的分化。Sugaya等人发现，干细胞移植入APP转基因小鼠后倾向于向胶质细胞分化，用小RNA除去脑内APP或降低脑内APP的水平后，干细胞向胶质细胞的分化明显减少。

有报道表明，将人脐带血单个核细胞（其中富集有脐带血间充质干细胞）移植到APP转基因小鼠（表现阿尔茨海默症症状和部分病理变化）脑内后能够明显地缓解小鼠的阿尔茨海默症症状。最新研究表明，α分泌酶消化APP后形成的蛋白sAPPα，是一种有效的神经营养因子，与神经生长因子（nervegrowth factor，NGF）和视黄酸（retinoic acid，RA）协同，能够提高骨髓来源的成体干细胞向胆碱能神经元的转分化率。这就表明，将骨髓来源的成体干细胞和sAPPα联合使用也许是治疗阿尔茨海默症的一种新的有效的方法。

以上进展表明，神经干细胞、骨髓来源的干细胞移植后能够不同程度地缓解阿尔茨海默症的症状，在阿尔茨海默症的治疗中表现出很好的潜力。但目前研究多限于模型动物，真正用于人的阿尔茨海默症临床治疗之前，仍然面临很多难题，比如干细胞的移植剂量、如何有效选择干细胞的移植位点、干细胞的长期疗效怎样，等等。

（四）脊髓肌肉萎缩症（spinal muscular atrophy，SMA）

脊髓肌肉萎缩症是一种常染色体隐性遗传病，主要是由于SMN基因的点突变或缺失突变引起运动神经元功能丧失，导致肌肉萎缩及对称性下肢瘫痪。患者通常在出生后发病，并由于呼吸肌麻痹导致儿童2～4年内死亡。

Svendsen实验室用诱导性多能干细胞研究SMN1基因突变在脊髓肌肉萎缩症中的致病作用。他们利用慢病毒载体在脊髓肌肉萎缩症患者成纤维细胞中表达Oct4、Sox2、Nanog和Lin28，成功产生了诱导性多能干细胞，并将其分化为运动神经元。脊髓肌肉萎缩症患者诱导性多能干细胞分化的运动神经元与对照组相比，存活能力下降并在细胞内出现较多的蛋白聚集体，提示SMN1基因突变导致细胞内过量蛋白质聚集，从而引起细胞毒性。

（五）脊髓侧索硬化病（amyotrophic lateral sclerosis，ALS）

ALS是一种进行性发展的神经退行性疾病，主要分家族性和散发性两种。在家族性遗传性ALS中，80%是由于超氧化物歧化酶（SOD1）基因突变造成了运动神经元的退行性改变，引起肌肉萎缩与瘫痪。患者起病一般在40～50岁左右，发病后一般在2～5年内出现严重的运动障碍或致死。其发病机制虽不完全明确，但主要是由于细胞内异常的蛋白聚集毒性，导致运动神经完全凋亡。

研究显示，用人体胚胎干细胞过量表达突变的SOD1蛋白，可引起胚胎干细胞分化的运动神经元存活能力下降及细胞数目减少。Dimos等用体细胞重编程技术生成了iPS细胞并诱导其分化神经元，但是与正常对照组人iPS细胞分化的运动神经元相比较，未能鉴定出表型改变，也可能是由于细胞内其他基因的互补作用，在运动神经元发育的早期不能表现出表型及功能异常。Mitne-Neto等突变VAPB基因产生iPS细胞，结果表明VAPB基因突变的iPS细胞分化的运动神经元表达明显下降，提示VAPB基因在ALS的发病过程中起着重要的作用。

三、安全考虑

目前，虽然干细胞在神经退行性疾病治疗方面的研究取得了很大的进展和突破，但仍处于早期阶段，有许多问题需要进一步深入研究。

胚胎干细胞虽然有无限的分化潜能，能够分化为有功能的神经细胞，但胚胎干细胞在体外存在很高的分化随意性，移植后具有致瘤性，也容易引起免疫排斥；神经干细胞体外分离技术也比较成熟，而且神经干细胞在体内外均能分化为各种神经细胞，移植后在宿主脑内能够存活、迁移和整合，但人神经干细胞来源相对缺乏，而且成体脑来源的神经干细胞分化潜能比胚胎或胎儿来源的相对较弱；间充质干细胞来源广泛，在体外能够分化为神经细胞表型，但移植后在宿主脑内转分化为神经元的细胞非常少。此外，动物模型包括灵长类动物的研究结果的稳定性和有效性需要进一步验证；干细胞治疗的潜在不良反应及其安全性需要认真评测；选择适合细胞替代治疗的患者，制定合理的移植程序也很重要。

干细胞替代治疗最终能否成功应用于遗传性神经退行性疾病的临床治疗，依赖于人们对干细胞生物学的深入研究和对神经退行性疾病机制的深入了解。

第十二节　干细胞在神经细胞和肌肉细胞修复治疗中的应用

一、细胞修复治疗

（一）神经细胞损伤及修复

周围神经损伤（PNI）主要是指由于牵拉伤、切割伤、火器伤、压迫性损伤、缺血等原因导致的短暂或终生的神经功能障碍，其病理变化包括轴浆运输受损、轴突变性、施万细胞损伤、节段性脱髓鞘和完全瓦勒氏变性。周围神经损伤临床表现为受累神经支配区域的感觉障碍、肢体瘫痪及萎缩、神经痛、排汗异常等。据研究报道，全世界每年有多达100万人患有周围神经损伤。美国2009—2018年间，单上肢周围神经损伤年平均发病率为36.9%，2018年发病率为51.9%。在中国，周围神经损伤患病人数达30～50万，占创伤患者的2.8%。且神经损伤后致残率高，大部分情况会留有后遗症，导致患者生活质量下降，为家庭及社会带来沉重的负担。

周围神经损伤发生后，轴突具有一定的再生能力。通过特定的方法使受损神经与远端组织重新建立突触联系，并提供适当的方法促进轴突再生，可加速周围神经损伤修复。周围神经损伤修复的方法很多，目前主要有外科治疗，包括常规缝合、神经移植、神经移位等；非外科辅助治疗，包括干细胞移植、神经营养因子（NT）、新型材料、生物电刺激等。这些治疗方法各有利弊。

（二）肌肉细胞损伤及修复

人类胚胎和成人体内都存在肌肉干细胞。肌肉干细胞可发育分化为成肌细胞（myoblasts），后者可互相融合成为多核的肌纤维，形成骨骼肌最基本的结构。胚胎和胎儿的肌肉干细胞增殖使得肌肉组织发展；成年人体内的肌肉干细胞亦被称为卫星细胞，处于休眠状态，沿着肌肉纤维而分布。

在经过强烈运动或是受到外界伤害之后，成人的肌肉干细胞会被激活并开始自我增殖，从而增加或是恢复成人的肌肉组织。对于老年人而言，肌肉干细胞不再具有自我复制的活性，从而表现为肌肉组织的萎缩。

二、临床应用

（一）神经细胞修复应用

神经干细胞是中枢神经系统中保持分裂和分化潜能的细胞，具有增殖和多向分化的潜能，能够在移植部位分裂增殖，并在局部微环境的作用下分化成相应的细胞来补充替代受损的细胞，恢复中枢神经系统的正常结构和功能。移植后产生的细胞也可以自主释放神经递质（如多巴胺、乙酰胆碱或γ-氨基丁酸），产生神经营养因子或神经保护因子，从而抑制神经变性或者促进神经再生。神经干细胞移植目前适用于脑或脊髓损伤造成的神经功能损害，如外伤性运动性或感觉性失语、大脑皮质运动区损伤造成的偏瘫或单瘫、持续性昏迷、脊髓损伤造成的截瘫等。

1. 神经干细胞来源 胚胎组织来源的神经干细胞研究较早，技术方法已较为成熟。它包括来源于早期胚胎的全能干细胞和来源于胎儿神经组织的多能干细胞。研究发现，来自早期胚胎（桑椹胚–胚泡）的细胞具有发育全能性，在合适的环境条件下可以发育成为完整的个体（包括体内三个胚层220余种类型的细胞），这种早期胚胎细胞称为全能干细胞。胚胎全能干细胞能在体外长期培养，并具有高度未分化性，在特定条件下可分化发育为胎儿或成体内的包括神经干细胞在内的各种类型组织细胞。来自胎儿神经组织的神经干细胞已被许多学者证实，越早期的胎脑中，神经干细胞的比率越高，至出生时则只有脑室周围区域——纹状体区会有一定比例的神经干细胞。

虽然从胚胎来源的神经干细胞的研究较多，获取神经干细胞较为容易、数量多，但是只能局限于动物实验研究。获取人类早期胚胎（胚泡）和胎儿脑组织往往十分困难，除受到技术条件、来源和数量的限制外，还涉及伦理道德、组织免疫排斥反应等一系列问题，这使得人胚神经干细胞的研究及临床应用受到制约。

神经干细胞的成体来源是指从成体神经细胞中或成体非神经组织中获取神经干细胞。成体神经组织来源的神经干细胞包括从出生到成年期脑组织的广泛区域。不管是人类还是不同种属的动物，虽然成体来源神经干细胞有生物学特性的差异性，但其存在部位具有很大的一致性。许多研究发现，在成年动物脑室下区，纹状体、海马齿状回、脊髓等区域均存在有神经干细胞。Vescovi和Uchida采用人类细胞克隆分析技术，证实了可以从人类胚胎脑中分离出神经干细胞。同时有研究发现，成人嗅球和大脑白质存在神经干细胞及其前体细胞。来源于成体中枢神经组织的神经干细胞虽然在脑和脊髓中都广泛存在，但是由于其数量极少，获取困难，且在获取神经干细胞时具有引起神经功能损害的危险性，因此在临床实际应用的可行性甚小。

目前，成体非神经组织来源的神经干细胞的研究报道逐渐增多，主要集中于骨髓、脂肪、皮肤等组织，其中以骨髓来源的成体神经干细胞方面的研究较多。其主要方法是抽取动物或人体骨髓，分离获取骨髓基质细胞，通过诱导分化、纯化等获得神经干细胞。骨髓源成体神经干细胞来源充足、获取容易，同时自体骨髓源成体神经干细胞移植无免疫排斥反应，还避免了伦理争议。但是，骨髓基质细胞向神经细胞的诱导分化过程技术难度很大。最近有机构开展了大鼠、兔、猫、犬、猴和人体的骨髓基质细胞向神经细胞诱导分化的系列研究，较好地解决了有关诱导分化的技术问题，使骨髓源神经干细胞诱导分化的成功率和向神经干细胞分化的比例大大提高。

2. 神经干细胞应用　众所周知，中枢神经系统疾病或损伤中存在有不同程度的神经元退行性变和神经组织缺损。如，帕金森病（PD）是由黑质多巴胺神经元变性而引起；亨廷顿病是一种遗传性的神经元变性疾病，以皮层和新纹状体最为严重；脑、脊髓损伤存在有大量死亡的神经元。动物实验证明，神经干细胞移植可以替代死亡或退变的神经元，移植后可明显改善上述疾病的临床症状。同时，在帕金森病动物模型中发现，植入的神经干细胞可分化为TH阳性的细胞；在亨廷顿病模型中发现，植入的细胞在体内形成了功能性连接；在脊髓损伤中，检测到迁移的神经干细胞，且分化成少突胶质细胞、星形胶质细胞及神经细胞。以上实验结果使我们看到了神经干细胞广泛应用的前景。

神经干细胞具有自我复制能力，同时实验证明，移植的神经干细胞有迁移能力，能远距离弥散到病变部位，同时能整合于宿主组织又无排斥反应，以上这些特性决定了神经干细胞可以充当基因或药物治疗的载体。

中枢神经细胞损伤后很难恢复的原因之一为损伤局部的微环境缺少修复神经损伤的神经生长因子，反复微量注射神经生长因子也不能使损伤局部获得持续稳定的药物浓度。神经干细胞具有基因的可操作性，通过转基因技术，可携带多个外源基因，转染后外源基因在体内、外可稳定表达。这种特性使其成为携带多种神经生长因子的良好载体，移植后神经生长因子的基因随着神经干细胞整合到宿主内，可持续、稳定、长时间地分泌多种神经生长因子，为损伤神经元和神经纤维的修复提供了适宜的微环境。同时，为了达到某种特殊治疗目的，作为基因载体，神经干细胞还可通过基因修饰产生特殊的蛋白质，用于治疗中枢神经系统肿瘤或帕金森病等。

（二）肌肉干细胞应用

在正常条件下，卫星细胞处于静止状态，沿着肌纤维分布。当肌肉出现损伤时，卫星细胞可发育分化为成肌细胞，成肌细胞可互相融合成为多核的肌纤维，形成骨骼肌最基本的结构。群旁细胞在肌肉中存在，也存在于其他组织中，比卫星细胞表现出更大的可塑性，但数量上要少于卫星细胞。在适当的细胞环境下，通过细胞间的互作方式，群旁细胞有可能朝着肌源系分化并促进骨骼肌的再生，当然也有可能是非肌源性的群旁细胞朝肌肉方向分化的结果，但主要是肌肉群旁细胞参与了肌肉的壮大或运动诱导的正常的骨骼肌再生。

骨骼肌细胞的肥大和再生，主要通过卫星细胞的分化增殖而实现。不但肌肉群旁细胞，其他群旁细胞亚群也有促进损伤骨骼肌再生的功能。Gussoni

等人从尾部静脉注射肌肉群旁细胞进入经致死量辐射造成肌损伤的小鼠，证实少量的群旁细胞有助于肌肉的再生，也发现移植的肌肉群旁细胞可以提高静止的卫星细胞的数目。他们这一成果当时发表在Nature杂志上。2002年，LaBarge和Blau在世界知名杂志Cell报道了其研究成果，将骨髓来源的群旁细胞注射到受致死量辐射的小鼠体内，也使肌肉出现再生。这些被移植的细胞提高了静止卫星细胞的数目，同时生成大约3.5%再生的肌纤维。

目前，科学家通过对中胚层细胞谱系的系统研究，已经筛选出4个肌肉发育过程中的关键蛋白因子，实现了肌肉干细胞在体外的连续传代扩增，从而突破了成体肌肉干细胞体外制造技术，并能够在动物模型中进行肌肉损伤修复，为战争或灾难造成的大体积肌肉缺损的修复治疗提供了可能。

三、作用机制

干细胞移植治疗神经细胞和肌肉细胞损伤的机制，目前尚不十分清楚，可能与下列因素有关。

（一）从结构修复细胞

干细胞可以从结构上修复细胞和组织损伤，使受损的通路得以再通。

例如，骨骼肌急性损伤后，首先在损伤的局部出现肌纤维结构破坏、变性和坏死，之后炎症细胞和致炎因子浸润至损伤的部位。炎症因子在损伤部位发挥着双重作用，一方面吞噬坏死细胞和损伤的细胞碎片，另一方面通过分泌生长因子激活肌肉干细胞，即肌卫星细胞（安静时处于休眠状态，位于基底膜和肌膜之间），使其增殖形成新的肌管细胞进而发育成肌纤维，修复损伤的肌纤维，完成肌肉的再生过程。植入肌肉干细胞有利于肌细胞和组织的损伤修复。

（二）产生细胞因子

干细胞与定居部位神经组织间相互作用，会产生某些细胞因子，如多肽类、神经营养因子类、白介素类、巨噬细胞集落刺激因子和干细胞因子等。这些因子不仅可以促进细胞功能的修复，也可以保障植入的干细胞的存活、增殖，并诱导干细胞向受损部位迁移

（三）定向分化

植入的干细胞具有向血管内皮祖细胞和神经细胞方向分化的作用，有利于受损区神经、血管组织的修复，干细胞自血液循环和脑脊液循环向受损脑，即脊髓区域迁移的机制不明，可能与血-脑屏障及脑脊液、脑屏障开放和某些

细胞因子的诱导有关。

神经干细胞的分化调控受到细胞内、外环境中多种复杂因素的影响。所谓神经干细胞的定向诱导分化，是指给予适当的相关条件，对神经干细胞的分化和增殖进行诱导和调节控制，使之向预定的方向发展。某些细胞因子可以在一定程度上诱导神经干细胞的分化，但目前尚没有哪一种细胞因子能在体外将神经干细胞全部诱导分化为所需的功能（目的）神经细胞。

四、安全考虑

尽管目前，干细胞的临床研究已取得许多突破，但仍然有许多悬而未决的难题，从基础研究到临床应用还有很长的路要走。

首先，定向诱导分化是干细胞应用到临床的一个关键问题。比如，不同的神经系统疾病需要不同表型的神经元，虽然体外实验已经证明有些物质可诱导神经干细胞向某一方向定向分化，不同的环境下神经干细胞分化方向也不同，但目前我们很难获得来源于同一谱系、细胞无异质性、分化程度一致的神经干细胞。同时，人脑是随生理、病理变化而自动调节内环境的整合体，其复杂程度是体外实验无法模拟的，这就给控制干细胞的定向分化带来难题，无法判定干细胞分化的确切方向。根据目前的研究，移植到体内的神经干细胞更容易分化成星形胶质细胞，确切机制需进一步探讨。

其次，干细胞与宿主的整合程度也是影响移植效果的重要因素之一。目前尚不能明确肯定移植到体内的干细胞无免疫排斥反应。所以，干细胞在体内的存活与增殖能力也有待进一步检验。

总之，要广泛开展干细胞的生物学特性研究，从不同来源干细胞的特异性标志、多能性、自我更新和分化机制，到干细胞分化中基因表达变化和信号的传导与调节，都是移植前必须解决的问题。我们期盼着干细胞早日应用到临床。

第十三节　干细胞干预新冠肺炎临床研究

一、新型冠状病毒肺炎介绍

新型冠状病毒肺炎是由新型冠状病毒（severe acute respiratory syndrome coronavirus 2，SARS-CoV-2）感染导致的肺炎。根据国家卫生健康委员会和国家中医药管理局联合发布的《新型冠状病毒感染防控方案》，根据病情严重程度可分为轻型、中型、重型和危重型。患者主要临床表现为发热、乏力、干咳，少数患者伴有鼻塞、流涕、腹泻等症状。重症患者多在发病1周后出现呼吸困难和（或）低氧血症，严重者可快速进展为急性呼吸窘迫综合征（acute respiratory distress syndrome，ARDS）、脓毒症休克、难以纠正的代谢性酸中毒、凝血功能障碍及多器官功能衰竭等。我国已将COVID-19纳入《中华人民共和国传染病防治法》规定的按照甲类传染病管理的乙类传染病。间充质干细胞（mesenchymal stem cell，MSC）移植在病毒性肺炎的治疗中有广阔的前景，于2013年作为应急性治疗方法来治疗H7N9感染的ARDS并取得了较好的治疗效果。MSC移植显著降低了ARDS病死率，提高了H7N9感染的ARDS的存活率，为开展临床前和临床应用MSC治疗H7N9感染的ARDS的研究提供了理论基础。由于H7N9和新型冠状病毒肺炎临床表现相似（如ARDS和呼吸衰竭），并继发多器官功能障碍，因此基于MSC的疗法可能使COVID-19所致的ARDS患者获益。

二、干细胞干预新冠肺炎具有良好的安全性和有效性

人类的生命过程中，细胞作为生物体的基本单元需要不断地更新，如皮肤的表皮细胞28天更新一次，红细胞120天更新一次，肝脏细胞500天更新一次，骨细胞的更新需要7年……不管是什么样的细胞，都有一个从新生到凋亡的过程，而干细胞的功能即是控制和维持这些细胞的再生，哪个细胞凋亡了，干细胞就立马分化出相关的细胞去补上并生成这类细胞发挥作用。干细胞具有自我更新和多向分化潜能，是实现细胞再生的“种子”，机体可通过自身干细胞的增殖和分化实现细胞更新；但各个组织器官的干细胞数量会随着年龄的增长而逐渐减少，增殖分化能力也会下降，故而受损的组织器官无法得到及时修复，导致人体衰老或疾病的发生。干细胞可以从骨髓、脂肪、脐带、胎盘中提取，通过体外提纯、增殖、培养，回输进人体，通过释放营养物质、细胞因子来调节免疫反应，促进机体的再生和修复。

人体在对抗新冠肺炎的过程中，自身免疫力是必不可少的重要防御武器，强大的自身免疫力是增强抗病毒能力的基础。一个强大的免疫系统，需要的是稳定的体内环境和源源不断的强大修复能力。这个提供源源不断的修复再生能力的“发动机”就是干细胞和免疫细胞。因此，免疫力是战胜病毒的最好武器。

应用干细胞尤其是间充质干细胞技术干预新冠肺炎，显示出良好的安全和有效性。因为间充质干细胞免疫原性低，输入人体后基本不会发生免疫排

斥反应，不良反应非常小，甚至没有不良反应。

干细胞尤其是间充质干细胞之所以能有效干预新冠肺炎，主要在于两大方面：其一是通过其免疫调节功能，抑制免疫系统过度激活，抑制炎症反应，同时提高机体免疫力，增强抗病毒的能力；其二是通过修复功能，改善微环境，促进内源性修复，修复肺脏损伤，缓解呼吸窘迫症状。

三、干细胞修复新冠肺炎引发肺脏损伤的机制

干细胞干预新冠肺炎引发肺脏损伤的过程主要包括以下几个阶段：归巢、细胞分化、旁分泌、细胞间相互作用、载体作用、成血管作用，以及对病原微生物的杀灭。

（一）归巢

归巢是指细胞到达它们可以发挥局部功能的组织器官的过程。干细胞具有自动归巢的特性，在注入人体后，会聚集到受损的器官和相应的部位，并分化为这些器官和部位的特异性细胞。干细胞注入人体后，在目标组织内的微环境作用下，会长出新的细胞与组织，修复受损组织。通过干细胞自身的分化功能生长出新的组织细胞，弥补组织细胞的衰老、死亡、损伤，使得病变的组织与细胞恢复健康，并参与新生血管，形成改善损伤组织的微循环。因此，间充质干细胞向肺损伤部位的归巢是整个干预过程的第一步。

间充质干细胞的归巢是一个复杂的过程，由流动细胞与靶组织血管内皮细胞相互作用、趋化因子激活整合素黏附、紧密结合和外渗四个步骤组成。有许多因素影响这个过程，其中比较重要的因素如下所示。

1. 炎症因子　在体外实验中，发现炎症部位炎性趋化因子的浓度升高与间充质干细胞优先迁移至这些部位是有关系的。全身和局部炎症状态是影响间充质干细胞归巢的重要因素。

2. 整合素　整合素在白细胞的迁移、趋化和黏附中起关键作用，VCAM-1是整合素 α4β1、β1 和 α4β7 的内皮配体，有实验证实间充质干细胞可以通过抗 VCAM-1 抗体的作用而使与微血管内皮细胞的黏附性降低，由此，可以推测整合素在间充质干细胞中也有相类似作用。

（二）细胞分化

干细胞具有较强的分化能力，可以分化成特定的细胞系，呈现特定细胞表型。以往研究认为，细胞分化是干细胞发挥干预作用的主要途径。干细胞的分化途径有内源性分化和外源性分化两条途径。

1. 内源性干细胞分化　自体间充质干细胞在组织原位或者通过血液循环到达靶器官进行分化，发挥修复作用。在肺组织原位的肺上皮基底干细胞可以分化成上皮细胞，替代衰老和损伤的细胞进行修复。

2. 外源性干细胞分化　外源输入的间充质干细胞可以迁移到肺组织，在损伤部位聚集，分化成特定的细胞。间充质干细胞可以分化成肺上皮细胞，革兰阴性杆菌细胞壁成分脂多糖LPS可以诱导间充质干细胞在肺内富集，在损伤部位转化成上皮细胞或者内皮细胞。间充质干细胞也可以分化为血管的前体细胞，对肺组织的微血管重构及抗氧化应激都有一定作用。

（三）旁分泌

干细胞注入目标组织后，通过分泌出各种蛋白质、酶与多种因子（如神经营养因子、抗凋亡因子等各种生长因子、细胞因子）以及调节肽和气体信号分子等多种生物活性因子，作用于周围细胞，发挥旁分泌作用，并且在急性呼吸窘迫综合征、肺炎、哮喘和慢性阻塞性肺病等疾病模型中都已得到验证。旁分泌是指细胞分泌调节因子，弥散至细胞间隙或组织液，对邻近的靶细胞进行调节的一种作用方式。研究发现，间充质干细胞通过旁分泌发挥免疫调节作用。具体表现如下。

（1）间充质干细胞在局部分泌血管内皮生长因子（VEGF），起到肺器官组织修复和血管重建的作用。

（2）间充质干细胞分泌Bcl-2蛋白，发挥抗凋亡作用。

（3）间充质干细胞分泌INF-γ、IL-10、HGF等细胞因子，发挥抗炎的作用。

（4）间充质干细胞分泌纤维粘连蛋白、骨膜蛋白等，影响肺泡上皮细胞和气道上皮细胞的迁移，发挥修复作用。

（5）间充质干细胞分泌血管生成素1（ANGPT1），可减轻急性肺损伤的症状，促进内皮细胞存活，抑制肺毛细血管炎性反应及通透性。

（6）间充质干细胞分泌角质细胞生长因子（KGF），能够清除肺泡上皮液体，保护上皮细胞，促进其增殖。

（7）间充质干细胞分泌肝细胞生长因子（HGF），能够作用于毛细血管内皮细胞，恢复内皮的完整，减轻通透性。体外实验表明，HGF能够减轻肺气肿和肺纤维化模型的肺损伤。

（四）细胞间相互作用

细胞的信号传导是指信号分子通过与细胞膜上的受体蛋白集合并相互作

用，从而引起受体构象变化并使细胞内产生新的信号物质，激发诸如离子通透性、细胞形状或其他细胞功能改变的应答过程。信号传导是一个重要的基本生命现象。从最简单的单细胞生命体，到最高级的人类自身，各类细胞时时刻刻都与胞外环境或其他细胞发生着联系，进行着信息的传导与交流，以使生命体与体外环境以及生命体本身能够维持平衡。间充质干细胞通过细胞与细胞间的缝隙连接，将线粒体等细胞器转移至靶细胞发挥调节作用。将多能干细胞诱导的间充质干细胞的线粒体转移至烟熏受损的气道上皮细胞，可以明显修复细胞。间充质干细胞能增加调节性T细胞的比例，升高体内Th1型细胞、降低Th2型细胞的含量，抑制气道炎症。间充质干细胞直接作用于巨噬细胞，促进巨噬细胞分泌细胞因子IL-10，或通过调节巨噬细胞促进其他效应细胞产生IL-10，发挥抗炎作用。间充质干细胞可以激活单核巨噬细胞系统，这在急性心肌梗死的心肌细胞修复中已有发现。因此，细胞间相互作用可能是干细胞干预的一种直接的、高效的作用机制。

（五）载体作用

间充质干细胞具有低免疫原性，可以逃避宿主攻击，因而逐渐开始被作为一种载体，携带其他基因或介质进行回输干预。将携带角化生长因子（KGF）基因的质粒转入间充质干细胞后再回输体内，可以明显抑制肺部炎症，改善微循环。间充质干细胞作为载体发挥的作用，优于慢病毒载体等其他载体的作用。

（六）成血管作用

将间充质干细胞与内皮细胞在体外进行共培养，可促进内皮细胞的增殖、抽芽和迁移，形成血管样结构。在培养基中加入基质金属蛋白酶，可促进胞外基质降解，促使血管形成。在三维培养体系中，间充质干细胞是内皮样血管结构形成的必需条件，加入蛋白酶抑制剂后，可减少内皮细胞的抽芽，表明间充质干细胞是通过金属蛋白酶调节血管形成的。

（七）对病原微生物的杀灭

间充质干细胞不仅具有杀灭病原微生物的能力，同时也对特定原因引起的急性肺损伤起到有效干预的作用。有研究表明，间充质干细胞分泌LL-37的功能被拮抗后，间充质干细胞的抗菌能力明显下降。间充质干细胞也可以通过提高巨噬细胞的吞噬作用来对病原菌进行清除，间接地表现出其抗菌的能力。也有一些研究发现，线粒体DNA结合蛋白TFAM一定程度的缺失会出现中度的线粒体DNA（mtDNA）应激，能够刺激干扰素刺激基因的一个亚群，从而达到加强抗病毒的效果。

干细胞分泌的蛋白质、酶、生物活性因子等可以帮助修复、增强细胞间信号传导的通路。如间充质干细胞分泌连接蛋白帮助细胞间连接、促进离子通道的开放等，使细胞间信号传导通路畅通，信号传递及时准确，构建健康、稳固的信号传输网络，抑制因信号传递错误导致的疾病的发生。尽管我国干细胞治疗起步晚，但干细胞移植可以治疗某些疾病已经成为共识，相信随着再生医学的不断深入，干细胞的更多潜力还将被挖掘，以拯救更多被疾病困扰的患者，特别是新冠肺炎患者群体。

干细胞可以提高免疫力，而免疫力加强了，会对病毒复制产生明显的抑制作用，从而起到杀灭病毒的作用。治疗新型冠状病毒肺炎，可使用间充质干细胞进行治疗，这种类型的干细胞不仅能双向调节免疫功能，还能自我更新以及多向分化，对肺部受损的细胞具有修复功能。而且使用间充质干细胞治疗新型冠状病毒肺炎，可以抑制细胞因子风暴，避免免疫系统出现过激反应，从而降低病毒对肺部造成的损害。

四、干细胞治疗新冠肺炎的展望

新型冠状病毒已成为危害人类健康、社会发展的公共卫生问题。间充质干细胞具有抗炎和免疫调节功能，可降低重症患者体内由冠状病毒引发的细胞因子风暴，改善患者肺部纤维化，促进损伤肺组织修复，有望降低新冠肺炎的死亡率。目前已开展多项间充质干细胞治疗新型冠状病毒肺炎临床试验，初步证实了间充质干细胞应用在新冠肺炎方面的安全及有效性。在间充质干细胞治疗新冠肺炎取得进展的同期，还应看到该疗法独有特点及临床试验的展开和评价有关的问题与挑战，包括临床试验方案设计、干细胞质量管理以及治疗中的伦理考量、干细胞的再生和修复能力。只有对其加以重视，才能安全有效地开展间充质干细胞治疗新型冠状病毒肺炎的临床试验。

参考文献

[1] 沈洪，沈天华.炎症性肠病健康管理［M］.南京：东南大学出版社，2017：272.

[2] 张娜，赵和平，霍丽娟.溃疡性结肠炎治疗进展［J］.中国药物与临床，2016，16（7）：1003-1006.

[3] Michael Gersemann，Eduard Friedrich Stange，Jan Wehkamp.From intestinal stem cells to inflammatory bowel diseases［J］.World Journal of Gastroenterology，2011，17（27）：

3198-3203.

[4] Ana I Flores，Gonzalo J Gómez-Gómez，ángeles Masedo-González，et al.Stem cell therapy in inflammatory bowel disease：A promising therapeutic strategy? [J].World Journal of Stem Cells，2015，7（2）：343-351.

[5] 王佳颖，阮邹荣，江波.治疗多发性硬化症药物临床试验现状及展望[J].中国现代应用药学，2022，39（18）：2405-2411.

[6] 邱伟，徐雁.多发性硬化诊断和治疗中国专家共识（2018版）[J].中国神经免疫学和神经病学杂志，2018，25（6）：387-394.

[7] 许贤豪.多发性硬化研究进展[J].中华神经科杂志，2004（01）：7-10.

[8] 屈赵，尹琳琳，王奇，等.多发性硬化的药物治疗研究进展[J].现代药物与临床，2014，29（4）：438-441.

[9] 朱伟，沈波，陈云.间充质干细胞与肿瘤[M].南京：东南大学出版社，2020：330.

[10] 孙亚如，张美荣，高宏.干细胞分泌因子促进难愈性创面愈合的机制及应用前景[J].中国组织工程研究，2012，16（6）：1125-1128.

[11] 谢举临，利天增.组织工程皮肤的种子细胞——表皮干细胞的生物学行为研究进展[J].国际生物医学工程杂志，2001（6）：252-256.

[12] 德伟，张一鸣.生物化学与分子生物学[M].南京：东南大学出版社，2018：281.

[13] Jian Zhang，Sha Li，Lu Li，et al.Exosome and Exosomal MicroRNA：Trafficking，Sorting，and Function [J].Genomics，Proteomics & Bioinformatics，2015，13（1）：17-24.

[14] Etsu Suzuki，Daishi Fujita，Masao Takahashi，et al.Stem cell-derived exosomes as a therapeutic tool for cardiovascular disease [J].World Journal of Stem Cells，2016，8（9）：297-305.

[15] 李超然，黄桂林，王帅.间充质干细胞来源外泌体促进损伤组织修复与再生的应用与进展[J].中国组织工程研究，2018，22（1）：133-139.

[16] Dahn M L，Marcato P. Targeting the Roots of Recurrence：New Strategies for Eliminating Therapy-Resistant Breast Cancer Stem Cells [J]. Cancers，2020，13（1）：54.

[17] Benjamin Tiede，JoanMassagué .Beyond tumorigenesis：cancer stem cells in metastasis [J]. Cell Research，2007（1）：3-14.

[18] 王榕，蒋敬庭，杨伊林，等.肿瘤干细胞的分离与纯化研究进展[J].中国组织工程研究与临床康复，2009，13（1）：161-164.

[19] 刘新垣.癌症靶向治疗的最新进展[J].中华肿瘤防治杂志，2006（18）：1361-1364.

[20] Sohrabi Behnoush，Dayeri Behnaz，Zahedi Elahe，et al. Mesenchymal stem cell（MSC）-derived exosomes as novel vehicles for delivery of miRNAs in cancer therapy [J]. Cancer gene therapy，2022，29：8-9.

[21] Kim R，Lee S，Lee J，et al. Exosomes Derived from MicroRNA-584 Transfected

Mesenchymal Stem Cells：Novel Alternative Therapeutic Vehicles for Cancer Therapy [J] . Bmb Reports，2018，51（8）：406–411.

[22] 顾东风.常见复杂性疾病的遗传学和遗传流行病学研究：挑战和对策 [J] .中国医学科学院学报，2006（2）：115–118.

[23] 罗小平，张李霞.遗传代谢性疾病的临床诊治进展 [J] .中国新生儿科杂志，2006（4）：249–251.

[24] 姚登兵，何江虹.医学遗传学实验和学习指导 [M] .南京：南京大学出版社，2018：158.

[25] 朱彤波.医学免疫学 [M] .成都：四川大学出版社，2017：378.

[26] 明景裕，马碧书，李汇明，等.医学免疫学（高等医学院校医学基础课教学指导）[M] .昆明：云南大学出版社，2011：87.

[27] 李娟，尹培达，罗绍凯，等.系统性红斑狼疮患者骨髓造血干/祖细胞体外培养及其发病机制的研究 [J] .中华风湿病学杂志，2000（3）：143–145.

[28] 朱兴族.神经退行性疾病病变机理及药物作用新靶点 [J] .世界科技研究与发展，1999（6）：42–46.

[29] 郭文文，赵亚，白敏，等.神经干细胞移植在神经退行性疾病中的研究进展 [J] .中国实验动物学报，2022，30（2）：274–282.

[30] Amin N，Tan X，Ren Q，et al. Recent advances of induced pluripotent stem cells application in neurodegenerative diseases [J] .Progress in Neuro–Psychopharmacology and Biological Psychiatry，2019，95.

[31] Sidhu K S. Neurodegenerative Diseases Stem Cell–based Therapeutic：A Perspective [J] . Journal of Neurology & Neuroscience，2016（1）：1–2.

[32] Temple S. The development of neural stem cells [J] . Nature，2001，414（6859）：112–117.

[33] Galli R，Gritti A，Bonfanti L，et al. Neural stem cells：an overview [J] . Circulation research，2003，92（6）：598–608.

[34] 李红伟，杨波.神经干细胞与神经修复 [J] .中国临床康复，2006（37）：107–110.

[35] 田增民，刘爽，李士月，等.人神经干细胞临床移植治疗帕金森病 [J] .第二军医大学学报，2003（9）：957–959.

[36] Singh B，Mal G，Verma V，et al. Stem cell therapies and benefaction of somatic cell nuclear transfer cloning in COVID–19 era [J] . Stem cell research & therapy，2021，12（1）：283.

[37] Yao D，Ye H，Huo Z，et al. Mesenchymal stem cell research progress for the treatment of COVID–19 [J] . The Journal of international medical research，2020，48（9）.

[38] Golchin A，Seyedjafari E，Ardeshirylajimi A. Mesenchymal Stem Cell Therapy for COVID–19：Present or Future [J] . Stem Cell Reviews and Reports，2020，16（3）：427–433.

[39] Brianna，Anna Pick Kiong Ling，Ying Pei Wong. Applying stem cell therapy in intractable diseases：a narrative review of decades of progress and challenges [J]. Stem Cell Investig，2022(9)：4.

[40] Chenghai Li，Hua Zhao，Bin Wang. Challenges for Mesenchymal Stem Cell-Based Therapy for COVID-19 [J]. Drug Des Devel Ther，2020(14)：3995-4001.

[41] Shasha Li，Hecheng Zhu，Ming Zhao，et al. When stem cells meet COVID-19：recent advances，challenges and future perspectives [J]. Stem Cell Res Ther，2022，13 (1)：9.

第四章　干细胞质量控制

第一节　干细胞质量控制与标准化研究

一、国际标准ISO 24603中干细胞质量安全检查项目

（一）细胞形态

干细胞通常呈圆形或椭圆形，细胞体积小，核相对较大。在体外培养条件下，不同种类的干细胞具有不同细胞形态。如胎盘间充质干细胞为成纤维细胞样，胚胎干细胞呈克隆团生长、边缘清晰、形态均一。

二维培养条件下，用明视场细胞显微镜进行观察，细胞形态应符合该干细胞标志形态，贴壁生长。

（二）细胞存活率

正常活细胞胞膜结构完整，能够排斥台盼蓝，使之不能进入胞内；而丧失活性或细胞膜不完整的细胞，胞膜的通透性增加，可被台盼蓝染成蓝色。一般情况下，细胞膜完整性丧失即可认为细胞已经死亡。因此，借助台盼蓝染色可以非常简便、快速地区分活细胞和死细胞。台盼蓝是组织和细胞培养中最常用的死细胞鉴定染色方法之一。

台盼蓝染色后，通过显微镜下直接计数或显微镜下拍照后计数，可以对细胞存活率进行比较精确的定量。

按照附录1的方法检测，方法如下。

1. 收集细胞　使用0.25%胰酶消化干细胞，100rpm离心5分钟，去掉上清，并用PBS重悬细胞。

2. 稀释细胞　用PBS稀释细胞至合适浓度，即计数时每个小方格有20～50个细胞。若观察时细胞浓度过高或过低，需要重新稀释细胞。

3. 台盼蓝染色　取50μl细胞悬液，加入50μl台盼蓝染液，缓慢混匀。

4. 显微镜计数　将盖玻片盖在血球计数板计数槽上，分别取10μl混合液滴在两侧计数室的盖玻片边缘，使混合液充满盖玻片和计数板之间，使用显微镜明场观察血球计数板，并对被染色的细胞和细胞总数分别进行计数。

5. 计算细胞存活率　细胞存活率（S）=［细胞总数（M）– 染色的细胞数（D）］/ 细胞总数（M）× 100%。

细胞存活率应≥90%。

（三）标志物检测

按照附录2或者3的方法检测。

第一法
免疫荧光染色计数法

免疫荧光又称免疫荧光抗体。免疫荧光实验原理是将荧光素标记在相应的抗体上，直接与相应抗原反应。其优点是方法简便、特异性高，非特异性荧光染色少，相对使用标记抗体用量偏大。利用抗原抗体反应进行组织或细胞内抗原物质的定位。本法通过干细胞与其标志性抗原的荧光抗体结合，在荧光显微镜下计算含有标志性抗原的细胞的数量，从而计算相应干细胞的比例。

1. 样品细胞　干细胞接种于放有盖玻片的六孔板中，待细胞生长到合适密度时，弃掉培养液，用 PBS 清洗 2 次。

2. 固定　每孔加上 3ml 4% PFA，室温下固定细胞 15 ~ 30 分钟，PBS 洗 3 次。

3. 通透封闭　每孔加入 1ml 含 0.3% Triton–X100 和 2% BSA 的 PBS，室温下通透封闭细胞 1 ~ 2 小时。

4. 抗体孵育　将相应表面标志物抗体用通透封闭液稀释，加入到孔板中，室温避光孵育 1 ~ 2 小时。

5. 洗涤　用 PBS 洗 3 次，每次洗涤 5 ~ 10 分钟。

6. 染核　用 PBS 稀释 Hoechst 33342 或 DAPI 等染核染液处理细胞 15 分钟。

7. 封片　每张玻璃片加 5μl 防淬灭剂，用盖玻片盖于组织上，避免产生气泡，用无色指甲油小心地在盖玻片四周轻涂，使盖玻片与玻璃片黏合。

8. 观察计数　对 3 个不同视野照片中的 Hoechst（或 DAPI）阳性细胞进行计数，每个视野至少计 500 个细胞，总数不少于 1500 个细胞，并统计其中相应抗体阳性的细胞数。计算标志物抗体阳性比例。

细胞标志物阳性比例（P）= 抗体阳性细胞总数（B）/Hoechst 阳性细胞总数（H）× 100%

相应干细胞标志物阳性比例应≥95%。

第二法
流式细胞术

流式细胞术的原理是用特定波长的激光束直接照射高压驱动的液流内的

细胞，产生的光信号被多个接收器接收，一个是在激光束直线方向上接收到的散射光信号，一个是在激光束垂直方向上接收到的光信号，包括散射光信号（侧向角散射）和荧光信号。散射光信号和荧光信号被相应的接收器接收，接收到的信号的强弱波动能反映出每个细胞的物理化学特征。流式细胞术（flow cytometry，FCM）以流式细胞仪为检测手段，能快速、精确的对单个细胞（或生物学颗粒）的理化特性进行多参数定量分析和分选。方法如下。

1. 样品准备　取干细胞置于15ml离心管中，加入生理盐水洗涤两次，300rpm离心10分钟。

2. 抗体孵育　用95μl生理盐水重悬细胞，并转移至1.5ml离心管中，分别加入5μl相应标志物荧光抗体或5μl同型对照荧光抗体，置于2~8℃冰箱避光孵育30分钟，每隔5~10分钟轻弹混匀。最后用生理盐水洗涤两次，300rpm离心10分钟。

3. 染色后样品检测　用200~300μl洗涤液重悬细胞，然后通过40μl滤网转移到流式管中，按细胞流式分析仪应用手册上机检测。

4. 结果分析　得到的检测结果用软件综合分析。

（四）体外分化能力检查

按照附录2或者附录3的方法检测。

方法同上，根据不同分化细胞类型的标志物进行检查。

（五）无菌检查

无菌检查是通过将供试品加入到真菌培养基、厌氧菌培养基、需氧菌培养基等不同培养基中，观察是否有真菌或细菌长出，来判断供试品是否被污染的方法。

按照附录4的方法检测。方法如下。

进行产品无菌检查时，应进行适用性检查、灵敏度检查和方法适用性试验，以确认所采用的方法适合于该产品的无菌检查。无菌检查法包括薄膜过滤法和直接接种法。只要供试品性质允许，均应采用薄膜过滤法。供试品无菌检查所采用的检查方法和检验条件应与方法适用性试验确认的方法相同。

第一法
薄膜过滤法

1. 供试品无菌检查　无菌条件下，取最小规定数量的供试品，用适当稀释液溶解并稀释，制成供试品溶液，混匀，经薄膜过滤法过滤至集菌器的滤筒中。过滤完毕，用一定体积缓冲液冲洗滤膜，冲洗完毕后向每个滤筒中加入硫乙醇酸盐流体培养基和胰酪大豆胨液体培养基各100ml。

2. 阳性对照 根据供试品特性选择阳性对照菌，加菌量不大于100cfu。供试品用量同供试品无菌检查时每份培养基接种的样品量。操作同供试品检查法。阳性对照管培养不超过5天，应生长良好。

3. 阴性对照 取相应溶剂和稀释液、冲洗液同法操作，作为阴性对照。阴性对照不得有菌生长。

4. 培养及观察 将上述接种供试品后的硫乙醇酸盐流体培养基置35℃培养，胰酪大豆胨液体培养基置25℃培养，不少于14天。定期观察并记录是否有菌生长。

5. 结果判断 若供试品管均澄清，或虽显浑浊但经确证无菌生长，则证明供试品无菌生长；若供试品管中任何一管显浑浊并确证有菌生长，则证明供试品有菌生长。

第二法
直接接种法

1. 供试品无菌检查 直接接种法即取规定量供试品分别等量接种至硫乙醇酸盐流体培养基和胰酪大豆胨液体培养基中。除另有规定外，每个容器中培养基的用量应符合接种的供试品体积不得大于培养基体积的10%，同时，硫乙醇酸盐流体培养基每管装量不少于15ml，胰酪大豆胨液体培养基每管装量不少于10ml。

2. 阳性对照 根据供试品特性选择阳性对照菌，加菌量不大于100cfu。供试品用量同供试品无菌检查时每份培养基接种的样品量。操作同供试品检查法。阳性对照管培养不超过5天，应生长良好。

3. 阴性对照 取相应溶剂和稀释液、冲洗液同法操作，作为阴性对照。阴性对照不得有菌生长。

4. 培养及观察 将上述接种供试品后的硫乙醇酸盐流体培养基置35℃培养，胰酪大豆胨液体培养基置25℃培养，不少于14天。定期观察并记录是否有菌生长。

5. 结果判断 若供试品管均澄清，或虽显浑浊但经确证无菌生长，则证明供试品无菌生长；若供试品管中任何一管显浑浊并确证有菌生长，则证明供试品有菌生长。

（六）支原体检查

支原体检查是通过将供试品加入到支原体培养或指示细胞中，观察是否有支原体长出来判断供试品是否被污染的方法。

按照附录5的方法检测。支原体检查分为培养法和指示细胞培养法，细胞进行支原体检查时，应同时进行培养法和指示细胞培养法（DNA染色法）。病毒类疫苗的病毒收获液、原液采用培养法检查支原体。必要时，亦可采用指示细胞培养法筛选培养基。方法如下。

第一法
培养法

1. 配制支原体液体及半流体培养基　液体培养基和半流体培养基（或琼脂培养基）在使用前都应加入灭能小牛血清（培养基：血清为8：2），并可酌情加入适量青霉素，充分摇匀。

2. 接种　取每支装量为10ml的支原体液体培养基各4支、相应的支原体半流体培养基各2支（已冷却至36±1℃），每支培养基接种供试品0.5～1.0ml，置36±1℃培养21天。

3. 传代　于接种后的第7天从4支支原体液体培养基中各取2支进行次代培养，每支培养基分别转种至相应的支原体半流体培养基及支原体液体培养基各2支，置36±1℃培养21天，每隔3天观察1次。

4. 结果判定　培养结束时，如接种供试品的培养基均无支原体生长，则供试品判为合格。如疑有支原体生长，可取加倍量供试品复试，如无支原体生长，供试品判为合格；如仍有支原体生长，则供试品判为不合格。

第二法
指示细胞培养法（DNA染色法）

1. 供试品处理　干细胞经无抗生素培养液至少传一代，然后取细胞已长满且3天未换液的干细胞培养上清液待检。

2. 指示细胞处理　将已证明无支原体污染的Vero细胞或其他传代细胞接种至6孔细胞培养板或其他容器，每孔5×10^4个细胞，每孔再加无抗生素培养基3ml，于5%二氧化碳孵箱36±1℃培养过夜，备用。

3. 接种　于制备好的指示细胞培养板中加入干细胞培养上清液2ml，置5%二氧化碳孵箱36±1℃培养3～5天。指示细胞培养物至少传代1次，末次传代培养在孔板中放入盖玻片，培养3～5天。

4. 固定　吸出培养孔中的培养液，缓慢加入5ml固定液（乙酸：甲醇=1：3的混合液），放置5分钟，吸出固定液，再缓慢加入5ml固定液，固定10分钟，再次吸出固定液，使盖玻片在空气中干燥。

5. 染色　加入5ml二苯甲酰胺荧光染料（或其他DNA染料）工作液，加盖，室温放置30分钟。

6. 清洗　吸出染液，每孔用5ml水洗3次，吸出水，晾干盖玻片。

7. 封片观察　取洁净载玻片加封片液1滴，分别将盖玻片面向下盖在封片液上制成封片。用荧光显微镜观察。

8. 对照　用无抗生素培养基2ml替代供试品，同法操作，作为阴性对照。用已知阳性的供试品标准菌株2ml替代供试品，同法操作，作为阳性对照。

9. 结果判定　阴性对照应仅见指示细胞的细胞核呈现黄绿色荧光；阳性对照除细胞外，可见大小不等、不规则的荧光着色颗粒。当阴性及阳性对照结果均成立时，实验有效。如供试品结果为阴性，则供试品判为合格；如供试品结果为阳性或可疑时，应进行重试，如仍阳性，则供试品判为不合格。

（七）HIV检查

人类免疫缺陷病毒（human immunodeficiency virus，HIV）是一种感染人类免疫系统细胞的慢病毒，其中人类免疫缺陷病毒1型广泛分布于世界各地，是引起全世界获得性免疫缺陷综合征流行的原因。该病毒破坏人体的免疫能力，使得免疫系统失去抵抗力，导致各种疾病及癌症得以在人体内生存，发展到最后，导致艾滋病（获得性免疫缺陷综合征）。

按照附录6的方法检测，人类免疫缺陷病毒1型核酸测定试剂盒（PCR-荧光探针法）包含针对人类免疫缺陷病毒1型核酸保守区设计的特异性引物、特异荧光探针，配以PCR反应液，在荧光定量PCR仪上，应用实时荧光定量PCR检测技术，通过荧光信号的变化定量检测人类免疫缺陷病毒1型RNA。试剂盒设置了内标系统，内标参与提取和扩增过程，通过检测内标是否正常来监测实验过程是否正常，避免PCR假阴性。本试剂盒设置了内参比荧光ROX，用于校正加样误差和管间差异，便于PCR仪自动分析，使定量更准确。方法如下。

1. 试剂准备　取出试剂盒中的各组分，室温放置，待其温度平衡至室温，混匀后备用。根据待测样本、阴性对照、弱阳性对照、强阳性对照、定量参考品的数量，按比例（HIV PCR反应液26μl/人份+HIV酶混合液3μl/人份+RT增强剂1μl/人份）取相应量的HIV PCR反应液、HIV酶混合液及RT增强剂，充分混匀成PCR混合液，2000rpm离心10秒后备用。

2. 样本处理　取待测样本、HIV阴性对照、HIV弱阳性对照、HIV强阳性对照、HIV定量参考品A～D各800μl，使用“核酸提取或纯化试剂”，具体操作步骤请按核酸提取或纯化试剂说明书中的方法进行。本试剂盒中的内标溶液需参与提取，用量为0.4μl/测试。

3.加样　根据待测样本、HIV阴性对照、HIV弱阳性对照、HIV强阳性对照、HIV定量参考品A~D的数量，每个反应管加入30μl PCR混合液。吸取上述处理好的样本、HIV阴性对照、HIV弱阳性对照、HIV强阳性对照、HIV定量参考品A~D各30μl加入PCR混合液中，盖好管盖，混匀并瞬时离心后转移到扩增区。

4.PCR扩增　将PCR反应管放入扩增仪样品槽，按对应顺序设置阴性对照、阳性对照、定量参考品A~D以及未知样本，并设置样本名称及定量参考品浓度。

【ABI系列、宏石SLAN仪器】

（1）选择FAM通道（Reporter：FAM。Quencher：none）检测HIV-RNA。

（2）选择HEX或VIC通道（Reporter：HEX/VIC。Quencher：none）检测HIV内标。

（3）参比荧光（Reference Dye）选择ROX。

【Roche荧光PCR仪】

选择New Experiment，在setup设置面板Detection format下拉菜单中选择Dual Color Hydrolysis Probe/UPL Probe，在Customize下拉菜单中：选择FAM通道检测HIV-RNA；选择VIC/HEX/Yellow通道检测HIV内标。设置Reaction Volume为60。

循环参数设定如下表所示。

表1　Roche荧光PCR仪循环参数设定

步骤		温度（℃）	时间	循环数
1	预变性和酶激活	95	1分钟	1
2	逆转录	60	30分钟	1
3	cDNA预变性	95	1分钟	1
4	变性	95	15秒	45
	退火，延伸及荧光采集	58	30秒	
5	仪器冷却	25	10秒	1

5.结果分析　反应结束后自动保存结果，对人类免疫缺陷病毒的曲线和相应人类免疫缺陷病毒内标的曲线分别进行分析。根据分析后图像调节Baseline的Start值、End值以及Threshold值（用户可根据实际情况自行调整，Start值可以在3~15、End值可设在5~20，调整阴性对照的扩增曲线使其平直或低于阈值线），点击Analyze进行分析，使各项参数符合下述“6.质量控

制”中的要求，然后到Plate窗口下记录定量结果。

6. 质量控制

（1）HIV定量参考品（A～D）均检测为阳性，且标准曲线相关系数|r|≥0.98。

（2）HIV阴性对照　无Ct值显示；HIV内标检测为阳性，且Ct≤40。

（3）HIV强阳性对照　检测浓度值的浓度范围1.58×10^5～1.58×10^6IU/ml。

（4）HIV弱阳性对照　检测浓度值的浓度范围1.58×10^2～1.58×10^3IU/ml。

（5）以上要求需在同一次实验中同时满足，否则，本次实验无效，需重新进行。

7. 结果解释

（1）对于测定值在5.00×10^1IU/ml～1.00×10^8IU/ml之间的样本，报告相应的测定结果。

（2）对于测定值＞1.00×10^8IU/ml的样本，报告注明＞1.00×10^8IU/ml。若需精确定量可根据结果适当稀释至1.00×10^8IU/ml以下再复测。

（3）测定值≥2.50×10^1IU/ml，而＜5.00×10^1IU/ml的样本，表明病毒载量低，测定值仅供参考。

（4）对于测定值＜25IU/ml的样本，若内标检测为阳性且Ct≤40，则报告人类免疫缺陷病毒1型RNA含量低于试剂盒检测下限。若内标不正常（Ct＞40或无数值），则该样本的检测结果无效，应查找并排除原因，并对此样本进行重复实验。

（八）HBV检查

乙型病毒性肝炎（乙肝）是由乙型肝炎病毒（hepatitis B virus，HBV）引起的、以肝脏炎性病变为主，并可引起多器官损害的一种传染病，临床上以疲乏、食欲减退、肝肿大、肝功能异常为主要表现。人感染乙型肝炎病毒（HBV）后，病毒持续未被清除者可能发展为慢性肝炎，如果不进行适当的干预，约15%～40%的慢性乙型肝炎病毒（HBV）感染者最终将发展成肝硬化、终末期肝病及肝癌。因此，乙型肝炎病毒（HBV）感染者应积极进行抗病毒治疗，并监测其病毒载量变化。本试剂盒通过对患者血中乙型肝炎病毒（HBV）DNA基线水平和变化情况的监测，用于评估抗病毒治疗的应答和治疗效果监测。

按照附录7的方法检测，使用乙型肝炎病毒核酸测定试剂盒（PCR-荧光探针法），采用乙型肝炎病毒（HBV）-核酸释放剂快速裂解、释放血清或血浆样本中的乙型肝炎病毒（HBV）DNA，利用针对乙型肝炎病毒（HBV）核酸保守区设计的一对特异性引物、一条特异荧光探针，配以PCR反应液，在荧光定量PCR仪上，应用实时荧光定量PCR检测技术，通过荧光信号的变化实现乙型肝炎病毒（HBV）DNA的定量检测。方法如下。

1. 试剂准备　取出包装盒中的各组分，室温放置，待其温度平衡至室温后，混匀后备用。根据待测样本、阴性对照、阳性对照以及定量参考品A～D数量，按比例（反应液38μl/人份＋酶混合液2μl/人份＋内标0.2μl/人份）取相应量的反应液、酶混合液及内标，充分混匀成PCR混合液，瞬时离心后备用。

2. 样本处理及加样　使用样本释放剂提取样本核酸。每管加入PCR混合液40μl，盖上管盖（可用手指弹击，去除气泡），2000rpm离心30秒。

3. PCR扩增　将PCR反应管放入扩增仪样品槽，按对应顺序设置阴性对照、阳性对照、定量参考品A～D以及未知样本，并设置样本名称及定量参考品浓度。

荧光检测通道选择：

以ABI 7300仪器为例：①选择FAM通道（Reporter：FAM。Quencher：none）检测乙型肝炎病毒（HBV）DNA。②选择HEX/VIC通道（Reporter：HEX/VIC。Quencher：none）检测乙型肝炎病毒（HBV）内标。③参比荧光（Passive Reference）设置为ROX。

循环参数设定如表2所示。

表2　ABI 7300循环参数设定

步骤		温度（℃）	时间	循环数
			ABI 7300仪器	
1	UNG酶反应	50	2分钟	1
2	Taq酶活化	94	5分钟	1
3	变性	94	15秒	45
	退火，延伸，及荧光采集	57	30秒	
4	仪器冷却	25	10秒	1

4. 结果分析　反应结束后自动保存结果，根据分析后图像调节Baseline的Start值、End值以及Threshold值（用户可根据实际情况自行调整，Start值可以在3～15、End值可设在5～20，调整阴性对照的扩增曲线平直或低于阈值线），点击Analyze进行分析，使各项参数符合下述“5. 质量控制”中的要求，然后到Plate窗口下记录定量结果。

5. 质量控制

（1）乙型肝炎病毒（HBV）阴性对照：无Ct值显示；但乙型肝炎病毒（HBV）-内标检测为阳性（Ct值≤40）。

（2）乙型肝炎病毒（HBV）阳性对照：检测浓度值介于$1.26 \times 10^5 \sim 1.26 \times 10^6$IU/ml。

（3）四个乙型肝炎病毒（HBV）定量参考品：均检测为阳性且标准曲线相关系数｜r｜≥0.98。

（4）以上要求需在同一次实验中同时满足，否则，本次实验无效，需重新进行。

6. 数据分析　通过参考值的研究实验确定本试剂盒的检测下限为30IU/ml，内标Ct的参考值为40。

7. 结果解释

（1）对于测定值在$1.0 \times 10^2 \sim 5.0 \times 10^9$IU/ml之间的样本，且扩增曲线成明显S型，报告相应的测定结果。

（2）对于测定值＞5×10^9IU/ml的样本，且扩增曲线成明显S型，报告注明＞5.0×10^9IU/ml。若需精确定量，可根据结果将样本稀释至5.0×10^9IU/ml以下再复测。

（3）对于测定值≥30IU/ml，而＜1.0×10^2IU/ml的样本，且扩增曲线成明显S型，同时，内标检测为阳性且Ct≤40，表明病毒载量低，可直接报告测定值，但注明：所测定量结果仅供参考。

（4）对于测定值＜30IU/ml的样本，同时，内标检测为阳性（Ct值≤40），则报告乙型肝炎病毒（HBV）DNA含量低于试剂盒检测下限。若内标Ct值＞40或无显示，则该样本的检测结果无效，应查找并排除原因，并对此样本进行重复实验。

（九）HCV检查

丙型肝炎病毒（HCV）检查利用荧光PCR技术进行检测，以丙型肝炎病毒基因编码区的高度保守区为靶区域，设计特异性引物及荧光探针，进行一步法RT-PCR扩增，检测荧光信号。仪器软件系统自动绘制出实时扩增曲线，根据阈循环值（Ct值）实现对未知样本的定量检测。按照附录8的方法检测，采用丙型肝炎病毒核酸测定试剂盒（PCR-荧光探针法），方法如下。

1. 样本处理和加样　从试剂盒中取出HCV反应液A、HCV反应液B、HCV反应液C，室温融化后振荡混匀，8000rpm离心数秒后使用。取N个（N=待测样本个数+阴性质控品+HCV强阳性质控品+HCV临界阳性质控品+4管

HCV 阳性定量参考品）PCR 反应管，将各组分充分混合，混合好后进行短时离心，将管壁上的液体全部离心至管底，之后将20μl扩增体系分装到PCR管中。用带滤芯吸嘴向上述 HCV 反应管中分别加入提取后的待测样本核酸、HCV 阴性质控品、HCV 强阳性质控品、HCV 临界阳性质控品和 HCV 阳性定量参考品 40μl。盖紧管盖，8000rpm 离心数秒后转移至扩增检测区。

2. PCR 扩增 将反应管放入仪器样品槽内，打开“Setup”窗口，按样本对应顺序设置阴性质控（NTC）、阳性质控以及未知样本（Unknown）、阳性定量参考品（Standard），并在“Sample Name”一栏中设置样本名称。探针检测模式设置为：Reporter Dye1：FAM，Quencher Dye1：TAMRA，Reporter Dye2：VIC，Quencher Dye2：none，Passive Reference：NONE。打开 instrument 窗口，设置循环条件：50℃ 15 分钟，1 个循环；95℃ 15 分钟，1 个循环；94℃ 15 秒→ 55℃ 45 秒（收集荧光），45 个循环。设置完成后，保存文件，运行程序。

3. 结果分析及判定 反应结束后自动保存结果，根据分析后图像调节 Baseline 的 Start 值、End 值以及 Threshold 值，点击 Analysis 自动获得分析结果。在 Report 界面察看结果，记录未知样本数值（C）。根据临床样本的检测结果，试剂盒的阳性判断值 Ct 值为 45。每次实验均需检测阴性质控品、HCV 强阳性质控品、HCV 临界阳性质控品。

阳性结果判定：扩增曲线在FAM、VIC检测通道均有对数增长期；或扩增曲线在FAM检测通道有对数增长期，在VIC检测通道无对数增长期。

阴性结果判定：扩增曲线在FAM检测通道无明显对数增长期，在VIC检测通道有对数增长期。

检测结果判定：如果FAM检测通道无对数增长期，且在VIC检测通道有对数增长期，则判断样品的HCV RNA浓度小于检测灵敏度。如果在FAM检测通道扩增曲线有对数增长期且Ct值小于45，则按以下方法判断。

5.00×10^{1}IU/ml ≤ C ≤ 1.00×10^{8}IU/ml，则HCV RNA浓度=C IU/ml。

C > 1.00×10^{8}IU/ml，HCV RNA浓度 > 1×10^{8}IU/ml。若要精确定量结果，可用阴性质控品稀释到线性范围后再检测，此时HCV RNA浓度=（C × 稀释倍数）IU/ml。

2.00×10^{1}IU/ml ≤ C < 5.00×10^{1}IU/ml，HCV RNA浓度仅作参考。

C < 2.00×10^{1}IU/ml，同时VIC检测通道扩增曲线有对数增长期，则HCV RNA浓度低于试剂盒的检测下限。

（十）HCMV检查

人巨细胞病毒（HCMV）检查按照附录9的方法检测。以人巨细胞病毒核酸定量检测试剂盒（PCR-荧光探针法）为例，采用核酸释放剂快速裂解、释放待测样本中的人巨细胞病毒DNA，利用针对人巨细胞病毒核酸保守区设计的一对特异性引物、一条特异荧光探针，配以PCR反应液等组分，在荧光定量PCR仪上，应用实时荧光定量PCR检测技术，通过荧光信号的变化实现人巨细胞病毒DNA的快速检测。方法如下。

1. 试剂准备 在试剂准备区进行，取出试剂盒中的各组分，室温放置，待其温度平衡至室温，混匀后备用。根据待测样本、阴性对照、阳性对照以及定量参考品A～D的数量，按比例（反应液38μl/人份＋酶混合液2μl/人份＋内标1.0μl/人份）取相应量的反应液、酶混合液及内标，充分混匀成PCR混合液，瞬时离心后备用。

2. 样本处理与加样 在样本处理区进行，阴性对照、阳性对照、定量参考A～D分别取10μl与10μl核酸释放剂混匀待用。取100μl血清样本，加入等体积的浓缩液，12000rpm离心5分钟，弃上清，加入50μl核酸释放剂，用枪头挑起沉淀，吸打几次，将沉淀打散混匀，作为待测样本备用。每个PCR反应管中加入上述处理后的待测样本、阴性对照、阳性对照以及定量参考品A～D各10μl；静置10分钟后，每管加入PCR混合液40μl，吸打混匀2～3次，盖上管盖（去除气泡后），2000rpm离心30秒。

3. PCR扩增 将PCR反应管放入扩增仪样品槽，按对应顺序设置阴性对照、阳性对照、定量参考品A～D以及未知样本，并设置样本名称及定量参考品浓度。

（1）选择FAM通道（Reporter：FAM。Quencher：none）检测人巨细胞病毒DNA。

（2）选择HEX或VIC通道（Reporter：HEX/VIC。Quencher：none）检测内标。

（3）参比荧光（Passive Reference）设置为none。设置Sample Volume为50。

设定循环参数：见下表。设置完毕，保存文件，运行反应程序。

表3 循环参数设定

步骤		温度（℃）	时间	循环数
1	UNG酶反应	50	2分钟	1
2	Taq酶活化	94	5分钟	1
3	变性	94	15秒	45
	退火，延伸，及荧光采集	57	30秒	
4	仪器冷却（可选）	25	10秒	1

4. 结果分析及判定　反应结束后自动保存结果，根据分析后图像调节 Baseline 的 Start 值、End 值以及 Threshold 值，点击 Analyze 进行分析，然后到 Plate 窗口下记录 Ct 值和定量结果。

对于测定Ct值≤39的样本，报告为人巨细胞病毒DNA阳性。

对于测定Ct值＞39的样本，若同时内标检测为阳性（Ct值≤40），报告注明人巨细胞病毒DNA低于试剂盒检测下限。若内标Ct值＞40或无显示，则该样本的检测结果无效，应查找并排除原因，并对此样本进行重复实验。

二、国家标准与全国团体标准中干细胞质量安全检查项目

1. 细胞形态　二维培养条件下，用明视场细胞显微镜进行观察，方法及原理同本章第一节“（一）细胞形态”。

2. 染色体核型　按照《中华人民共和国药典（2020 年版）》中的“染色体检查”检验。

3. 细胞存活率　按照附录 1 的方法检测。方法及原理同本章第一节“（二）细胞存活率”。

4. 细胞标志蛋白　按照附录 2 或附录 3 的方法检测。方法及原理同本章第一节“（三）标志物检测”。

5. 无菌检查　真菌与细菌的检查按照《中华人民共和国药典（2020 年版）》中“1101 无菌检查法”检测，见附录 4。方法及原理同本章第一节“（五）无菌检查”。

6. 支原体检查　按照《中华人民共和国药典（2020 年版）》中“3301 支原体检查法”，见附录 5。方法及原理同本章第一节“（六）支原体检查”。

7. HIV 检查　按照 WS293 核酸法检查，见附录 6。方法及原理同本章第一节“（七）HIV 检查”。

8. HBV 检查　按照《全国临床检验操作规程》核酸法检查，见附录 7。方法及原理同本章第一节“（八）HBV 检查”。

9. HCV 检查　按照 WS213 核酸法检查，见附录 8。方法及原理同本章第一节“（九）HCV 检查”。

10. HCMV 检查　按照《全国临床检验操作规程》核酸法检查，见附录 9。方法及原理同本章第一节“（十）HCMV 检查”。

11. 体外分化能力检查　按照附录 2 或附录 3 的方法检测。方法及原理同本章第一节“（四）体外分化能力检查”。

第二节 人类干细胞研究的伦理与法律问题

一、干细胞国内外发展现状

干细胞研究是近年来生物医学领域研究的热点和前沿。干细胞自我更新与多向分化的生物学特性使得干细胞疗法在心血管疾病、骨关节疾病和自身免疫性疾病的治疗中取得了重大进展，受到世界各国的高度重视。

由于干细胞研究及产业的广阔前景，欧美、韩国及日本等发达国家和地区均将干细胞研究提升为国家科技发展的重要战略，在干细胞的基础研究和临床应用方面投入了大量的研究经费，全球超过700家公司正在开展干细胞及转化医学相关的研究，我国政府也自20世纪90年代后期逐渐加大了干细胞研究的投入。

目前，全世界在美国临床试验注册中心和世界卫生组织临床试验登记平台（International Clinical Trials Registry Platform，ICTRP）上登记的干细胞临床研究已经超过7000项，美国在全球范围内开展的干细胞临床研究数量最多，欧盟和中国的研究数量仅次于美国。在干细胞治疗药物方面，2009年欧盟批准了首个上市的干细胞治疗药物，随后美国、澳大利亚、韩国和加拿大相继有干细胞药物上市，目前全球已经批准了25种干细胞治疗药物。除了已上市产品外，目前已有较多干细胞治疗产品进入Ⅱ/Ⅲ期临床试验，预计未来5～10年还会有多个治疗疑难疾病的干细胞产品上市。

一份来自美国的干细胞市场规模分析报告显示（2019—2025年），2018年全球干细胞市场规模约86.5亿美元，预计未来6年将以8.8%的复合年增长率增长。我国目前尚无已上市的干细胞治疗药物，但自2018年6月以来国家药品监督管理局重启干细胞疗法的临床注册申请，目前已有11款间充质干细胞新药注册申报获得受理。治疗的疾病包括：膝骨关节炎、糖尿病足溃疡、移植物抗宿主病、慢性牙周炎、缺血性卒中、难治性系统性红斑狼疮及类风湿关节炎。

二、干细胞研究的伦理问题

1998年，美国科学家成功地从人类胚胎组织中分离出了胚胎干细胞，自此全世界开始了干细胞研究的热潮。但由于技术自身的风险以及不同国家、民族、宗教等文化差异以及不同利益群体之间的价值冲突等原因，其在发展过程中不时地面对诸多伦理问题，甚至与传统伦理发生激烈的碰撞。

同时，在干细胞研究的临床应用方面，由于临床监管机制的缺失，目前世界上有许多医疗机构声称能为患者提供有效的干细胞疗法，并形成了以寻找干细胞治疗手段为目的的跨国“干细胞旅游”，严重损害了医疗机构所在国的国际形象和患者的利益，在某种程度上造成了干细胞治疗的乱象。

从来源出发，可以将干细胞分为人胚胎干细胞、诱导性多能干细胞和成体干细胞。人类胚胎干细胞研究领域伦理争议集中在人类胚胎的伦理地位和人胚胎干细胞的来源，涉及的问题包括人类胚胎的伦理地位、来源途径中捐献者的安全、捐献者知情同意权、捐献者的隐私权、人类胚胎与患者利益的冲突、安全性等方面。诱导性多能干细胞的问题主要指捐献者的知情同意、隐私权以及安全问题。成体干细胞涉及的主要问题包括捐献者的知情同意权、捐献者的隐私权、脐带血存储的商业化、安全性以及用于生殖性克隆的可能等问题。

要进行人胚胎干细胞的研究，首先遇到的问题就是胚胎来源。1998年，人胚胎干细胞的诞生不仅在干细胞研究历史上具有划时代的意义，同时也拉开了胚胎干细胞伦理争议的序幕。反对人胚胎干细胞研究的主要观点认为，对人胚胎干细胞的研究会破坏或毁灭胚胎，是反伦理、不道德的行为；而支持者认为，人类胚胎有一个动态发展变化的过程。比较公认的观点是将胚胎发育的第14天起神经系统开始发育作为胚胎发育为“人”的标志，世界上各国科学家基本同意英国瓦诺克委员会（Warnock Committee）的建议：即胚胎实验不能超过胚胎发育的第14天。因此，目前普遍认为，利用行辅助生殖手术的患者自愿捐献的剩余胚胎，在严格的管控条件下开展干细胞研究，在伦理上是可以接受的。

然而，利用体外受精（IVF）获得的胚胎干细胞还面临着同种异体移植的免疫排斥问题。而利用人体细胞核移植技术（SCNT）获得的克隆胚胎干细胞可以避免因破坏人类胚胎而造成的伦理问题，并能通过患者自体移植解决免疫排斥问题。因此，治疗性克隆一度掀起了干细胞研究的新热潮。但这种通过克隆方式获得的人体胚胎同样引出了新的争议，因为治疗性克隆和生殖性克隆的技术体系如出一辙，治疗性克隆很可能在实行过程中转变成生殖性克隆。目前，世界各国已明确禁止生殖性克隆，但对治疗性克隆上大多持支持态度，认为只要有严格的规范和有效的法规措施，治疗性克隆是完全可以控制的。

从干细胞的整个研发及使用过程出发，干细胞研究中的操作主要包括实验室操作和临床前实验两个阶段。实验室操作主要涉及以下问题：道德，实验室操作规范化问题，如没有合理节约地利用资源，没有合理的获取、储存、处理实验资源，没有合理处理实验垃圾，实验室人员在实验前和实验后未按要求进行卫生处理，等等；其次，研究过程缺乏监管。目前，相关的管理部门并没有对干细胞研究和应用过程施行有效的监管，多数研究机构的伦理委员会只是停留在对前期计划阶段进行伦理审查，大多数是出于“形式”上的需求，即保证本单位的研究计划、论文发表能够符合外部机构的各种形式上的要求。同时，用来规范干细胞实验室操作的伦理准则相对于技术进步来说，显得较为滞后。

干细胞的临床前实验主要是在对人体进行临床试验和应用之前的研究，即开展动物实验。在干细胞研究中，动物实验是干细胞研究不可缺少的手段和方法，保证动物福利，不仅是动物自身的需要，也是保证实验结果科学、可靠、准确、可信的基本要求。临床前实验主要涉及以下问题：尊重实验对象生命、保证研究的科学性和安全性、合理利用实验对象、饲养已引入人类干细胞的动物和将人类胚胎移植到非人类子宫中研究的可能，等等。

干细胞临床转化主要是指干细胞的临床试验（人体受试）及干细胞的应用。主要涉及的问题是遵守临床试验的程序、患者的知情同意权和隐私权、患者的健康安全、患者的利益保护、患者的公平和商业利益驱动等问题。

因此，干细胞研究和应用过程中所产生的伦理冲突以及干细胞治疗乱象严重制约了干细胞领域的发展，如何治理这些问题，需要政府、科学共同体和公众等多方面协同合作。比如，科研人员在取得与干细胞研究相关的原材料的时候，必须确保生物材料的取得符合国际公认的研究伦理标准，充分尊重和保障实验参与者的自主权、知情权和隐私权，以审慎的态度保证研究的公益性和非营利性。当捐赠者同意捐赠时，应该告知捐赠者细胞系（株）可能来源于其捐赠的组织，其可能被存储和与其他人共享，也可能对其进行基因操作以及用于商业产品开发。在可能的情况下，用于细胞培养或保存的源于动物的材料，应该用人类的材料或用化学方法合成的材料来代替，以减少把有害的化学或生物材料或病原体意外传染给患者的风险。同时，在临床研究中应遵守相应的职业道德和操守，积极开展严格规程指导下的临床疗效研究及评价，坚决杜绝以营利为目的的、不负责任的技术滥用。对诊疗病例数、适应证、临床应用效果、并发症、不良反应及随访情况等严格按照国家临床试验的规范进行，自觉接受临床试验的监管。

三、国内干细胞监管法律变化

近几年，世界各国成体干细胞的研究和临床试验发展迅猛，一些不规范的成体干细胞治疗在一定程度上造成了干细胞临床应用的乱象，并带来了新的伦理和法律问题。在成体干细胞体外和体内功能、分化能力、作用机制、移植的安全性和有效性等问题尚不明确的情况下，即把成体干细胞应用于临床治疗，不仅对患者不负责任，同时也有悖伦理和道德规范。究其原因主要有以下两方面：一方面，过热的干细胞研究热潮使世界各国的科学家将现阶段无法治愈的疾病都寄希望于干细胞治疗，目前全球从事干细胞产业的公司已达300余家；另一方面，巨大的经济利益驱使造成了成体干细胞临床应用的乱象，印度、泰国、墨西哥、德国、以色列、葡萄牙和美国的佛罗里达等地方均利用国际上的干细胞研究监管缺失建立了大量的、无资质证明的干细胞治疗中心。

干细胞疗法的风险和不确定性给干细胞的监管提出了很大的挑战，我国在干细胞临床研究的管理方面也出现了多次政策的改进。

（一）干细胞临床研究初步探索

20世纪90年代，我国开始了对干细胞临床应用的管理。1993年5月，卫生部颁布了《人的体细胞治疗及基因治疗临床研究质控要点》，将人的体细胞治疗及基因治疗的临床研究纳入《药品管理法》的法制化管理。

2003年，国家食品药品监管局相继发布了《人体细胞治疗研究和制剂质量控制技术指导原则》和《药物临床试验质量管理规范》，规定了细胞制剂的质量控制标准，同时对细胞治疗类产品的研发与注册进行了指导。

在这一阶段，国内政策支持干细胞临床研究及应用，监管较为宽松，我国进行了较多的干细胞临床应用研究，全国范围内有近300家医院和机构开展干细胞治疗。这一阶段，我国干细胞临床研究和应用十分不规范，也暴露出了很多问题。国家干细胞工程技术研究中心主任韩忠朝表示干细胞治疗的混乱局面主要表现在包治百病、费用高昂、资质缺失和质量失控这4个方面。

（二）干细胞临床研究趋于严格

2009年3月，卫生部颁布《医疗技术临床应用管理办法》，对医疗技术实行分类、分级管理。自体干细胞和免疫细胞治疗技术、异基因干细胞移植技术属于涉及重大伦理问题，安全性和有效性尚需经规范的临床试验研究进一步验证的第三类医疗技术。国家监管部门虽然将干细胞技术纳入需要卫生行政部门加以严格控制管理的医疗技术，但是干细胞治疗乱象并没有得到有效的遏制。

为打击这些干细胞违规应用行为，2011年12月，卫生部和国家食品药品监督管理局开展了为期一年的自查自纠和规范整顿工作，未经过批准的干细胞临床研究和应用必须停止。

（三）干细胞临床研究进一步规范

2015年5月，国家卫生计生委取消了第三类医疗技术临床应用准入审批，自体干细胞和免疫细胞治疗技术不在限制临床应用的医疗技术（2015版）目录内，应按照临床研究进行管理。

针对干细胞研究和应用中出现的高收费、制剂制备标准不一致、质量缺陷、伦理审查和知情同意缺乏等一系列问题，2015年7月，我国首个干细胞临床研究管理的规范性文件——《干细胞临床研究管理办法（试行）》出台，明确了干细胞临床研究不得收费，开展的主体必须是三甲医院、具备药物临床试验机构资质和干细胞临床研究条件。

之后，国家卫计委又对干细胞制剂质量控制和干细胞临床研究机构的备案作出了明确的规定。近几年来，国家级主管部门及地方陆续颁布多项扶持政策，干细胞科学研究和应用产业迎来新的发展机会。

（四）干细胞临床研究成果显现

《"十三五"国家基础研究专项规划》提出要加强干细胞转化研究，自2016年国家重点研发计划"干细胞及转化研究"试点专项启动起，截至2019年共立项121项，资助金额共计23.8亿元。

在干细胞及转化研究项目的资助下，我国在干细胞研究领域取得了显著的成果。例如：2017年，北京大学邓宏魁研究组在国际上首次建立了具有全能性特性的多能干细胞，研究结果发表在《Cell》杂志上；2019年，中国科学院动物研究所刘峰课题组利用多重转录组测序的方法，绘制了扩增性造血器官的3D转录组图谱，研究结果发表在《Cell Reports》杂志上

（五）当前干细胞临床研究备案现状

医疗机构是干细胞临床研究的主体，为落实主体责任、加强机构管理，国家卫生计生委和原食品药品监督管理总局下发了《关于开展干细胞临床研究机构备案工作的通知》，第一批共有30家医疗机构通过了备案。2017年初，军委后勤保障部公布首批12家军队医院通过了备案。2017年11月23日，国家卫生计生委和原食品药品监督管理总局公布了第二批备案机构名单，共有

72家医疗机构通过了备案。2019年，又有6家干细胞临床研究机构完成备案。至此，已完成备案的医疗机构共计120家。非军队医院中，广东省通过备案的医疗机构最多，其次为北京和上海。

截至2020年3月，全国有75项干细胞临床研究项目在国家医学研究登记备案信息系统登记，其中包括5项干细胞治疗新型冠状肺炎的临床研究项目。研究项目涉及的干细胞类型以成体干细胞为主，共计66项（88.0%），胚胎干细胞共9项（占12.0%）。成体干细胞临床研究项目中，间充质干细胞50项（占75.8%），脂肪干细胞5项（占7.6%），神经干细胞4项（占6.1%），上皮干细胞3项（占4.5%），骨髓干细胞2项（占3.0%），肺脏干细胞2项（占3.0%）。按照国际疾病分类标准第10版（ICD-10）对干细胞临床研究方案涉及的疾病领域进行分类，以消化系统疾病和泌尿生殖系统疾病最多（各占14.7%），再次为呼吸系统疾病（占10.7%）。干细胞临床研究的疾病种类主要包括溃疡性结肠炎、卵巢功能不全、骨关节炎、狼疮肾炎、银屑病、脊髓损伤和急性心梗等。

四、干细胞应用的未来

科技在不经意间已经提高了人们认知世界的水平，而且改变了人们看世界的方式和角度，科学技术水平已经成为一个国家总体经济实力和政治实力的体现。国家科技政策对科技发展起到至关重要的作用，能决定国家科技的走向、进程，也是科技发展的重要动力。国家的相关政策应用能指导和规范科学技术的发展，为科技的繁荣发展保驾护航。当前，针对干细胞临床研究与应用，国家政策主要关注以下几点：①加强卫生行政部门的领导和监管。②有利于医学科技的发展。③严格遵循伦理、安全和有效规则。目的在于保证干细胞临床试验研究过程规范，结果科学可靠，保护受试者的权益并保障其安全，提高临床医疗服务水平。

（一）干细胞科学共同体责任

“科学家社会责任”问题，最初是在20世纪30年代由以贝尔纳为首的英国科学家提出的，之后的第二次世界大战使科学共同体对责任问题有了深刻了解并产生了较大的反响，面对原子弹爆炸的惨剧，许多科学家开始反思科学的社会后果和科学家应尽的社会责任。随后发生在20世纪50年代的世界和平运动使科学共同体对其社会责任的认识达到新的高度。20世纪70年代的DNA基因重组争论是科学共同体履行责任的典型表现，为防止可能出现的危害，自动控制和放弃某些类型的实验，从而对科学自觉地实行控制，这在科学史上是前所未有的。

1999年，联合国教科文组织和世界科学联盟在匈牙利布达佩斯召开了“科学为21世纪服务：一项新任务”会议，明确了新世纪科学工作面临的挑战和根本任务以及科学的价值、科学的精神、科学的责任等内容，并形成两个核心文件，即《科学和利用科学知识宣言》和《科学议程——行动框架》。

从以上“科学家的社会责任”问题的发展历程看，早期“科学家的社会责任”在于科学家有责任防范利益集团对科技成果的非理性利用。但是，随着新的科学技术革命的到来，科学技术本身成了现代社会的重要风险源，科研工作本身出现了许多新变化和新情况，关于科学家社会责任的思考，不只出现于技术形成和应用之后，更体现在技术发生之初或之前。

结合上文所述，干细胞研究和应用过程中所产生的伦理冲突以及干细胞治疗乱象严重制约了干细胞领域的发展，如何治理这些问题，需要政府、科学共同体和公众等多方面协同合作。由于科学家在干细胞领域的研究开发、审批决策、风险管理、科技传播等事务中掌握着重要的话语权，以及在干细胞的社会应用问题上承担着积极角色，因此，干细胞科学共同体应当积极主动地承担自身的责任，应对干细胞研究领域的伦理问题，开展负责任的干细胞研究。

概括地讲，干细胞领域的科学家应尽的首要责任是要理解并遵守国家相关部门制定的相关准则和条例，尊重和遵守国际公认的生命伦理准则和国际交往中对方国家的相关规定。其次，在研究开发过程中积极严格的自我规范、在审批决策过程中审慎负责的咨询行为、在风险管理过程中公正理性的评估立场、在科技传播过程中诚实坦率的沟通态度，都已经成为干细胞科研人员义不容辞的责任。

（二）伦理进一步加强

由于干细胞独特的生物学特性和治疗效果的不确定性，干细胞相关研究和临床应用的伦理审查备受关注。我国在干细胞临床研究的早期由于监管不到位、伦理审查不严，出现了一些干细胞临床应用的乱象。《干细胞临床研究管理办法（试行）》出台后，要求机构伦理委员会按照涉及人的生物医学研究伦理审查办法的相关要求对干细胞临床研究进行独立的伦理审查，省级卫生计生行政部门与省级药品监督管理部门也加强了对机构的常态化监管，干细胞临床研究开始依法、依规和依程序开展。道德是人类通过一定的约定，经过历史发展不断演化而来的东西，没有强制性，而法律是由国家根据道德规范而制定并强制执行的。目前，干细胞研究中的乱象有些是道德问题，有些则触犯法律，需要区别对待。如一些滥用医疗资源进行科研工作的现象，仅属于道德问题；而一些买卖器官、细胞，进行商业目的的医疗行为，则属法律问题。国家应健全法律法规制度，规范管理干细胞研究与治疗，对违法者一律严惩，对有违道德的行为进行规范化处理。

2016年11月24日，国家卫生计生委科教司和食品药品监督管理总局药化注册司在浙江杭州召开了省级医学伦理暨干细胞临床研究管理工作推进会。会议突出强调了医学伦理审查工作在涉及人的生物医学研究中的重要性，要求省级卫生计生行政部门要尽快成立医学伦理专家委员会，并加强组织和能力建设，履行管理职责。

（三）培训和人员专业化

姜天娇等对干细胞临床研究医师培训与政策认知的调查显示，开展干细胞临床试验的6所三甲医院128名医生中，有53.1%的医生没有参加过干细胞技术专业培训，55.5%的医生对《干细胞临床研究管理办法（试行）》和相关技术指南的内容不了解，有82.8%的医生认为干细胞技术以及相关管理政策培训十分有必要。

该项研究也证实了目前研究人员存在业务和政策不熟悉的现象。《干细胞临床研究管理办法（试行）》明确规定，医疗机构是干细胞制剂和临床研究质量管理的责任主体，医疗机构的医务人员是研究的具体实施者，他们对于国家政策和研究过程的了解可以更好地规范及约束自己的医疗行为，从而降低医疗风险，保障每一位受试者的人身安全。

因此，建议上级卫生行政部门加强对机构人员培训情况的监管，把人员的培训情况作为督查的一项常态化指标，通过人员培训提高干细胞临床研究人员对我国干细胞临床研究政策、伦理要求、项目审查程序、质量管理和风险管控的认知。

科研人员在对干细胞的处理与加工过程中，应推进细胞培养期间相关参考标准的建立，以保证细胞治疗的有效性、安全性和可比性。积极开展国际的合作与交流，参与国际标准制定，为干细胞的捐献、采集、检验、编码、制备、细胞潜能的保持、细胞的储存及运输等环节制定合适的质量管理体系。科研人员在开展临床前研究的过程中，要严格规范研究过程，自觉接受独立同行审评及管理监督，保证临床研究能满足科研和治疗上的要求和条件。加强应用于临床试验细胞的安全性评价，保存完整的原始实验数据。针对临床转化研究中的安全问题，加强与临床研究者之间的交流和沟通。遵循减少数量、完善方案、取代动物实验等原则，开展负责任的动物研究。同时，科研人员应遵守相应的职业道德和操守，积极开展严格规程指导下的临床疗效研究及评价，坚决杜绝以营利为目的的、不负责任的技术滥用。对诊疗病例数、适应证、临床应用效果、并发症、不良反应及随访情况等严格按照国家临床试验的规范进行，自觉接受临床试验的监管。

（四）法律持续完善

《干细胞临床研究管理办法（试行）》是我国首个针对干细胞临床研究进行管理的规范性文件，《办法》规定卫生计生和食品药品监管部门对干细胞临床研究负有监督管理职责，但管理办法没有上升到法律层面，导致执行力度不够，对违规开展干细胞治疗的医疗机构和医生未起到震慑作用，非正规医疗机构干细胞滥用现象屡禁不止。另一方面，我国干细胞治疗药物从备案到转化，审批严格，进程缓慢，缺乏干细胞临床研究及应用的风险分级管理机制。

美国、欧盟、日本等国家和地区均制定了相应的监管政策以促进细胞治疗行业的发展。美国FDA生物制品评估与研究中心（FDA Center for Biologics Evaluation，CBER）负责干细胞的临床试验、产品的生产和销售。CBER对干细胞采用分级分类管理模式，对于异体来源、经过复杂处理制备的、非同源使用的细胞产品按照药品的审批程序审批，而对于干预最小化、同源使用、未经过复杂处理的细胞产品按照低风险管理，按照FDA的相关要求开展研究和上市转化后，可以在医院直接进行临床应用。同时，美国FDA也发布了细胞治疗的技术指南，形成了包括法律、法规、管理制度与指南的完善的法规监管框架。

欧盟建立有《医药产品法》与《医疗器械法》，2007年颁布了《先进技术治疗医学产品法规》，将细胞治疗产品纳入先进治疗医学产品（advanced therapy medicinal products，ATMP），由欧洲药品管理局（EMA）负责审批和管理。另外，与美国相似，欧盟的相关法规中提出了豁免条款，该条款允许医院在经过基础研究、临床研究验证之后，将自体细胞产品作为医疗技术用于特定的患者。欧盟针对细胞治疗产品还制定了一系列科学指导原则。

从以上国外的干细胞管理经验来看，干细胞治疗领域需要建立从法律、法规到行业指南的完善管理框架，分级分类管理，以促进干细胞研究的临床转化。但我国目前的相关政策法规尚未能覆盖基础研究、产品研发到临床应用的全流程。此外，一些国家还成立了相关的学术团体并制定了包括干细胞的获取和制备、受试者的选择、输入的途径、剂量与疗程和临床效果评价等全流程的标准和规范。我国政府和干细胞临床研究专家委员会也应尽快出台国内干细胞临床研究相关行业规范和标准，指导干细胞研究与临床应用。

新兴技术的出现和迅猛发展往往出人意料，卫生行政和科技、教育等行政机关可能在干细胞临床研究监管上很难识别企业的市场化行为所导致的种种利弊与长期影响，也难以从研究机构立场给予专业性的指导建议。尽管行政主管部门可以就某些专业问题抽调专家或组建专家组，但在发展初期可能会由于项目少、相关经验少，难以作出全面评估和及时判断。而且，有的基层干部还存在官僚主义和形式主义思维，企图以行政化思维替代专业化管理。这也是不同地区行政监管中不可回避的问题。在干细胞临床研究机构散、项目少的发展阶段，行政主管部门可能存在干细胞技术有关专业人士较少、相关经验不足的难题，应考虑充分依托专业协会及有关专家的力量，委托组建干细胞临床研究学术委员会和伦理委员会进行科学性和伦理审查，应遵循在得到科学性论证后再在研究机构完成伦理审查、项目实施充分评估和控制风险、遵循受试者知情同意等原则。

（五）未来前景

由于干细胞治疗在疾病治疗和再生医学领域具有广阔应用前景，干细胞临床试验已成为各国政府、科技和企业界高度关注和大力投入的重要研究发展领域。根据全球市场情报机构Fior Markets发布的新报告，2018～2025年全球细胞治疗技术市场的复合年增长率为16.81%，预计到2025年市场值将超过340亿美元。2019年年初，美国FDA宣布了对未来细胞治疗的发展计划，FDA预测到2025年这一领域每年将有10～20款新药获得批准。

中国的干细胞市场潜力巨大，很多难治性的疾病患病人数多，迫切需要新的、有效的治疗方法。我国目前已建立起多家产业化基地，形成了从基础研究到关键技术研发，再到产品研发及临床应用的贯穿产业链上下游的完整研究体系。但是，我国还需要进一步加快干细胞研究向临床成果转化的速度。近几年来，国家和地方政策中多次提到在国家设立的自由贸易区内，医疗机构可按有关规定开展干细胞临床前沿医疗技术研究。这些地区可利用政策优势先行先试，推动干细胞研究成果向临床应用转化。

我国是一个发展中的人口大国，加强干细胞和再生医学研究，事关民生大计，对构建我国国民健康体系至关重要。这就要求我们从事干细胞研究的科研人员主动承担起服务国家战略的责任，其首要任务是增强我国在干细胞研究上的原始创新能力，针对干细胞与再生医学研究领域亟待解决的问题，力争在干细胞多能性维持与重编程的分子机制、干细胞与微环境的相互作用、干细胞的可控性增殖、干细胞定向分化与转分化、干细胞应用转化研究与关键性技术等方面取得突破，获得重大成果。掌握专业性、权威性知识的干细胞科学共同体提供的咨询意见在科技政策的制定中起着重要的作用。干细胞领域的科技咨询是指从事干细胞基础研究、临床研究等的专家通过不同行政部门的咨询机制，依据其干细胞领域专业知识提供政策意见。结合干细胞研究领域的最新进展、重大成果和发展态势，围绕我国干细胞与再生医学领域未来的发展战略规划、部署、对策和相关建议，干细胞和再生医学领域的关键核心科学问题、相关政策法规、发展模式、科研布局、优势发展领域、人才团队、平台建设等主题，积极建言献策。

目前，我国公众对干细胞领域的整体认知不高，存在着巨大的知识鸿沟。这类知识鸿沟的存在，有碍公众共享干细胞科技发展的成果，同时也不利于干细胞科技的推广与应用。因此，干细胞科学共同体需要肩负起推动干细胞知识传播的责任。积极推广和普及干细胞领域的知识和科技成果，在科技风险问题上与社会公众充分沟通，使之认识到干细胞研究和应用的探索性与风险性，提升公众科学意识和鉴别能力。

参考文献

[1] Biotechnology—Biobanking—Requirements for human and mouse pluripotent stem cells, IOS 24603：2022 [S].2022.

[2] 中国细胞生物学学会.《人神经干细胞》团体标准：T/CSCB 0012—2022 [S].北京：中国标准出版社，2022.

[3] 中国细胞生物学学会.《人胚胎干细胞》团体标准：T/CSCB 0002—2020 [S].2019.

[4] 国家药典委员会. 中华人民共和国药典 [M]. 北京：中国医药科技出版社，2020.

[5] 尚红，王毓三，申子瑜. 全国临床检验操作规程 [M].4版.北京：人民卫生出版社，2014.

[6] 中华人民共和国国家卫生和计划生育委员会.《丙型肝炎诊断》中华人民共和国卫生行业标准：WS—213—2018 [S].2018.

[7] 中华人民共和国国家卫生和计划生育委员会.《梅毒诊断》中华人民共和国卫生行业标准：WS—273—2018 [S].2018.

[8] 中华人民共和国国家卫生健康委员会.《艾滋病和艾滋病病毒感染诊断》中华人民共和国卫生行业标准：WS—293—2019 [S].2019.

［9］ 徐明.生命科技问题的法律规制研究［M］.武汉：武汉大学出版社，2016：231.
［10］ 中国国家人类基因组南方研究中心伦理委员会.人类胚胎干细胞研究的伦理准则（建议稿）［J］.医学与哲学，2003，24（2）：19-21.
［11］ 胡显文，陈昭烈，黄培堂.人胚胎干细胞的研究［J］.生物技术通讯，2000（2）：135-140.
［12］ 王太平，徐国彤，周琪，等.国际干细胞研究学会《干细胞临床转化指南》［J］.生命科学，2009，21（5）：747-756.
［13］ 国家卫生和计划生育委员会，国家食品药品监督管理总局.干细胞临床研究管理办法（试行）［EB/OL］.2015.

第五章　肿瘤干细胞疫苗

第一节　肿瘤干细胞疫苗的研发与临床应用

一、肿瘤干细胞疫苗研发

（一）肿瘤干细胞（CSC）疫苗介绍

在现代医学中，癌症治疗已经取得了显著进展。传统的治疗方法，如手术、化疗和放疗，虽然在某些情况下能够有效地控制肿瘤生长，但它们往往无法完全根除癌细胞，并可能导致一系列并发症，特别是对于那些具有高度耐药性的肿瘤细胞，其往往能够在治疗后存活下来，甚至可能通过血液或淋巴系统转移到身体的其他部位，导致肿瘤的复发和转移。

近年来，科学家们开始关注肿瘤干细胞，这些细胞被认为是肿瘤生长和转移的关键驱动因素。肿瘤干细胞具有自我更新的能力，并能够分化成各种类型的癌细胞。研究表明，如果能够鉴定出肿瘤干细胞特有的表型和功能特征，就有可能开发出针对这些特异性抗原的疫苗。这种肿瘤干细胞疫苗能够激活人体的免疫系统，识别并清除肿瘤干细胞，从而防止肿瘤的复发和转移。

肿瘤干细胞疫苗的研究和开发对于治疗那些难以通过传统方法治愈的恶性肿瘤具有重要意义。这种疫苗不仅可以靶向并清除肿瘤干细胞，还有可能消除肿瘤对传统放化疗的抵抗性和耐药性。通过这种主动免疫疗法，有望实现更为精准和有效的癌症治疗策略。

（二）肿瘤干细胞疫苗作用机制

肿瘤干细胞的概念在医学界已有长久的历史，最早可以追溯到1867年。然而，由于当时的科学技术限制，这一理论并未得到实践的证实。直到20世纪，随着科技的进步，肿瘤干细胞的研究才逐渐取得突破。1977年，Hamburger等人在进行骨髓瘤细胞克隆形成实验时发现，仅有不到0.2%的细胞具备形成克隆的能力，而在NOD/SCID小鼠脾内形成肿瘤的细胞比例更是低于4%。这些发现促使学者们将这些少量具有成瘤能力的细胞定义为肿瘤干细胞。1997年，Bonnet等人从急性髓性白血病患者体内分离出$CD34^+/CD38^-$表型的细胞，并成功在NOD/SCID小鼠体内诱导出相同的疾病。这一实验不仅证实了肿瘤干细胞在人类肿瘤中的存在，也为后续的研究奠定了基础。2001年，Reya等人正式提出肿瘤干细胞的定义，强调肿瘤组织中存在一小部分具有干细胞特性的肿瘤细胞亚群，它们在肿瘤的形成和生长中起着至关重要的作用。

肿瘤干细胞具有3个显著的特征：无限的自我更新能力、产生异质性肿瘤细胞的能力，以及与肿瘤的增长、转移和复发密切相关的特性。肿瘤干细胞的这些特性为其疫苗的研究与开发提供了理论基础和动力。

（三）如何筛选肿瘤干细胞

肿瘤干细胞疫苗的研究目标是通过特定的抗原来激活人体的免疫系统，识别并清除肿瘤干细胞，从而防止肿瘤的复发和转移。然而，如何从大量的肿瘤细胞中有效地分离出肿瘤干细胞，仍然是肿瘤干细胞疫苗研究面临的一个重大挑战。在过去的几十年中，科学家们一直在探索更有效的方法来识别和分离肿瘤干细胞。这些努力包括开发新的标记物和筛选技术，以及利用先进的基因编辑工具来研究肿瘤干细胞的行为。此外，研究人员还在尝试利用人工智能和机器学习算法来分析大量的数据，以识别可能的肿瘤干细胞标记物。

1. 根据表面特异性的标志物筛选肿瘤干细胞 肿瘤干细胞疫苗的开发是基于肿瘤干细胞表面特有的肿瘤特异性抗原。这些抗原，如乳腺癌中的$CD44^+$和$CD24^-$，黑色素瘤中的CD33、ABCB4、ABCB5，以及前列腺癌中的$CD44^+$和$CD133^+$，为肿瘤干细胞疫苗提供了靶标。这些标志分子的识别是肿瘤干细胞疫苗设计的关键，这是因为它们可以帮助区分肿瘤干细胞和正常细胞。

随着肿瘤免疫学的发展，以肿瘤干细胞为靶标的疫苗越来越受到重视。例如，一项针对黑色素瘤肿瘤干细胞的研究使用了特定的$CD33^+$和$CD44^+$标记的B16F10细胞系制备瘤苗。这种瘤苗在动物模型中显示出比其他疫苗更强的特异性细胞免疫和体液免疫反应，从而证明了其抗肿瘤效果。这些研究结果不仅为肿瘤干细胞疫苗的开发提供了实验和理论支持，而且还强调了特异性标记分子在肿瘤治疗中的重要性。这些分子是精准靶向肿瘤干细胞的基础，对于开发新的疫苗和治疗策略至关重要。通过这些研究，科学家们希望能够提高肿瘤治疗的效果，并最终实现对肿瘤的根治。

2. 根据代谢特性筛选肿瘤干细胞 在肿瘤干细胞疫苗的开发领域，乙醛脱氢酶（ALDH）活性的检测扮演了关键角色。ALDH是一种在正常干细胞和肿瘤干细胞中都高度表达的酶，其活性可以通过流式细胞仪的ALDEFLUOR分析法进行测定。这种方法已经被用于多种类型的肿瘤干细胞的识别，包括乳腺癌、结肠癌、头颈癌、胰腺癌和肝癌。

在肿瘤干细胞疫苗的研究中，科学家们利用ALDH活性作为筛选标准，从而选择出具有高ALDH活性的肿瘤干细胞进行疫苗开发。例如，在一项针对小鼠鳞状细胞癌的研究中，研究者发现，基于ALDH活性筛选出的肿瘤干细胞疫苗能够显著抑制肿瘤生长，减少肺转移，并延长小鼠的生存期。这表明肿瘤干细胞疫苗在抗肿瘤治疗中具有潜在的应用价值。

除了ALDH活性，肿瘤干细胞的糖酵解活性和特殊的细胞功能也可以作为鉴别肿瘤干细胞的标准，尽管这方面的研究还不多。

目前，ALDH活性和糖酵解活性是鉴别和分离肿瘤干细胞的主要方法，这些方法对于开发能够精准靶向肿瘤干细胞的疫苗至关重要。随着研究的深入，肿瘤干细胞疫苗的原理和开发过程将更加明确，为肿瘤治疗带来新的希望。

（四）肿瘤干细胞疫苗抗原的来源

在进行肿瘤干细胞疫苗的开发时，必须深入了解抗原的多样来源。这些抗原不仅可以来自患者自己的肿瘤细胞，也可能来自其他患有相同肿瘤类型的患者，或是实验室培养的细胞系。抗原的化学成分和结构多种多样，包括肽类、神经节苷脂等，每种来源都有其独特的优势和局限性。

研究指出，患者自体肿瘤细胞可能是最佳的抗原来源。这些抗原可以直接来自肿瘤本身，例如源自肿瘤病变的细胞悬浮液、裂解物或机械富集的肿瘤细胞群体，也可以来自相应肿瘤的细胞系。自体肿瘤细胞来源的抗原在肿瘤抗原和组织相容性识别方面具有患者特异性，这是它们的一个显著优点。

肿瘤的表型和生物异质性对患者的预后和治疗反应有着决定性的影响。因此，个体化的癌症治疗策略越来越受到重视。目前，癌症研究的主要焦点是鉴定基因组和蛋白质组的预后和预测标志物，以便开发能够治疗更多患者的药物和疗法。然而，每种癌症在个体中都是独特的，因为每个患者都具有遗传独特性，是其独特基因组突变的结果。尽管已经鉴定了许多致癌基因和抑癌基因，但在个体癌症中仍发现了独特的新抗原，这些在其他患者中很少或从未发现过，这可能是基于常见肿瘤细胞相关的特异性抗原的免疫治疗方法效果不佳的原因之一。

但是，自体肿瘤细胞来源的抗原也有其局限性。对于患有可接受手术切除的肿瘤且尺寸足以获得大量肿瘤细胞的患者而言，这是一个好的选择。但对于肿瘤尺寸较小的患者来说，肿瘤细胞的量可能不足以提纯抗原，有些患者肿瘤体积虽然足够，但肿瘤晚期不适宜手术，仍旧无法得到抗原。此外，从已切除的自体肿瘤组织中筛选出其中的肿瘤干细胞是一个相对复杂的过程。从商业化的角度来看，主要的缺点是必须为每个患者制造单独的治疗产品，而不能批量生产以供许多患者使用。因此，研究人员正在探索更有效的方法以利用自体肿瘤细胞和其他潜在的抗原来源，来推动肿瘤干细胞疫苗的发展。这包括寻找能够在不同患者之间共享的抗原，以及开发能够针对肿瘤异质性进行个性化治疗的策略。

（五）如何选择肿瘤干细胞疫苗载体

肿瘤干细胞疫苗的开发是癌症治疗领域的一项革命性进展，其核心在于设计能够靶向肿瘤特异性或肿瘤相关抗原的疫苗。这些疫苗可以是基于DNA的，也可以是利用树突细胞（dendritic cells，DCs）作为载体的疫苗。DCs是强大的抗原呈递细胞，能够携带肿瘤干细胞的裂解物，以此来激活宿主的免疫系统，从而产生针对肿瘤的免疫应答。

尽管目前关于DCs疫苗的研究还不够成熟，但已经为肿瘤干细胞疫苗的发展提供了新的可能性。DCs的重要性在于它们作为抗原呈递细胞，在癌症免疫治疗中扮演着至关重要的角色。经过肿瘤抗原致敏的DCs回输到机体内，能有效地刺激宿主免疫系统产生抗肿瘤免疫应答。因此，负载肿瘤抗原的DC疫苗被认为是一种极具潜力的肿瘤免疫治疗手段。

在临床试验中，DCs的抗原呈递功能及其免疫佐剂作用已被用于诱导有效的抗肿瘤免疫应答。DCs不仅能刺激初始型T细胞的活化和增殖，还能诱导体液免疫反应，激活NK和NK-T细胞，参与非特异性免疫。过去十年的临床试验已经证明了DCs在癌症免疫治疗中的作用。例如，在一项使用肿瘤干细胞疫苗治疗多形性胶质母细胞瘤的小鼠模型实验中，研究者使用了一种名为STDENVANT的疫苗，该疫苗包含神经胶质瘤干细胞裂解物和DCs。结果显示，接种STDENVANT疫苗的小鼠的肿瘤生长速率显著低于对照组。此外，有研究使用小鼠骨髓来源的DCs负载鼠黑色素瘤细胞系（B16F10）和肿瘤干细胞的裂解物，以评估DC疫苗在黑色素瘤小鼠模型中对肿瘤干细胞的有效性。接种DC疫苗后的小鼠，与接受B16F10裂解物脉冲的DC免疫小鼠相比，其对肿瘤干细胞产生了特异性细胞毒性反应，并且在对肿瘤干细胞抗原产生的免疫应答中，淋巴细胞的增殖反应显著增强。

这些研究表明，DC负载抗原疫苗介导的癌症免疫治疗有望成为肿瘤免疫治疗的首选方法。随着研究的深入，期待这种疫苗能够为癌症患者带来更有效的治疗选择。特别是在针对肿瘤干细胞的治疗上，这些细胞被认为是阻止癌症复发和耐药性的关键因素。未来的研究将继续探索如何优化DC疫苗的设计，以及如何将其与其他治疗方法结合，以实现对癌症的全面治疗。

随着研究的深入，对肿瘤干细胞的理解也在不断增加。现在，研究人员知道肿瘤干细胞不仅在肿瘤的形成和发展中起着关键作用，而且它们在肿瘤的微环境中也扮演着重要角色。肿瘤干细胞能够与周围的细胞相互作用，影响肿瘤的血管生成、免疫逃逸和治疗抵抗。因此，研究人员正在探索如何通过靶向肿瘤干细胞及其微环境来开发更有效的治疗策略。

肿瘤干细胞疫苗的研究也在不断进展。科学家们正在尝试利用多种方法来激活免疫系统对肿瘤干细胞的攻击，包括使用特定的肿瘤相关抗原、开发新型免疫调节剂，甚至是采用个性化疫苗的策略。这些疫苗旨在诱导强烈的免疫反应，不仅能够清除肿瘤干细胞，还能够预防肿瘤的复发和转移。

二、干细胞疫苗临床应用

肿瘤干细胞疫苗是一种前沿的生物医学研究领域，旨在通过靶向肿瘤的根源——肿瘤干细胞来治疗癌症。尽管肿瘤干细胞疫苗在理论上具有巨大的潜力，但目前它们还处于早期的研究阶段，主要限于动物模型的实验。

到目前为止，肿瘤干细胞疫苗尚未进入临床试验阶段，这意味着它们还没有在人类中进行测试。现有的研究成果表明，肿瘤干细胞疫苗的作用机制、提取和制作技术已经相对成熟，但在将这些疫苗应用于人类之前，还需要进一步验证它们的必要性、安全性和风险可控性。

目前肿瘤干细胞疫苗的研究主要集中在小鼠、兔等动物模型。这些基础医学实验研究不仅探索了肿瘤干细胞疫苗作为独立治疗因素的潜力，而且还研究了它们与放疗、化疗和其他抗肿瘤药物的联合应用。例如，在一项以小鼠为模型的实验中，研究人员使用肿瘤干细胞-DC疫苗和顺铂进行双重靶向治疗，结果显示这种联合治疗可以显著抑制肿瘤生长，并在一定程度上解决了肿瘤细胞对化疗药物的多重耐药性问题。另一项研究发现，将PD-1阻断剂与SA-GM-CSF膜锚定的膀胱肿瘤干细胞疫苗联合使用，可以显著提高机体杀伤肿瘤细胞的能力，有效地抑制转移性膀胱癌的发生和发展。

肿瘤干细胞疫苗已在多种常见恶性肿瘤的动物模型中显示出抑制肿瘤生长、复发和转移的显著效果。这些肿瘤包括卵巢癌、恶性黑色素瘤、乳腺癌和膀胱癌等。这些研究成果为肿瘤干细胞疫苗未来的临床应用奠定了基础，有望为恶性肿瘤的诊断、预后和治疗提供新的方法。

尽管肿瘤干细胞疫苗的研究取得了一些进展，但在将这些疫苗转化为实际的临床治疗方法之前，仍然存在许多挑战。研究人员需要继续探索肿瘤干细胞疫苗的最佳制备方法、最有效的投递系统以及如何最大限度地减少潜在的不良反应。此外，科学家们还需要确定哪些类型的癌症最有可能从肿瘤干细胞疫苗治疗中受益，并了解这些疫苗如何与现有的治疗方法相结合，以提供最佳的治疗效果。

三、安全考虑

尽管肿瘤干细胞疫苗的研究取得了一定的进展，但仍面临着多个挑战。

首先，鉴定新的特异性肿瘤干细胞标记分子至关重要，因为这些标记分子是识别、分离肿瘤干细胞以及开发针对肿瘤的治疗策略的基础。然而，由于肿瘤干细胞在肿瘤组织中的含量通常较低，使得这些标记分子的鉴定变得极其困难。肿瘤干细胞的稀有性意味着需要高度敏感和特异的方法来检测它们。此外，肿瘤干细胞的表型和功能在不同类型的肿瘤中可能会有所不同，这进一步增加了鉴定工作的复杂性。为了克服这些挑战，研究人员正在开发和利用一系列先进的技术，包括流式细胞术、质谱分析、单细胞测序和生物信息学分析等。这些技术可以帮助科学家们在单个细胞水平上分析肿瘤干细胞，从而提高鉴定特异性标记分子的准确性。

肿瘤干细胞标记分子的鉴定还涉及对肿瘤微环境的深入理解。肿瘤干细胞与其周围的细胞和基质相互作用，而这些相互作用对于肿瘤干细胞的维持和功能至关重要。因此，研究人员还需要考虑如何在复杂的肿瘤微环境中识别和靶向肿瘤干细胞。鉴定新的肿瘤干细胞标记分子不仅有助于改善癌症的诊断和预后，还可能促进新治疗方法的开发。例如，通过靶向肿瘤干细胞标记分子，科学家们可以设计出能够特异性杀死肿瘤干细胞的药物，或者开发出能够激活免疫系统对肿瘤干细胞进行攻击的疫苗。这些治疗策略有潜力显著提高癌症治疗的效果，减少复发和转移的风险。

在当前的肿瘤研究中，科学家们通常使用免疫缺陷动物，如小鼠，作为研究模型。这些动物模型在模拟人类肿瘤的生长和治疗反应方面发挥着重要作用。通过这些模型，研究人员能够观察肿瘤细胞在体内的行为，评估新的治疗方法，并研究肿瘤对药物的耐药性。然而，尽管这些动物模型为癌症研究提供了宝贵的见解，但它们与人类的生理环境存在差异，这意味着动物实验的结果并不总是可以直接应用于人类。

动物模型与人类之间的差异包括基因表达、肿瘤微环境、免疫系统的反应等方面。例如，小鼠的生命周期远短于人类，它们的免疫系统也与人类有所不同，这可能会影响肿瘤的生长速度和治疗反应。此外，某些在小鼠身上有效的治疗方法可能在人类中不起作用，或者可能产生不可预见的不良反应。因此，虽然动物模型是理解肿瘤生物学和评估新治疗方法的有力工具，但它们的研究结果需要通过临床试验在人类中进行验证。

另外，肿瘤干细胞之间的相互作用、信号通路、表面分子标志物及其相关抗原的调控机制尚不完全清晰。这些机制的不明确性给肿瘤干细胞靶向药物和新型抗体药物的开发带来了难度，需要在未来的研究中继续深入探索。

肿瘤干细胞疫苗的研究还需要解决如何提高疫苗的靶向性和免疫反应的持久性，以及如何减少潜在的不良反应。疫苗的设计需要精确地靶向肿瘤干细胞，同时避免对正常细胞造成损害。此外，疫苗引发的免疫反应需要足够强大和持久，以确保能够彻底消除肿瘤干细胞，并防止肿瘤的复发。

近年来的研究成果已经证实了肿瘤干细胞疫苗在抑制肿瘤生长、复发和转移方面的潜力。然而，要将这些研究成果转化为临床应用，还需要克服上述挑战，并通过更多的临床试验来验证疫苗的效果。未来，随着对肿瘤干细胞更深入的理解和技术的进步，肿瘤干细胞疫苗有望成为癌症治疗的重要手段，为患者提供更有效的治疗选择。随着研究的不断推进，肿瘤干细胞疫苗的研究将继续为癌症治疗领域带来新的希望和可能。

第二节　疫苗生产工艺关键控制点

疫苗关乎国民健康和国家生物安全，随着社会的进步和人类健康需求的提高，疫苗研发及生产技术发展迅速，我国在疫苗研发技术和生产工艺改进上取得了长足的发展。疫苗的发展经历了第一代疫苗即传统疫苗，包括灭活疫苗和减毒疫苗等；第二代疫苗即基因工程疫苗，包括重组蛋白疫苗和亚单位疫苗等；第三代疫苗即新型疫苗，包括mRNA疫苗、DNA疫苗和重组病毒载体疫苗等。目前，全球疫苗研发位于第一的是重组蛋白疫苗，占比22%；核酸疫苗位居其后，占比18%；传统的灭活疫苗占比14%；病毒载体疫苗占比14%。疫苗的安全至关重要，本文以重组蛋白疫苗生产为例，介绍疫苗生产中制定控制策略的原则及上下游产物的关键控制点。

一、生产质量控制策略

控制策略是指根据对产品和工艺的了解，为确保工艺性能和产品质量而进行的一系列有计划的控制（ICH Q8）。控制策略包括生产工艺参数、与原液和制剂生产相关的原材料、辅料及包装材料的属性、设施、设备运行条件、过程控制、产品质量标准，以及监测和控制的分析方法及频率等。控制策略的形成是一个从产品理解到工艺理解的持续改进过程，需要依据质量源于设计（quality by design，QbD）的原则，在对产品及其工艺全面理解基础上，采用风险控制工具识别产品关键质量属性（critical quality attributes，CQAs）、关键物料属性（critical material attributes，CMAs）和关键工艺参数（critical process parameters，CPPs）、其他变异来源等，并依据风险评估结果建立并维持产品的受控状态，以促进产品质量持续改进。

典型的重组蛋白疫苗生产工艺分为细胞库制备（主细胞库和工作细胞库）、细胞培养、纯化、制剂生产等阶段，每个阶段都需要严格的控制以保证产品的质量。其控制原则应包括物料控制、工艺控制、分析控制、稳定性研究、污染控制、工艺验证和清洁验证等。

（一）物料控制

物料是重组蛋白疫苗工艺及质量控制的关键要素，在生产的各个环节均涉及物料，主要分为原材料、辅料和生产用耗材。GMP及《中华人民共和国药典》（简称《中国药典》）三部中均对生产过程中使用的原材料和辅料质量控制提出了通用性要求。

上游生产原材料主要包括配制培养基和相关溶液所需的培养基和添加物等；下游原材料主要包括生产过程中配制缓冲液所需的无机化合物及有机溶剂。辅料主要包括佐剂、稳定剂、赋形剂等。生产用耗材主要有生物反应袋、配/储液袋、无菌连接器等一次性使用耗材，以及超滤膜包、层析介质等重复使用耗材。物料控制的主要环节有确定关键质量属性、选择物料供应商、建立物料内质控标准及验收原则，规范入库、储存、使用、销毁流程，并需关注原材料和辅料的污染风险和耗材的相容性评价。

（二）工艺控制

重组蛋白疫苗是细胞培养表达产生的蛋白质产物，具有复杂的多级结构、存在翻译后修饰、产品相关杂质复杂等特殊性，需要建立健全的工艺控制要求，从而稳定地生产安全、有效的产品。首先要评估产品关键属性，然后结合经验和工艺研究确定关键工艺参数和非关键工艺参数。典型的关键质量属性见表4。

表4 关键质量属性示例

类别	关键质量属性
产品相关质量属性	氨基酸序列、高级结构、低分子量物质、酸性变体、聚合体
工艺相关质量属性	宿主细胞DNA、宿主细胞蛋白、Protein A残留
活性	生物学活性、相对结合活性

续表

类别	关键质量属性
常规属性	pH值、渗透压摩尔浓度、蛋白质含量、澄清度等
污染物	病毒、微生物、支原体、细菌内毒素、浸出物

二、上游生产工艺控制

在疫苗生产过程中，上游生产工艺控制环节至关重要，直接影响着疫苗的安全性、有效性和稳定性。主要涉及以下几个方面：首先，原材料的选择与处理至关重要。疫苗生产所用原材料必须经过严格筛选和质量控制，确保其纯度和安全性。此外，根据疫苗类型的不同，还需选用适宜的细胞株、病毒株或抗原等，以保证疫苗的生物活性。其次，上游工艺还需关注细胞培养、病毒扩增等关键步骤。这些步骤需精确控制温度、pH值、营养物浓度等参数，以确保细胞生长和病毒扩增处于最佳状态。此外，严格控制生产环境的微生物污染亦为关键。疫苗生产中，任何微生物污染都可能导致疫苗失效或引发安全隐患，因此，必须执行严格的消毒、灭菌措施，保障生产环境的洁净度。

质量控制同样是上游工艺控制的重要环节。通过构建完善的质量检测体系，全面检测和评估生产过程中的关键参数和成品，可以及时发现并解决潜在质量问题，确保疫苗的安全性和有效性。

（一）关键参数

上游的生产工艺主要涵盖细胞复苏、摇瓶扩增、反应器扩增、反应器培养以及收获等环节。以下总结了上游工艺各环节需关注的操作参数和性能属性（表5）。

表5　各阶段常见工艺参数示例

步骤	工艺参数	工艺性能属性	备注
细胞复苏及摇瓶扩增	• 复苏温度和时间 • 培养温度 • CO_2浓度 • 转速 • 培养时间 • 培养体积 • 目标细胞接种密度	• 活细胞密度 • 细胞活率 • 检查污染（如显微镜镜检） • 代谢监测项目，如pH值、PCO_2、葡萄糖、乳酸、铵、谷氨酰胺、谷氨酸等（如需）	• 重点关注细胞生长状态（细胞密度、细胞活率） • 取样及检测应有代表性（如注意混匀后执行取样），对于重复测样需有明确的操作规程指引

续表

步骤		工艺参数	工艺性能属性	备注
反应器扩增	浪式生物反应器扩增	• 培养温度 • 总通气量 • CO_2浓度 • 振荡速率 • 角度 • 培养时间 • 培养体积 • 细胞接种密度	• 活细胞密度 • 细胞活率 • 检查污染（如显微镜镜检） • 代谢监测项目，如pH值、PCO_2、葡萄糖、乳酸、铵、谷氨酰胺、谷氨酸等（如需）	• 重点关注细胞生长状态（细胞密度、细胞活率） • 取样及检测应有代表性（如注意混匀后执行取样），对于重复测样需有明确的操作规程指引
反应器扩增	搅拌式种子生物反应器扩增	• 培养温度 • pH值 • CO_2浓度 • 溶氧（DO） • 转速 • 培养时间 • 培养体积 • 细胞接种密度 • 消泡剂添加（根据需要） • 顶通空气（根据需要）	• 活细胞密度 • 细胞活率 • 显微镜检查污染 • 代谢监测项目，如pH值、PCO_2、葡萄糖、乳酸、铵、谷氨酰胺、谷氨酸等	• 重点关注细胞生长状态（细胞密度、细胞活率） • 取样及检测应有代表性（如注意混匀后执行取样），对于重复测样需有明确的操作规程指引
生物反应器培养		• 培养温度 • pH值 • 溶氧（DO） • 转速 • 培养时间 • 培养体积 • 细胞接种密度 • 补料 • 补糖 • 补碱（根据需要） • 消泡剂添加（根据需要） • 顶通空气（根据需要）	• 细胞活率 • 显微镜检查污染 • 代谢监测项目，如pH值、PCO_2、葡萄糖、乳酸、铵、谷氨酰胺、谷氨酸等 • 表达量 • 产品质量（如需）	• 重点关注细胞生长状态（细胞密度、细胞活率）、表达量及关键产品质量（根据需要） • 取样及检测应有代表性（如注意混匀后执行取样），对于重复测样需有明确的操作规程指引
收获[离心机（如使用）及深层过滤]		• 收获时生物反应器温度 • 离心机控制参数（如适用） • 收获液温度 • 处理流量 • 背压（如适用） • 离心力（如适用） • 排渣时间（如适用） • 深层滤器控制参数 • 载量 • 过滤流速 • 压差 • 冲洗体积	• 收获液目标蛋白浓度 • 收获液体积 • 离心后料液浊度（如适用） • 步骤产率 • 微生物负荷 • 细菌内毒素 • 杂质残留*	需重点关注产率、产品贮存条件（如温度）、贮存时间及是否有产品特殊属性

注：*用于研究工艺杂质去除能力需进行残留检测（如宿主细胞DNA残留、宿主细胞蛋白残留等）。

（二）污染控制

污染控制是药品生产过程中一项至关重要的质量控制环节，主要针对微生物、热原、细菌内毒素、粒子等污染源进行管理。其目的在于最大限度地减少药品生产过程中可能出现的污染、交叉污染以及混淆、错误等风险，确保产品在持续稳定的生产过程中符合预设用途和注册要求。在生产工艺的上游阶段，污染控制主要关注细胞培养物的外源性污染控制，包括非目标细胞对生产细胞的污染防控、微生物污染控制（如细菌、真菌），以及对支原体、病毒、细菌内毒素及其他生物污染物（如传染性海绵样脑病朊病毒）的控制。

1. 污染源　在上游生产工艺过程中，主要的污染源可归纳为以下3个方面（见表6）。细菌、霉菌、酵母菌、支原体、分枝杆菌和病毒是关键的上游污染源，细菌内毒素亦属关键的上游污染源，非活性粒子为非关键的上游污染源。

表6　上游工艺常见污染源

污染源	来源	说明
细菌、霉菌、酵母菌、细菌内毒素及粒子等	厂房、公用系统、设备设施、人员及物料	细菌、霉菌、酵母菌、支原体及病毒能够借助细胞及其培养基的营养进行大规模繁殖，与细胞生长产生竞争效应。它们所产生的众多代谢产物（如酶、抗原及毒素）会破坏细胞生长环境，抑制细胞生长，并诱发细胞变异。因此，在上游工序中，这些微生物成为最关键的污染控制目标 在后续工艺环节中，若未设定针对热原/细菌内毒素去除的步骤，务必对热原/内毒素污染源实施更为严格的管控 非活性粒子对细胞培养实验的性能影响非关键，非活性粒子对细胞培养过程的影响相对较小，因此无需将其作为主要的关注点
支原体、病毒及非目标细胞等	细胞株	
海绵状脑病朊病毒等	动物来源的物料	朊病毒作为一种蛋白质，在后续工艺过程中难以被有效去除，同时，通常情况下工艺过程中无相应的检测方法。因此，朊病毒被视为一种必须严格控制的污染源

2. 污染控制策略关键因素　针对风险评估所制定的控制措施，往往呈现独立且单一的特点。然而，污染控制策略能够将这些独立措施相互关联，从而实现对整个污染控制过程的系统性管理。企业在制定污染及交叉污染的风险评估与控制策略时，可综合考虑厂房及环境、设备设施、物料、工艺与生产过程以及人员等五个方面的因素。

污染控制策略涵盖了人员培训、工艺设计、设备设计、公用工程设计、人员意识、质量风险管理、过程监控等多个方面。在生产过程中，应积极更新和优化污染控制策略，持续改进制造和控制方法。同时，定期回顾并分析监测数据，关注异常事件所采取的纠正预防措施，并将这些措施整合为常规的污染控制策略，从而有效预防污染事件的发生。

3. 污染的消除 若生产环境中存在超标污染或发现有害微生物，需对环境进行全面清洁消毒，所采取的消毒措施应针对性地解决污染问题。例如，在霉菌污染情况下，应使用经过效力验证的霉菌杀灭消毒剂。如有必要，在生产区域清洁消毒后，须进行悬浮粒子、沉降菌及表面微生物的监测，合格后方可投入使用。同时，应调查污染源，并充分评估环境污染可能对产品质量产生的影响，包括但不限于分析产品在环境中暴露的可能性、增加产品取样监测点及监测项目等。

一旦上游细胞培养液遭受微生物或病毒的污染，必须立即对被污染的料液及其相关设备进行隔离。随后，应详细检查是否存在潜在的泄漏点，并对发现的泄漏点进行及时且有效的封闭处理。同时，对现场环境进行彻底的清洁和消毒工作，例如使用杀孢子剂或其他高效的消毒剂，以确保污染不会进一步扩散。对于被污染的细胞培养液，应按照预先验证的程序进行灭活处理。此外，为了降低料液在转移至灭活罐过程中可能引发的更多污染风险，可以考虑采取一些预防性措施，如在料液中加入适量的氢氧化钠以调整pH值等。所有与料液接触的器具和耗材也必须经过相应的灭活处理。上述操作完成后，还应对所有设备设施及生产环境进行彻底的清洁消毒，并进行必要的环境监测。对于参与处理污染的操作人员，其洁净服必须首先经过灭活处理，然后再进行丢弃或常规的清洗和消毒（如适用），以防止洁净服对外部环境或其他区域、其他洁净服等造成污染。

三、下游生产工艺控制

重组蛋白疫苗的下游生产各工序主要目的是去除产品相关杂质（如聚合体、降解产物）、去除工艺相关杂质（如培养基成分、宿主细胞蛋白、宿主细胞DNA、脱落蛋白A配基、抗生素、消泡剂、有机溶剂等）、调节电荷异构体比例、灭活及去除潜在病毒，同时将单抗分子置换到稳定的缓冲体系内，加入适量稳定剂以利于单抗分子的长期贮存。

下游工序从收集上游澄清收获液开始，首先经过亲和层析捕获目标抗体分子，然后通过低pH值（或其他化学灭活剂）灭活病毒，再通过阴/阳离子交换层析进行精细纯化、除病毒过滤和切向流超滤浓缩换液，最后添加辅料，配制过滤，分装成原液并进行冷藏或冷冻贮存。

（一）中间产物稳定性

下游每个生产工序之间一般是不连续的，每个工序之间有一定的时间间隔，而且有一些工序被设计为多个循环，比如萃取、超滤、过滤、层析等。因此，含有单抗的中间产物不可避免需要放置在室温或者2～8℃冷藏环境中。基于以上因素，控制中间产物稳定性至关重要。

中间产物稳定性的考察应该与实际的工艺特点结合，通常需要考虑的中间产物包括：上游澄清收获液、离子交换层析收集液、低pH病毒灭活收集液、除病毒过滤收集液、超滤工序收集液等。如原液生产过程中使用的是一次性储存系统，则需要考虑储存容器的接触层材质、密封情况、环境的光照和温度条件等。

中间产物稳定的标准为符合下一工序的控制要求，并且在储存期间无明显变化或者变化趋势控制在一定的范围内。中间产物的稳定性还可通过一些技术来监测，检测项目包括电荷异质性、单体纯度、牛血清白蛋白（BSA）残留、游离巯基和生物活性，等等。电荷异质性检测方法包括全柱成像毛细管等电聚焦电泳（WCID-CIEF）、毛细管区带电泳（CZE）、离子色谱-高效液相色谱法（CEX-HPLC）、离子交换色谱（IEC）等；单体纯度检测方法包括尺寸排组高效液相色谱法（SEC-HPLC）、十二烷基硫酸钠毛细管电泳（CE-SDS）等；牛血清白蛋白检测方法包括全自动毛细管Digient Westren技术；游离巯基检测方法包括DTNB法、液相色谱质谱联用法（LC-MS）、毛细管电泳法；生物活性采用酶联免疫吸附（ELISA）法测定结合活性。

（二）病毒控制

下游生产过程中，病毒安全需从两方面来控制：其一是控制病毒污染源的意外引入，其二是建立有效病毒灭活和去除工艺。控制病毒污染源意外引入可从起始原材料、辅料、各种耗材、设备设施、人员、细胞培养过程及中控检测等方面来控制。建立有效病毒灭活和去除工艺需要通过缩小规模的生产体系，选择有代表性的模型病毒进行灭活和清除来验证，由验证结果来对生产工艺灭活和消除病毒的总体能力进行评价。

生产过程中应该严格按GMP要求执行，对相关原辅料、相关辅料、中间产品、试剂、缓冲液等实施严格质量管理和控制，并采取必要的措施以防止病毒灭活/去除后的产品被污染。根据产品的工艺、特性、用途和设备等相关因素，采用风险评估的方法，采取相应的举措来预防交叉污染和错误，如使用密闭系统、使用专用厂房和设备、采用阶段性生产方式等。还应尽量避免不同阶段的纯化操作使用相同的纯化设备。同时，还应对共用的设备采取适当的清洁和消毒措施，并对清洁和消毒的效果进行验证，以免对后面的操作产生影响。为了防止病毒通过设备或环境由病毒前区域带入病毒后的产品中，需要特别关注病毒后区域是否被污染。

（三）微生物控制

重组蛋白疫苗下游生产过程为控制微生物负荷的非无菌生产工艺，常规的层析、病毒清除/灭活、超滤换液、原液配制、过滤、分装及贮存等工序无法具有与化学或蒸汽灭菌相同的灭菌能力，而且重组蛋白疫苗以肌肉注射为主，如果中间产品微生物负荷过高，会对产品的安全性与使用者的安全构成风险。比如，某些微生物产生的酶会降解疫苗中的有效组分，影响效价。因此，对下游生产过程的微生物负荷和细菌内毒素的控制要求相对较高。

从下游工艺设计开始，就需要考虑工艺过程中微生物的控制风险点。在进行科学的风险评估时，需关注缓冲液的配制、设备及贮存容器的清洁消毒及密封性、中间产品暂存时长及暂存条件、生产环境及工艺设计、原液配制分装工序，以及层析介质、超滤膜包和相关设备在清洁消毒后微生物负荷和细菌内毒素水平等方面。企业应基于科学与风险，评估确定缓冲液、中间产品的暂存条件和时限，在某种情况下，需确认生产环境和规模下的最大暂存时长，或采用利于微生物生长的模拟物代替中间产品进行确认。同时，企业还应建立对中间产品进行日常微生物和细菌内毒素监测的措施，并关注取样和检测方式，避免引入污染。

《中国药典》对微生物的限度检查采用微生物计数法，也可使用替代的快速检测方法，但该方法建立需要进行确认。现有快速检测方法分为定性方法、定量方法、基于微生物细胞所含特定组成成分的分析技术。定性方法包括生物发光技术、电化学技术、比浊法等；定量方法包括固相细胞计数法、流式细胞计数法、直接荧光技术等；基于微生物细胞所含特定组成成分的分析技术包括脂肪酸测定技术、质谱技术、基因组鉴定技术、核酸扩增技术、基因指纹分析技术等。

在生产过程中，微生物限度、细菌内毒素要求应根据重组蛋白疫苗的概况、过程能力以及临床使用要求综合考虑制定。该标准可反映工艺对微生物的去除能力，通过持续监控，在达到一定批次后，应周期性对数据进行回顾以对生物负荷及细菌内毒素的内控范围进行再评价。控制限度并非一成不变，应根据回顾结果进行更新。当结果超过限度时，应进行检查并评估对产品安全性的潜在影响。通常原液的微生物控制限度一般为≤1～10cfu/100ml；层析、超滤换液、除病毒等滤前一般为1～100cfu/10ml，滤后一般为1～10cfu/10ml。

第三节 重组蛋白疫苗成品指标检测

重组蛋白疫苗主要表达为单一蛋白，可在宿主细胞表达过程中自发组装成20～80nm的二十面体病毒样颗粒。这种病毒样颗粒与真正的病毒结构类似，具有多个免疫表位，可以诱导机体产生较好的免疫原性。

核酸疫苗是将外源目的基因序列转录、合成的mRNA通过特定的递送系统导入机体细胞并表达目的蛋白、刺激机体产生特异性免疫学反应，从而使机体获得免疫保护的一种核酸制剂。与传统的重组蛋白疫苗、灭活疫苗和减毒疫苗相比，mRNA疫苗的优势在于制备步骤简单、成本低、免疫反应强、免疫期长且安全性高。

本章介绍的新型疫苗成品检测技术主要涉及三方面内容：①重组蛋白疫苗成品指标检测。②核酸类疫苗成品指标检测。③新型疫苗成品通用指标检测。

一、鉴别试验——酶联免疫吸附法

（一）原理

采用抗-HBs包被反应板，加入待测样本，经孵育后，加入抗-HBs-HRP，当样本中存在HBsAg时，该HBsAg与包被抗-HBs结合又与抗-HBs-HRP结合，形成抗-HBs-HBsAg-抗-HBs-HRP复合物，加入TMB底物产生显色反应，反之则无显色反应。

（二）试剂

乙型肝炎病毒表面抗原诊断试剂盒。

（三）仪器

自动恒温水浴、全波长酶标仪。

（四）分析步骤

1. 样品前处理 平衡温度：每批待检样品取5支，20～28℃静置1小时。

2. 加样 取样品加入微孔板，每支（瓶）两孔，75μl每孔，同时做阴性对照3孔，阳性对照2孔，空白对照1孔。用胶纸封盖装入密封袋中，置于恒温水浴中，37℃温育60分钟，每孔50μl酶结合物（空白对照不加）混匀，将微孔板用胶纸封盖装入密封袋中，置于恒温水浴中，37℃温育30分钟。

3. 洗板　弃去孔内液体，使用洗板机以1倍洗涤液清洗，每孔注入300μl，静置30秒弃去，重复5次，拍干。

4. 加底物　加底物液A、B各50μl，将微孔板用胶纸封盖装入密封袋，放置于恒温水浴中，37℃温育30分钟。

5. 终止　加终止液50μl/孔，终止反应，酶标仪450nm波长下检测结果。

（五）结果计算

阴性平均值+0.100为Cutoff值，阴性对照OD值≤0.100，阳性对照值≥1.000，检测结果有效。5支检品OD值均大于Cutoff值，说明本品含有HBsAg。

（六）注意事项

（1）从冷藏环境中取出的试剂盒需平衡至室温后方可使用，在平衡试剂的同时，待测样本需平衡至室温后再行测试。

（2）使用前，试剂应摇匀。

（3）显色过程必须封片。所有封片纸不能重复使用。

（4）结果判断须在反应终止后10分钟内完成。

（5）不同批号的试剂不可混用。

（6）洗板机洗板时应时常检查加液头，确保其畅通无堵塞；洗板时所用的吸水纸请勿反复使用。洗板机的管路用纯化水冲洗，以防堵塞和腐蚀。

（7）待测样本不可用NaN_3防腐。

（8）本试剂盒应视为有传染性物质，请按传染病实验室检查规程处理。

二、铝含量——氢氧化铝（或磷酸铝）测定法

（一）原理

用过量的乙二胺四乙酸二钠与铝离子发生反应，再用锌滴定液滴定剩余的乙二胺四乙酸二钠。根据锌滴定液的消耗量，可计算出供试品中氢氧化铝（或磷酸铝）的含量。

（二）材料和仪器

水浴箱、计算器、电子天平、计时器、试剂瓶、250ml锥形瓶、25ml滴定管、滴定架、烧杯、量筒、吸管、移液管、玻璃棒、洗耳球、滤纸等。

（三）试剂

0.95mol/L磷酸溶液、醋酸-醋酸铵缓冲液（pH4.5）、0.2%二甲酚橙指示液、

EDTA滴定液（0.05ml/L）、锌滴定液（0.05mol/L）、锌滴定液（0.025mol/L）。

（四）分析步骤

精确量取供试品适量（相当于含铝1～10mg），置250ml锥形瓶中，加0.95mol/L磷酸溶液1.5ml，使完全溶解。必要时于水浴加温（难于溶解时还可适当增加磷酸量）。加0.05mol/L EDTA滴定液10ml，醋酸-醋酸铵缓冲液（pH4.5）10ml，于沸水浴中加热10分钟，取出冷却至室温，加0.2%二甲酚橙指示液1ml，用0.025mol/L锌滴定液进行滴定，当溶液由亮黄转变为橙色，即为终点。并将滴定的结果用空白试验校正。

（五）结果判断

$$氢氧化铝含量（mg/ml）=（V_0-V_1）\times c\times 78.01/V_2$$

$$磷酸铝含量（mg/ml）=（V_0-V_1）\times c\times 121.95/V_2$$

$$铝含量（mg/ml）=（V_0-V_1）\times c\times 26.98/V_2$$

式中：V_0为空白试验消耗锌滴定液的体积，ml；

V_1为供试品消耗锌滴定液的体积，ml；

c为锌滴定液的浓度，mol/L；

V_2为供试品的体积，ml；

78.01、121.95、26.98分别为氢氧化铝、磷酸铝、铝的分子量或相对原子质量。

三、游离甲醛含量——紫外-可见分光光度法

（一）原理

甲醛在接近中性的乙酰丙酮、铵盐混合溶液中，生成黄色的产物（3，5-二乙酰基-1,4-二氢二甲基吡啶），该产物在波长412nm处的吸光度与甲醛含量成正比，根据供试品的吸光度，可计算供试品的游离甲醛含量。

（二）试剂

标准甲醛溶液、乙酰丙酮显色液。

（三）材料和仪器

紫外-可见分光光度计、精密电子天平、电热恒温水槽、离心机、容量瓶、试剂瓶、烧杯、量筒、试管及试管架、可调式加样器。

（四）分析步骤

（1）取标准甲醛溶液稀释成一系列适宜浓度溶液，准确量取上述标准品

溶液各1ml置试管中，加超纯水至5ml，加乙酰丙酮显色液5ml，摇匀，于40℃水浴放置40分钟后取出，冷却至室温（约10分钟），在波长412nm处测定吸光值。

（2）准确量取一定体积的供试品（含游离甲醛约50μg）置试管中，自“加超纯水至5ml”起，同法操作（显色后，若发现溶液浑浊，可3000rpm离心15分钟，取上清液测定）。

（3）准确量取超纯水5ml，自“加乙酰丙酮显色液5ml”起，同法操作，作空白对照。

（4）以标准品溶液的甲醛浓度对其吸光度作直线回归，求得直线回归方程，线性相关系数必须不低于0.99；将供试品的吸光度代入直线回归方程中，计算供试品的游离甲醛含量。

（五）结果判断

供试品中游离甲醛含量=稀释后供试品甲醛含量×稀释倍数。

（六）注意事项

溶液配制及试验操作中要保护好手、眼，戴好乳胶手套、护目镜等。

四、效价测定——酶联免疫法

（一）原理

采用纯化HBsAg包被反应板，加入待测样本，同时加入HBsAg-HRP，如待测样本中含有抗-HBs时，该抗-HBs就与包被HBsAg、HBsAg-HRP结合形成HBsAg-抗-HBs-HBsAg-HRP复合物，加入TMB底物产生显色反应，反之无显色反应。

（二）试剂

参比苗、75%酒精、0.9%氯化钠溶液、乙型肝炎病毒表面抗体诊断试剂盒（酶联免疫法）、包被抗-HBs反应板、对照液（阳性对照、阴性对照）、酶结合物、显色剂A、显色剂B、洗涤液（25X）、终止液。

（三）材料和仪器

酶联仪、微量移液器、恒温箱、离心机、1.5ml离心管、塑封膜。

（四）分析步骤

1. 疫苗稀释液的配制　氢氧化铝佐剂或含氢氧化铝的无菌氯化钠溶液。

2. 疫苗稀释　分别将疫苗供试品和参比苗稀释成16倍、64倍、256倍的溶液。

3. 免疫　在小鼠腹腔注射样品，参比苗和供试品每个浓度注射20只小鼠。

4. 采血　注射后4~6周摘除眼球取血，凝血后分离血清，直接测定或冷藏待测（时间不超过24小时）或于-20℃以下冻存待测。

5. 血清抗体测定

（1）实验前将试剂盒和待测样品从2~8℃中取出，放置室温平衡半小时。设置水浴温度为37℃。

（2）加样　按样品数量取一定量的包被孔，将阳性对照、阴性对照、供试品血清加于相应孔中。

（3）孵育　混匀后贴上封片，置37℃孵育30分钟。

（4）配液　将浓缩洗涤液（wash concentrate）用超纯水作25倍稀释后备用。

（5）洗板　弃去反应条孔内液体，拍干，用洗涤液注满每孔，静置20秒，弃去孔内洗涤液拍干，如此反复5次，拍干。

（6）加显色剂　先加显色剂A，然后再加显色剂B，充分混匀（或将显色剂A、显色剂B按1∶1混合，15分钟内用完），放置37℃避光孵育15分钟。

（7）终止反应　每孔加终止液，混匀。

（8）将板放入酶联仪中，450/630nm下用酶联仪读数。用软件处理数据。

（五）结果计算

$$\text{阳转率}=\frac{\text{阳性数（本浓度+低于本浓度）}}{\text{阳性数（本浓度+低于本浓度）}+\text{阴性数（本浓度+高于本浓度）}}\times 100\%$$

$$ED=\log\frac{\text{高于50\%阳转率（最小浓度）}-50}{\text{高于50\%阳转率（最小浓度）}-\text{低于50\%阳转率（最大浓度）}}\times 0.6+$$

log（高于50%阳转率最低浓度对应稀释度）

（六）结果判断

供试品ED50/参比苗ED50×参比苗标化结果之值应≥1.0。

（七）注意事项

（1）从冷藏环境中取出试剂、所需包被孔及样品后，需室温平衡30分钟后加样。

（2）封片不能重复使用。

（3）结果判断须在反应终止后10分钟内完成。

(4)不同批号的试剂不可混用。

(5)本试剂盒应视为有传染性物质，应按传染性物质规程处理。

(6)若1∶4浓度吸收值明显偏低，则可能发生“钩状效应”，应稀释后进行复试。

五、异常毒性检查——豚鼠法和小鼠法

(一)原理

本法系生物制品的非特异性毒性的通用安全试验，检查制品中是否有外源性毒性物质污染以及是否存在意外的不安全因素。

(二)试剂

75%酒精棉球、碘伏棉球。

(三)仪器

电子天平、电子秒表。

(四)分析步骤

1. 豚鼠试验法

(1)每批供试品用实验豚鼠4只(为同一批)，2只做空白对照，2只注射供试品。注射前每只豚鼠编号、称体重。

(2)腹腔注射供试品　每只豚鼠注入供试品溶液，观察即时反应30分钟，看豚鼠是否有异常反应，然后放在观察架上，标明观察日期，连续观察7天，做好观察记录。

2. 小鼠试验法

(1)每批供试品用实验小鼠10只(为同一批)，5只做空白对照，5只注射供试品。注射前每只小鼠编号、称体重。

(2)腹腔注射供试品　每只小鼠注入供试品溶液，观察即时反应30分钟，看小鼠是否有异常反应，然后放在观察架上，标明观察日期，连续观察7天，做好观察记录。

(五)结果判断

(1)豚鼠试验法　在观察期内，豚鼠应全部健存，无异常反应，到期时每只豚鼠体重增加，判为合格。如不符合上述要求，用4只豚鼠复试一次，判定标准同前。

(2)小鼠试验法　在观察期内，小鼠应全部健存，无异常反应，到期时

每只小鼠体重增加，判为合格。如不符合上述要求，用10只体重19~21g小鼠复试一次，判定标准同前。

（3）如供试品的异常毒性检查同时进行豚鼠试验和小鼠试验，则结果必须豚鼠试验和小鼠试验均判定为合格，供试品方可判定为合格。如果供试品小鼠试验和豚鼠试验其中有一方不合格，或者小鼠试验和豚鼠试验均不合格，则供试品判定为不合格。

（4）如复试结果仍不符合要求，则供试品判定为不合格。

六、细菌内毒素检查——凝胶法

（一）原理

细菌内毒素是由革兰阴性菌细胞壁产生的脂多糖类物质，进入人体后会刺激线粒体产生内源性致热因子，刺激人体下丘脑体温调节中枢，从而导致人体体温调节功能紊乱，产生高致热性。细菌内毒素可以与海洋生物——鲎血细胞中的特殊因子发生凝集反应。

凝胶法是通过鲎试剂与细菌内毒素产生凝集反应的原理进行限度检测或半定量检测内毒素的检测方法。

（二）试剂

细菌内毒素检查用水（BET用水）、鲎试剂、细菌内毒素检查国家标准品或工作标准品、1×PBS缓冲液。

（三）仪器

自动恒温水浴（37±1℃）、洁净工作台、涡旋仪（1500~3000rpm）。

（四）分析步骤

1. 最大有效稀释倍数（MVD）的确定

$$MVD = cL/\lambda$$

L为供试品的细菌内毒素限值。

c为供试品溶液的浓度（当L以EU/mg或EU/U表示时，c的单位需为mg/ml或U/ml，当L以EU/ml表示时，则c等于1.0ml/ml。如需计算在MVD时的供试品浓度，即最小有效稀释浓度，可使用公式$c=\lambda/L$）。

λ为凝胶法中鲎试剂的标示灵敏度（EU/ml）。

2. 标准品的制备

（1）复溶　取细菌内毒素工作标准品1支（以90EU/支计），每支加入

BET用水0.90ml，用封口膜将瓶口封严，置旋涡混合器上混合15分钟，制成100EU/ml内毒素工作标准溶液。

（2）稀释　取100EU/ml内毒素标准溶液逐级稀释至1EU/ml内毒素标准溶液，稀释过程中每稀释一步均需在旋涡器上混合不少于30秒。

3. 鲎试剂灵敏度复核　根据鲎试剂灵敏度的标示值（λ），使用在有效期内的细菌内毒素检查用水将细菌内毒素国家标准品或细菌内毒素工作标准品溶解至2λ、λ、0.5λ和0.25λ四个浓度的内毒素标准溶液，在涡旋仪上混匀15分钟，然后每稀释一步均涡旋混匀30秒以上。分别取不同浓度的内毒素标准溶液，加入等体积（如0.1ml）的鲎试剂溶液，每一个内毒素浓度平行做4管；另取2管加入等体积的细菌内毒素检查用水，作为阴性对照。将所有试管中溶液轻轻混匀后封口，垂直放入37±1℃的恒温水浴中，恒温水浴平面应高于试管内水平面至少1cm，保温60±2分钟。

4. 检验溶液制备　取样品，用PBS缓冲液稀释至1/2MVD后，进行如下操作。

A液（供试品溶液）：取上述溶液与BET用水对倍稀释，平行2管。

取内毒素工作标准品按“2.标准品的制备”所载复溶步骤复溶后，稀释至所用鲎试剂灵敏度标示值的4倍（4λ）。

B液（供试品阳性对照溶液）：取1/2MVD供试品溶液与4λ的内毒素标准品溶液对倍稀释，平行2管。

C液（阳性对照溶液）：取浓度为4λ的内毒素标准品溶液与BET用水对倍稀释，平行2管。

D液（阴性对照溶液）：BET用水，平行2管。

5. 鲎试剂复溶　每批样品取8支鲎试剂，每支加入0.1ml BET用水复溶，分别取A、B、C、D溶液0.1ml加入至复溶的鲎试剂中，各平行2管，将试管中溶液轻轻混匀后封口，垂直放入37±1℃的恒温水浴中，恒温水浴平面应高于试管内水平面至少1cm，保温60±2分钟。

（五）结果判定

温育结束后，将试管从自动恒温水浴中轻轻取出，缓缓倒转180°。若形成凝胶，并且管中凝胶不从管壁滑脱者为阳性；未形成凝胶或凝胶未完全凝固并从管壁滑脱者为阴性。

若阴性对照溶液D的平行管均为阴性，供试品阳性对照溶液B的平行管均为阳性，阳性对照溶液C的平行管均为阳性，试验有效。

若溶液A的两个平行管均为阴性，判定供试品符合规定。若溶液A的两个平行管均为阳性，判定供试品不符合规定。若溶液A的两个平行管中的一管为阳性，另一管为阴性，需进行复试。复试时溶液A需做4支平行管，若所有平行管均为阴性，判定供试品符合规定，否则判定供试品不符合规定。

（六）注意事项

（1）保温和拿取试管过程应避免受到振动，造成假阴性结果。

（2）供试品及标准品每一步的稀释步骤不能大于10倍。

（3）标准品每稀释一步均需在旋涡器上混合至少30秒以上。供试品溶液每稀释一步均需在旋涡器上混合至少15秒以上。

（4）尽量采用玻璃制品试管，避免塑料试管产生内毒素吸附作用，影响结果准确性。

（5）接触溶液的实验器具均为无热原或经过除热原操作。

七、抗生素残留量——间接竞争ELISA法

（一）原理

试验采用间接竞争ELISA方法，在酶标板微孔条上预包被偶联抗原，样本中残留的庆大霉素将和微孔条上预包被的偶联抗原竞争抗庆大霉素抗体，加入酶标二抗后，用TMB底物显色，样本吸光度值与残留物庆大霉素的含量成负相关，与标准曲线比较再乘以其对应的稀释倍数，即可得到样本中庆大霉素的残留量。

（二）试剂

庆大霉素（Gentamicin）ELISA检测试剂盒（贮存温度：2～8℃）、96孔酶标板×1块（包被有偶联抗原）、标准液、酶标二抗、抗体工作液、底物A液、底物B液、720×浓缩洗涤液、终止液。

（三）仪器

酶联仪、自动恒温水浴。

（四）分析步骤

将所需试剂从冷藏环境中取出，置于室温（20～25℃）平衡30分钟以上，注意每种液体试剂使用前均摇匀。

（1）将浓缩洗涤液用超纯水做20倍稀释。

（2）加标准品/样本　加标准品/样本到对应的微孔中，每个样品和标准品做两孔平行，再加入抗体工作液，轻轻振荡混匀，封好板后置37℃避光环境

中反应30分钟。

（3）洗板 弃去孔内液体，用洗涤液洗4～5次，每次间隔10秒，用吸水纸拍干。

（4）加酶标二抗 加入酶标二抗，轻轻振荡混匀，封好板后置37℃避光环境中反应30分钟。

（5）洗板 弃去孔内液体，用洗涤液洗4～5次，每次间隔10秒，用吸水纸拍干。

（6）加显色剂 加入底物A液，再加底物B液，轻轻振荡混匀，封好板后置37℃避光环境中避光反应15分钟。

（7）终止 加终止液，轻轻振荡混匀。

（8）测定 5分钟内用酶联仪于450nm或450/630nm波长下读数。

（五）结果计算

（1）用北京望尔软件进行数据处理。

（2）百分吸光率值（%）=$B/B_0 \times 100\%$（B：标准溶液或样本溶液的平均吸光度值；B_0：0ng/ml标准溶液的平均吸光度值）。

（3）标准曲线的绘制与计算 以标准品百分吸光率为纵坐标，以庆大霉素标准品浓度（ng/ml）的半对数为横坐标，绘制标准曲线，将样本的百分吸光率代入标准曲线，以标准曲线上读出样本所对应的浓度乘以对应的稀释倍数，即为样本中庆大霉素实际的残留量。

（六）标准及判定

1. 检测有效性判定 平行样CV% ≤ 10%，｜r｜≥ 0.98。

2. 结果判定 ≤ 50ng/剂。

（七）注意事项

（1）室温低于20℃或试剂及样本没有在室温平衡会导致所有标准的OD值偏低。

（2）在洗板过程中如果出现板孔干燥的情况，则会出现标准曲线不成线性、重复性不好的现象。所以洗板拍干后应立即进行下一步操作。

（3）开封未使用的板条，可以放回加入干燥剂的密封塑料袋中，4℃密封保存。

（4）在加入底物后，一般显色时间为10～15分钟即可。若颜色较浅，可延长反应时间，但不得超过30分钟。反之，则减短反应时间。

（5）在进行操作、洗涤全过程中，必须使用洁净器具，以避免污染干扰实验结果。

（6）实验废液应集中收集于废液桶中。

第四节　核酸类疫苗成品指标检测

鉴别

一、mRNA序列尺寸

（一）原理

Agilent 2100 Bioanalyzer生物分析仪是一款基于毛细管电泳原理，采用微流控芯对mRNA进行分离检测的平台。因为不同尺寸mRNA在芯片上的移动速度不同，生物分析仪可以用于检测RNA的纯度。

（二）试剂

Agilent RNA 6000 Nano试剂盒、RNase去污溶液、Nuclease-Free Water、RNase Away表面去污剂、30kD超滤离心管、PureLink RNA MiniKit、2M DTT、SYS6006原液参比品。

（三）仪器

生物分析仪、芯片固定装置、16针卡口电极盒、干式恒温器、超微量紫外-可见分光光度计。

（四）分析步骤

1. RNA 提取　精密量取样品200μl、裂解液（含DTT）200μl和无水乙醇200μl，置同一离心管中，涡旋混合均匀，置振荡器上室温震荡30分钟。每批样品平行测定3瓶。将上一步的混合液转移至试剂盒中含有核酸吸附膜的离心管（spincartridges）中（离心管下方带有收集管）。2000rpm室温离心30秒，取出离心管丢弃收集管中的溶液，再次将收集管安装在离心管下方。取700μl试剂盒中的Wash Buffer Ⅰ，加入到离心管中，12000rpm室温离心30秒，取出离心管丢弃收集管中的溶液，再次将收集管安装在离心管下方。取500μl试剂盒中的Wash Buffer Ⅱ（含乙醇）加入到离心管中，12000rpm室温离心30秒，取出离心管丢弃收集管中的溶液，再次将收集管安装在离心管下方。重复上述步骤，用Wash Buffer Ⅱ再次洗涤。再次将离心管放入离心机，12000rpm室温离心1分钟，使吸附膜干燥，取出离心管，丢弃收集管，取出试剂盒中的回收管（collection tubes）安装在离心管下方。加入50μl Nuclease-

free Water 于离心管中，室温放置 1 分钟，将离心管放入离心机，17000rpm 室温离心 2 分钟，将吸附在膜上的 RNA 收集在回收管中。

2. RNA 浓缩　取下回收管，将回收的 50μl RNA 转移至超滤离心管中（500μl，孔径为 30K，离心管下方带有收集管），分别加入 400μl Nuclease-free Water，用移液枪吹打混匀。将超滤离心管放入高速离心机中，14000rpm 室温离心约 3 分钟，取出离心管，弃去滤液，重复用 Nuclease-free Water 洗涤 2～3 次，离心管中的溶液为浓缩后的 RNA，用于后续纯度的检测。RNA 浓度测定：取 2μl 浓缩后的 RNA，用超微量紫外－分光光度计进行快速检测，若检测到的浓度小于 200ng/μl 则进一步浓缩，若浓度达到约 200ng/μl 则不需要浓缩。

3. 上机前准备

（1）清洁电极、环境及机器。

（2）凝胶制备　使用前，把Agilent RNA 6000 Nano试剂盒内试剂从冰箱内取出放在室温下平衡30分钟。取550μl凝胶到离心滤管上层。将离心滤管在4000rpm条件下离心10分钟。将离心后的凝胶分装到0.5ml无酶离心管中，每管65μl，4℃保存，有效期1个月。

（3）凝胶－染料混合物制备　使用前，所有试剂均需在室温下平衡30分钟，染料放置于避光环境。RNA染料管在涡旋混匀器上混合10秒。取1μl RNA染料加入65μl分装后的凝胶中。盖上盖子后，确保凝胶－染料混合液混合均匀，把染料管重新放回4℃避光保存。在室温下，将混合物在14000rpm条件下离心10分钟，混合液必须在制备后一天内使用。

（4）RNA梯度标样及上样　取1μl梯度标样加入样品槽，样品槽内分别加入1μl的待测样品，每批样品做三个复孔，如无样品，加入1μl无酶水代替。将芯片放置在专用涡旋混匀器上设置转速为2000～2400rpm，混合60秒。

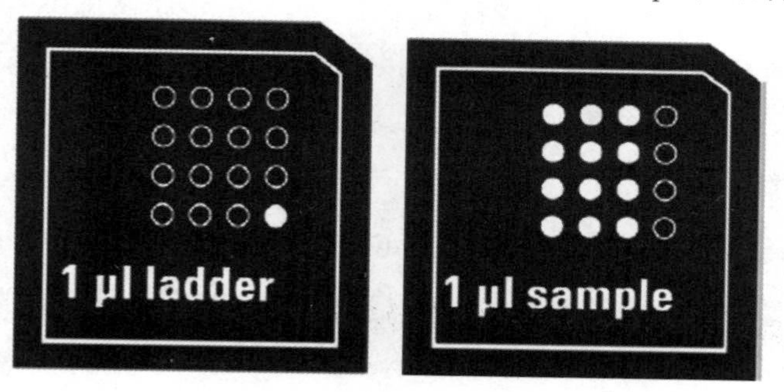

4. 样品分析　将 RNA 芯片放入 Agilent 2100 Bioanalyzer 生物分析仪，开始样品检测，样品分析完成后，将芯片取出，根据实验室标准丢弃。

（五）结果判断

根据峰面积（time corrected area）计算RNA纯度，将除了内标峰之外的其他峰面积相加作为总峰面积，主峰面积和总峰面积的比例，即为原液mRNA纯度。对每批次原液的三个复孔的纯度进行计算后，取平均值为原液RNA纯度，不完整RNA含量即100%-RNA纯度%。

$$原液\ RNA\ 纯度\ \% = \frac{目标峰面积}{总峰面积} \times 100\%$$

RNA序列尺寸可在仪器上直接读出。

（六）注意事项

（1）使用储存并标记好的清洁芯片清洁电极，清洁芯片每次使用后换电极清洗液/水，使用25次后弃置，并使用新的清洁芯片。

（2）在芯片上标记的样品槽添加混合液时，将吸头深入样品槽底部添加，不要碰到样品槽边缘内壁。

二、序列测定——NGS法

（一）原理

样品经裂解纯化获得mRNA后，使用反转录的方式将RNA转成cDNA，采用Primer5软件对参考序列分段设计引物，扩增PCR产物，使用测序仪进行测序，测序结果使用DNAstar软件进行拼接，最终得到完整的基因序列。

寡核苷酸（dT）磁珠用于纯化并捕获含有polyA尾的mRNA分子。将纯化的mRNA片段化，并使用逆转录酶和随机引物复制生成第一链互补DNA（cDNA）。在第二链cDNA合成步骤中，脱氧尿嘧啶三磷酸（dUTP）取代脱氧胸腺嘧啶三磷酸（dTTP）以实现链特异性。最后一步是将腺嘌呤（A）和胸腺嘧啶（T）碱基添加到片段末端，并连接接头。将所得产物纯化后进行选择性扩增，然后在Illumina系统上进行测序。

（二）试剂

Illumina Stranded mRNA Prep，Ligation（96Samples）、IDT for Illumina RNA UD Indexes Set A、Agencourt AMPure XP、Qubitds dsDNA HS Assay Kits、Qubit Assay Tubes、MiSeq Reagent Nano Kit v2（300-cycles）、PhiX、DNA 1000 Kit。

（三）仪器

基因测序仪、Qubit核酸荧光定量仪、生物分析仪、PCR仪、超微量紫外分光光度计。

（四）分析步骤

1. 提取 RNA

（1）试剂准备 实验开始前用RNase Away清洁操作台面以及材料设备，防止RNase污染。

1M DTT：用无酶水将2M DTT稀释为1M，-20℃储存。

裂解液（含DTT）：取2ml裂解液，加入80μl 1M DTT混合均匀，临用新制。

（2）RNA的提取 取1.5ml的离心管加入200μl样本、200μl配制好的裂解液（含DTT）和200μl无水乙醇（每批次取2瓶成品样品检测），混合均匀，放置在振荡器上室温震荡30分钟。

将上一步的混合液转移至试剂盒含有核酸吸附膜的离心管中（离心管下方带有收集管）。

将离心管（连同收集管）放入高速离心机中，12000rpm室温离心30秒，此时RNA已吸附于离心管的膜上，取出离心管，丢弃收集管中的溶液，再次将收集管安装在离心管下方。

取700μl试剂盒中的Wash Buffer I加入到离心管中，12000rpm室温离心30秒，取出离心管丢弃收集管中的溶液，再次将收集管安装在离心管下方。

取500μl试剂盒中的Wash Buffer II（含乙醇）加入到离心管中，12000rpm室温离心30秒，取出离心管丢弃收集管中的溶液，再次将收集管安装在离心管下方。

重复上述步骤再次洗涤。

再次将离心管放入离心机12000rpm室温离心1分钟，使吸附膜干燥，取出离心管丢弃收集管，取出试剂盒中的回收管安装在离心管下方。

加入50μl Nuclease-free Water于离心管中室温放置1分钟，将离心管放入离心机17000rpm室温离心2分钟，将吸附在膜上的RNA收集到回收管中。

（3）RNA的置换与浓缩 取下回收管，将回收的50μl RNA转移至孔径为30kD的500μl超滤离心管中（离心管下方带有收集管），分别加入450μl Nuclease-free Water，用移液枪吹打混匀。

将超滤离心管放入高速离心机中，14000rpm室温离心5～8分钟，取出离心管，丢弃收集管，离心管中的溶液为浓缩后的RNA，用于后续mRNA序列的检测。

（4）RNA浓度测定　取2μl回收后的样品用超微量紫外-分光光度计进行快速检测。

2. 文库制备

（1）mRNA纯化和片段化

①捕获mRNA　在新PCR孔板的每个孔中，用无核酸酶超纯水将25～1000ng总RNA稀释至25μl。涡旋RPBX（RNA纯化磁珠），使其重悬。向每个孔中加入25μl RPBX（RNA纯化磁珠）。可以用以下任意方法进行混合：密封，并在2000rpm下振荡1分钟，然后在280×g下离心10秒；吸打混合10次，然后密封。放入预先设定的热循环仪中并运行mRNA_CAP程序。程序运行总时间约为15分钟，每个孔中的溶液量为50μl。

②洗脱mRNA　密封PCR孔板，在280×g下离心10秒钟。将孔板置于磁力架上，然后等待2分钟。吸取并弃去全部上清液。从磁力架上取下。向每个孔中加入100μl磁珠清洗缓冲液（BWB）。可以用以下任意方法进行混合：密封，并在2000rpm下振荡1分钟，然后在280×g下离心10秒：吸打混合10次。将孔板置于磁力架上，然后等待2分钟。吸取并弃去全部上清液。使用20μl移液枪，去除所有残留的磁珠清洗缓冲液（BWB）。从磁力架上取下。向每个孔中加入25μl洗脱缓冲液（ELB）。可以用以下任意方法进行混合：密封，然后在2200rpm下振荡1分钟；缓慢吸打，直至磁珠重悬，然后密封。如果振荡无法使磁珠充分重悬，则缓慢吸打，直至磁珠重悬，然后密封。在280×g下离心10秒。放入预先设定的热循环仪中并运行mRNA_ELT程序。程序运行总时间约为6分钟，每个孔中的溶液量为25μl。

③纯化mRNA　将1.7ml试管置于冰上，准确混合以下溶液，制备片段化预混液。其中，无核酸酶超纯水10.5μl×样本总数，引物、片段化3HC混合液（EPH3）10.5μl×样本总数。密封PCR孔板，在280×g下离心10秒钟。向每个孔中加入25μl磁珠结合缓冲液（BBB）。可以用以下任意方法进行混合：密封，并在2000rpm下振荡1分钟，然后在280×g下离心10秒；吸打混合10次。在室温下孵化5分钟。将孔板置于磁力架上，然后等待2分钟。吸取并丢弃50μl上清液。从磁力架上取下。向每个孔中加入100μl磁珠清洗缓冲液（BWB）。可以用以下任意方法进行混合；密封，并在2000rpm下振荡1分钟，然后在280×g下离心10秒；吸打混合10次。将孔板置于磁力架上，然后等待2分钟。吸取并弃去全部上清液。使用20μl移液枪，去除所有残留的磁珠清洗缓冲液（BWB）。从磁力架上取下。充分吸打片段化预混液，进行混合。向每个孔中加入19μl片段化预混液。可以用以下任意方法进行混合：密封，然后

在2200rpm下振荡1分钟；缓慢吸打，直至磁珠重悬，然后密封。如果振荡无法使磁珠充分重悬，则缓慢吸打，直至磁珠重悬，然后密封。在室温下孵化2分钟。在280×g下离心10秒。

④mRNA片段化与变性　放入预先设定的热循环仪中并运行DEN94_8程序。程序运行总时间约为10分钟，每个孔中的溶液量为19μl。密封PCR孔板，在280×g下离心10秒钟。将孔板置于磁力架上，然后等待2分钟。从每个孔中转移17μl上清液至新PCR孔板。将新的PCR孔板置于冰上。

（2）合成第一链cDNA　将1.7ml试管置于冰上，准确混合以下溶液，制备第一链合成预混液（FSA）。其中，第一链合成预混液（FSA）9μl×样本总数，逆转录酶（RVT）1μl×样本总数。充分吸打第一链合成预混液（FSA），进行混合。密封PCR孔板，在280×g下离心10秒。向每个孔中加入8μl第一链合成预混液（FSA），吸打混合10次，然后密封。放入预先设定的热循环仪中并运行FSS程序。程序运行总时间约为43分钟，每个孔中的溶液量为25μl。

（3）合成第二链cDNA

①生成cDNA　密封PCR孔板，在280×g下离心10秒。向每个孔中加入25μl第二链标记预混液（SMM）。吸打混合10次，然后密封。放入预先设定的热循环仪中并运行SSS程序。程序运行总时间约为1小时，每个孔中的溶液量为50μl。

②纯化cDNA　密封PCR孔板，在280×g下离心10秒钟。涡旋AMPure XP，使其重悬。向每个孔中加入90μl AMPure XP。可以用以下任意方法进行混合：密封，并在2000rpm下振荡1分钟，然后在280×g下离心10秒；缓慢吸打，直至磁珠重悬。在室温下孵化5分钟。将孔板置于磁力架上，然后等待5分钟。吸取并丢弃130μl上清液。按照以下步骤清洗磁珠。将孔板保留在磁力架上，向每个孔中加入175μl新鲜配制的80%乙醇，等待30秒。吸取并弃去全部上清液。重复清洗步骤。使用20μl移液枪，去除所有残留乙醇。置于磁力架上晾干2分钟。不要将磁珠晾得过干。从磁力架上取下。向每个孔中加入19.5μl重悬缓冲液（RSB）。可以用以下任意方法进行混合：密封，然后在2200rpm下振荡1分钟；缓慢吸打，直至磁珠重悬，然后密封。如果振荡无法使磁珠充分重悬，则缓慢吸打，直至磁珠重悬，然后密封。在室温下孵化2分钟。在280×g下离心10秒。将孔板置于磁力架上，然后等待2分钟。从每个孔中转移17.5μl上清液至新PCR孔板。少量的磁珠残留不会影响性能。如果要暂停，请将孔板密封，并储存在-25～-15℃的环境中，最多可保存7天。

（4）3'末端腺苷酸化　如果在安全暂停点后恢复方案，则将密封的

PCR孔板在280×g下离心10秒钟。向每个孔中加入12.5μl末端加A混合液（ATL4）。使用200μl移液枪，吸打10次以混匀，然后密封。放入预先设定的热循环仪中并运行ATAIL程序。程序运行总时间约为38分钟，每个孔中的溶液量为30μl。

（5）连接锚点

①添加锚点　密封PCR孔板，在280×g下离心10秒钟。按照以下列出的顺序，向每个孔中加入以下溶液。从锚点孔板中，将RNA标签锚点转移至PCR孔板。使用200μl移液枪，吸打10次以混匀，然后密封。放入预先设定的热循环仪中，并运行LIG程序。程序运行总时间约为13分钟，每个孔中的溶液量为38μl。

②终止连接　密封PCR孔板，在280×g下离心10秒钟。向每个孔中加入5μl终止连接缓冲液（STL），每个孔的溶液量为43μl。吸打15次以混匀。

（6）纯化片段　涡旋AMPure XP，使其重悬。向每个孔中加入34μl AMPure XP。可以用以下任意方法进行混合：密封，并在2000rpm下振荡1分钟，然后在280×g下离心10秒；缓慢吸打，直至磁珠重悬。在室温下孵化5分钟。将孔板置于磁力架上，然后等待5分钟。吸取并丢弃67μl上清液。

按照以下步骤清洗磁珠。将孔板保留在磁力架上，向每个孔中加入175μl新鲜配制的80%乙醇。等待30秒。吸取并弃去全部上清液。再次清洗磁珠。使用20μl移液枪，去除所有残留乙醇。置于磁力架上晾干2分钟。不要将磁珠晾得过干。

从磁力架上取下。向每个孔中加入22μl重悬缓冲液（RSB）。可以用以下任意方法进行混合：密封，然后在2200rpm下振荡1分钟；缓慢吸打，直至磁珠重悬，然后密封。如果振荡无法使磁珠充分重悬，则缓慢吸打，直至磁珠重悬，然后密封。在室温下孵化2分钟。在280×g下离心10秒。将孔板置于磁力架上，然后等待2分钟。将20μl上清液转移至新的PCR孔板上相应的孔中。如果要暂停，请将孔板密封，并储存在-25～-15℃的环境中，最多可保存7天。

（7）扩增文库　如果在安全暂停点后恢复方案，则将密封的PCR孔板在280×g下离心10秒钟。每个孔使用一个新的移液枪头，刺穿覆盖在将要使用的标签接头孔板孔上的铝箔密封膜。将标签接头孔板（UDP0XXX）从标签接头孔板转移至PCR孔板。标签接头孔板（UDP0XXX）（10μl）增强PCR混合液（EPM）（20μl）吸打混合10次，然后密封。放入预先设定的热循环仪中并运行PCR程序。每个孔的溶液量为50μl。调整程序，针对不同的起始量进行优化。

（8）纯化文库　密封PCR孔板，在280×g下离心10秒钟。涡旋AMPure XP，使其重悬。向每个孔中加入50μl AMPure XP。可以用以下任意方法进行混合：密封，并在2000rpm下振荡1分钟，然后在280×g下离心10秒；缓慢吸打，直至磁珠重悬。在室温下孵化5分钟。将孔板置于磁力架上，然后等待5分钟。吸取并丢弃90μl上清液。

按照以下步骤清洗磁珠。将孔板保留在磁力架上，向每个孔中加入175μl新鲜配制的80%乙醇。等待30秒。吸取并弃去全部上清液。再次清洗磁珠。使用20μl移液枪，去除所有残留乙醇。置于磁力架上晾干2分钟。不要将磁珠晾得过干。

从磁力架上取下。向每个孔中加入17μl重悬缓冲液（RSB）。可以用以下任意方法进行混合：密封，然后在2200rpm下振荡1分钟；缓慢吸打，直至磁珠重悬，然后密封。如果振荡无法使磁珠充分重悬，则缓慢吸打，直至磁珠重悬，然后密封。在室温下孵化2分钟。在280×g下离心10秒。将孔板置于磁力架上，然后等待2分钟。从每个孔中转移15μl上清液至新PCR孔板上相应的孔中。

（9）检查文库　使用Agilent 2100 Bioanalyzer和DNA 1000 Kit分析1μl文库，得出平均片段长度。使用Qubitds DNA BR Assay Kit分析2μl文库，进行进一步定量。

3. MiSeq 上机

（1）稀释/变性文库

①将文库稀释至起始浓度　使用相应的方法获取文库或混合文库的摩尔浓度值，使用摩尔浓度值，计算将文库稀释至系统起始浓度所需的重悬缓冲液（RSB）和文库的体积。使用重悬缓冲液（RSB）将每个文库稀释至系统的起始浓度。在试管中加入10μl各个稀释文库，以混合文库。

②变性文库　20μl 1N NaOH+80μl超纯水，得到0.2N NaOH。涡旋震荡3～5秒钟，瞬时离心。重复一次。5μl 4nM或2nM文库+5μl0.2N NaOH。涡旋震荡3～5秒钟，瞬时离心。重复一次。室温变性5～10分钟。加冰预冷的HT 1990μl。涡旋震荡5～10秒钟，瞬时离心。重复一次，稀释、变性后的文库置于冰上或2～8℃冰箱，准备上机使用。

③PhiX变性文库　20μl 1N NaOH+80μl超纯水，得到0.2N NaOH。涡旋震荡3～5秒钟，瞬时离心。重复一次。5μl 4nM或2nM文库+5μl 0.2N NaOH。涡旋震荡3～5秒钟，瞬时离心。重复一次。室温变性5～10分钟。加冰预冷

的HT1990μl。涡旋震荡5～10秒，瞬时离心。重复一次。将PhiX稀释到与样本一致的浓度。按表7方式将PhiX标准文库与待测文库混合。

表7 PhiX标准文库与待测文库混合方式

文库类型	碱基均衡文库（1%PhiX）（μl）	碱基不均衡文库（≥5%PhiX）（μl）
变性、稀释后的PhiX标准文库	6	30
变性、稀释后的待测文库	594	570

（2）在Local Run Manager（LRM）中创建run 打开网页浏览器，输入http://localhost/#/login，登录LRM。点击“Create Run”->“Generate FASTQ”创建一个run。设置run参数后。点“Save Run”保存。请务必确认测序策略（双端或单端）、测序读长和index读长是否准确。

（3）MiSeq上机 解冻-20℃测序试剂夹盒。使用室温去离子水，水位接近，但不超过最高水位线。

MiSeq v3试剂盒约60～90分钟完全解冻；MiSeq v2试剂盒约60分钟完全解冻。

确认试剂完全解冻后（特别注意1、2和4号试剂），上下翻转10次。翻转过程不宜过快，以确保试剂充分混匀。检查试剂中是否有气泡，如有气泡，可通过轻拍夹盒来消除气泡。解冻的试剂如不马上使用，请临时置于2～8℃冰箱保存，保存时间不超过6小时。最好可以马上上机。将600μl稀释变性好的文库样品加入到第17号（标有Load Samples字样）试剂槽位。检查试剂中是否有气泡，如有气泡，可通过轻拍夹盒来消除。重启MiSeq。进入MiSeq控制软件界面后，选择“SEQUENCE”。通过LRM或Sample Sheet选择run。准备流动槽。装入流动槽。装入PR2试剂和废液缸，并确定废液缸已清空。装入试剂夹盒，并确定已混匀、已加样品，且试剂管底无气泡。运行前仪器自检。自检通过后点击“Start Run”，开始测序。测序结束后，进行Post-Run清洗。

物理检查

三、可见异物——《中国药典》2020年版三部通则0904可见异物检查法第一法（灯检法）

（一）原理

可见异物系指存在于注射剂、眼用液体制剂和无菌原料药中，在规定条件下目视可以观测到的不溶性物质，其粒径或长度通常大于50μm。

（二）仪器

澄明度检测仪。

（三）分析步骤

1. 灯检法　灯检法应在暗室中进行。检查装置如图 1 所示。

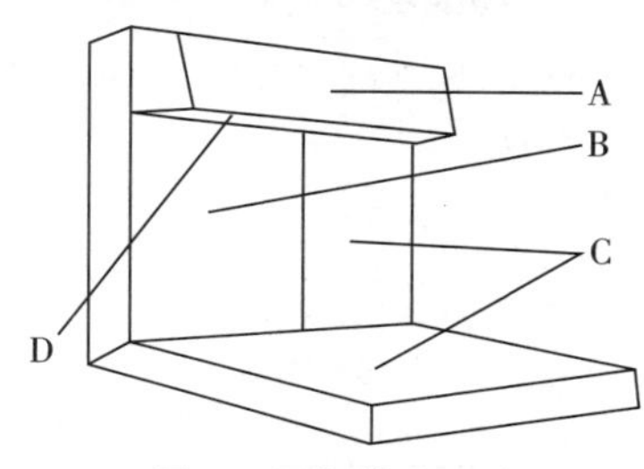

图 1　图灯检法示意

A. 带有遮光板的日光灯光源（光照度可在1000～4000lx范围内调节）；
B. 不反光的黑色背景；C. 不反光的白色背景和底部（供检查有色异物）；
D. 反光的白色背景（指遮光板内侧）。

2. 操作步骤　取 20 瓶样品，除去容器标签，擦净容器外壁，必要时将药液转移至洁净透明的适宜容器内，将供试品置遮光板边缘处，在明视距离（指供试品至人眼的清晰观测距离，通常为 25cm），手持容器颈部，轻轻旋转和翻转容器（但应避免产生气泡），使药液中可能存在的可见异物悬浮，分别在黑色和白色背景下目视检查，重复观察，总检查时限为 20 秒。供试品装量每支（瓶）在 10ml 及 10ml 以下的，每次检查可手持 2 支（瓶）。50ml 或 50ml 以上大容量注射液按直、横、倒三步法旋转检视。供试品溶液中有大量气泡产生影响观察时，需静置足够时间至气泡消失后检查。

用无色透明容器包装的无色供试品溶液，检查时被观察供试品所在处的光照度应为1000～1500lx；用透明塑料容器包装、棕色透明容器包装的供试品或有色供试品溶液，光照度应为2000～3000lx；混悬型供试品或乳状液，光照度应增加至约4000lx。

（四）结果判断

供试品中不得检出金属屑、玻璃屑、长度超过2mm的纤维、最大粒径超过2mm的块状物以及静置一定时间后轻轻旋转时肉眼可见的烟雾状微粒沉积物、无法计数的微粒群或摇不散的沉淀，以及在规定时间内较难计数的蛋白质絮状物等明显可见异物。供试品中如检出点状物、2mm以下的短纤维和块状物等微细可见异物，生化药品或生物制品若检出半透明的小于约1mm的细小蛋白质絮状物或蛋白质颗粒等微细可见异物，除另有规定外，应分别符合表8中的规定。

表8　生物制品注射液、滴眼剂结果判定

<table>
<tr><th rowspan="2">类别</th><th colspan="2">微细可见异物限度</th></tr>
<tr><th>初试20支（瓶）</th><th>初、复试40支（瓶）</th></tr>
<tr><td>注射液</td><td rowspan="2">装量50ml及以下，每支（瓶）中微细可见异物不得超过3个
装量50ml以上，每支（瓶）中微细可见异物不得超过5个
如仅有1支（瓶）超出，符合规定
如检出2支（瓶）超出，复试
如检出3支（瓶）及以上超出，不符合规定</td><td>2支（瓶）以上超出，不符合规定</td></tr>
<tr><td>滴眼液</td><td>3支（瓶）以上超出，不符合规定</td></tr>
</table>

（五）注意事项

远距离和近距离视力测验，均应为4.9及以上（矫正后视力应为5.0及以上）；应无色盲。

四、不溶性微粒——《中国药典》2020年版三部通则0903不溶性微粒检查法第一法（光阻法）

（一）原理

液体中的微粒通过一窄细检测通道时，与液体流向垂直的入射光，由于被微粒阻挡而减弱，因此由传感器输出的信号降低，这种信号变化与微粒的截面积大小相关。

（二）试剂

不溶性微粒检查用水。

（三）仪器

微粒测定仪。

（四）分析步骤

1. 标示装量为25ml或25ml以上的静脉用注射液或注射用浓溶液　除另有规定外，取供试品至少4个，分别按下法测定：用水将容器外壁洗净，小心翻转20次，使溶液混合均匀，立即小心开启容器，先倒出部分供试品溶液冲洗开启口及取样杯，再将供试品溶液倒入取样杯中，静置2分钟或适当时间脱气泡，置于取样器上（或将供试品容器直接置于取样器上）。开启搅拌，使溶液混匀（避免气泡产生），每个供试品依法测定至少3次，每次取样应不少于5ml，记录数据，弃第一次测定数据，取后续测定数据的平均值作为测定结果。

2. 标示装量为25ml以下的静脉用注射液或注射用浓溶液 除另有规定外，取供试品至少4个，分别按下法测定：用水将容器外壁洗净，小心翻转20次，使溶液混合均匀，静置2分钟或适当时间脱气泡，小心开启容器，直接将供试品容器置于取样器上，开启搅拌或以手缓缓转动，使溶液混匀（避免产生气泡），由仪器直接抽取适量溶液（以不吸入气泡为限），测定并记录数据，弃第一次测定数据，取后续测定数据的平均值作为测定结果。

注射用浓溶液如黏度太大，不便直接测定时，可经适当稀释，依法测定。也可采用适宜的方法，在洁净工作台小心合并至少4个供试品的内容物（使总体积不少于25ml），置于取样杯中，静置2分钟或适当时间脱气泡，置于取样器上。开启搅拌，使溶液混匀（避免气泡产生），依法测定至少4次，每次取样应不少于5ml。弃第一次测定数据，取后续3次测定数据的平均值作为测定结果，根据取样体积与每个容器的标示装置体积，计算每个容器所含的微粒数。

3. 静脉注射用无菌粉末 除另有规定外，取供试品至少4个，分别按下法测定：用水将容器外壁洗净，小心开启瓶盖，精密加入适量微粒检查用水（或适宜的溶剂），小心盖上瓶盖，缓缓振摇使内容物溶解，静置2分钟或适当时间脱气泡，小心开启容器，直接将供试品容器置于取样器上，开启搅拌或以手缓缓转动，使溶液混匀（避免气泡产生），由仪器直接抽取适量溶液（以不吸入气泡为限），测定并记录数据。弃第一次测定数据，取后续测定数据的平均值作为测定结果。也可采用适宜的方法，取至少4个供试品，在洁净工作台上用水将容器外壁洗净，小心开启瓶盖，分别精密加入适量微粒检查用水（或适宜的溶剂），缓缓振摇使内容物溶解，小心合并容器中的溶液（使总体积不少于25ml），置于取样杯中，静置2分钟或适当时间脱气泡，置于取样器上。开启搅拌，使溶液混匀（避免气泡产生），依法测定至少4次，每次取样应不少于5ml，弃第一次测定数据，取后续测定数据的平均值作为测定结果。

（五）结果判断

（1）标示装量为100ml或100ml以上的静脉用注射液 除另有规定外，每1ml中含10μm及10μm以上的微粒数不得过25粒，含25μm及25μm以上的微粒数不得过3粒。

（2）标示装量为100ml以下的静脉用注射液、静脉注射用无菌粉末、注射用浓溶液及供注射用无菌原料药 除另有规定外，每个供试品容器（份）中含

10μm及10μm以上的微粒数不得过6000粒，含25μm及25μm以上的微粒数不得过600粒。

五、粒径及PDI——《中国药典》2020年版三部通则0982粒度和粒度分布测定法第三法（光散射法）

（一）原理

单色光束照射到颗粒供试品后即发生散射现象。由于散射光的能量分布与颗粒的大小有关，通过测量散射光的能量分布（散射角），依据米氏散射理论和弗朗霍夫近似理论，即可计算出颗粒的粒度分布。本法的测量范围可达0.02～3500μm。所用仪器为激光散射粒度分布仪。

（二）仪器

纳米粒度电位仪。

（三）精密度

采用粒径分布特征值［d（0.1）、d（0.5）、d（0.9）］已知的“标准粒子”对仪器进行评价。通常用相对标准偏差（RSD）表征“标准粒子”的粒径分布范围，当RSD小于50%（最大粒径与最小粒径的比率约为10∶1）时，平行测定5次，“标准粒子”的d（0.5）均值与其特征值的偏差应小于3%，平行测定的RSD不得过3%；“标准粒子”的d（0.1）和d（0.9）均值与其特征值的偏差均应小于5%，平行测定的RSD均不得过5%；对粒径小于10μm的“标准粒子”，测定的d（0.5）均值与其特征值的偏差应小于6%，平行测定的RSD不得过6%；d（0.1）和d（0.9）的均值与其特征值的偏差均应小于10%，平行测定的RSD均不得过10%。

（四）分析步骤

根据供试品的性状和溶解性能，选择湿法测定或干法测定；湿法测定用于测定混悬供试品或不溶于分散介质的供试品，干法测定用于测定水溶性或无合适分散介质的固态供试品。

1. 湿法测定　湿法测定的检测下限通常为20nm。

根据供试品的特性，选择适宜的分散方法使供试品分散成稳定的混悬液。通常可采用物理分散的方法如超声、搅拌等，通过调节超声功率和搅拌速度，必要时可加入适量的化学分散剂或表面活性剂，使分散体系成稳定状态，以保证供试品能够均匀稳定地通过检测窗口，得到准确的测定结果。只有当分散体系的双电层电位（ζ 电位）处于一定范围内，体系才处于稳定状态，因此，在制备供试品的分散体系时，应注意测量体系 ζ 电位，以保证分散体系的重现性。湿法测量所需要的供试品量通常应达到检测器遮光度范围的8%～20%，最先进的激光粒度仪对遮光度的下限要求可低至0.2%。

2. 干法测定　干法测定的检测下限通常为200nm。

通常采用密闭测量法，以减少供试品吸潮。选用的干法进样器及样品池需克服偏流效应，根据供试品分散的难易，调节分散器的气流压力，使不同大小的粒子以同样的速度均匀稳定地通过检测窗口，以得到准确的测定结果。对于化学原料药，应采用喷射式分散器。在样品盘中先加入适量的金属小球，再加入供试品，调节振动进样速度、分散气压（通常为0～0.4MPa）和样品出口的狭缝宽度，以控制供试品的分散程度和通过检测器的供试品量。干法测量所需要的供试品量通常应达到检测器遮光度范围的0.5%～5%。

（五）结果判断

用纳米粒度电位仪计算粒径及PDI。

（六）注意事项

（1）仪器光学参数的设置与供试品的粒度分布有关。粒径大于10μm的微粒，对系统折光率和吸光度的影响较小；粒径小于10μm的微粒，对系统折光率和吸光度的影响较大。在对不同原料和制剂的粒度进行分析时，目前还没有成熟的理论用于指导对仪器光学参数的设置，应由实验比较决定，并采用标准粒子对仪器进行校准。

（2）对有色物质、乳化液和粒径小于10μm的物质进行粒度分布测量时，为了减少测量误差，应使用米氏理论计算结果，避免使用以弗朗霍夫近似理论为基础的计算公式。

（3）对粒径分布范围较宽的供试品进行测定时，不宜采用分段测量的方法，而应使用涵盖整个测量范围的单一量程检测器，以减少测量误差。

化学检定

六、Zeta电位

（一）原理

Zeta电位测试利用电泳光散射，检测样品中悬浮的颗粒在特定的溶液环境中（pH、黏度）的电位高低。

（二）试剂

氨基丁三醇、醋酸钠三水合物、蔗糖。

（三）仪器

纳米粒度电位仪。

（四）分析步骤

1. 样品的制备

（1）分散剂　分别称取氨基丁三醇0.24g、醋酸钠三水合物0.146g和蔗糖8.7g，置100ml量瓶中，加水溶解并稀释至刻度，加2mol/L盐酸调pH值至7.4。

（2）供试品溶液　取本品50μl，加分散剂1450μl，混匀。每批样品平行配制2份。

2. 样品检测　取1ml供试品溶液置样品池，缓慢注入样品池，避免气泡产生，盖上样品槽盖子，设置参数（重要参数参考表9），进行样品Zeta电位检测。

表9　Zeta电位检测参数设置

参数名称	设定值
分散剂	8.7%蔗糖
样品折射率	1.343（此参数为仪器自动生成）
温度	25℃
平衡时间	120秒
参比池	弯曲毛细管样品池
黏度	1.1723（此参数为仪器自动生成）
模式	自动测量3次

（五）结果判断

测试完成后，在仪器上查看检测结果，将仪器检测电位的数值“Zeta Potential（mV）”填入检测结果。取2份供试品溶液结果的平均值为测定结果。

七、包封率

（一）原理

Ribogreen是一种用于检测溶液中RNA含量的荧光染料，与制剂样本直接混合可以检测出游离RNA的含量。当制剂样本通过加入10%TritonX-100增加了脂质颗粒的通透性之后，与Ribogreen结合可检测出制剂样本中总RNA含量。

（二）试剂

RiboGreen RNA Reagent、20 × TE Buffer、Triton X-100、Nuclease-free Water、黑色底透96孔板。

（三）仪器

酶标仪、电子天平。

（四）分析步骤

1. 试剂的准备　1 × TE Buffer：将 20 × TE Buffer 用 Nuclease-free Water 稀释 20 倍，保存在 2 ~ 8℃。

10%Triton X-100：将Triton X-100用Nuclease-free Water稀释10倍，保存在室温。

RiboGreen RNA Reagent：将Quant-iT RiboGreen RNA Reagent用1 × TE Buffer稀释200倍，现用现配。

2. 供试品准备　供试品溶液：取本品 100μl，加入 1 × TE Buffer900μl，混匀后，取出 200μl，加入 1 × TE Buffer800μl，作为供试品溶液。平行制备两份。取供试品溶液 250μl，加入无核酶水 27μl，混合均匀，作为 A 样品。取供试品溶液 250μl，加入 10% 曲拉通 X-100 27μl，混合均匀后 40℃下放置 10 分钟，作为 B 样品。

阴性对照A：取1 × TE Buffer250μl加入无核酶水27μl，混匀。

阴性对照B：取1 × TE Buffer250μl加入10%曲拉通X-100 27μl，混合均匀后40℃下反应10分钟。

（五）结果判断

取A样品、阴性对照A、B样品及阴性对照B各100μl，分别加入黑色底透96孔板，每59/72个样品做两个复孔，每孔再加入RiboGreen RNA Reagent100μl，置微孔板振荡器中避光振摇2分钟。将96孔板放入酶标仪中选择荧光模式，设置激发波长480nm/发射波长520nm，设置读板区域并开始进行读板。

计算公式如下。

$$\text{包封率}(\%) = \left(1 - \frac{\text{A样品响应值} - \text{阴性对照A响应值}}{\text{B样品响应值} - \text{阴性对照B响应值}}\right) \times 100\%$$

八、mRNA纯度

（一）原理

Agilent 2100 Bioanalyzer生物分析仪是一款基于毛细管电泳原理，采用微流控芯对mRNA进行分离检测的平台。因为不同尺寸mRNA在芯片上的移动速度不同，生物分析仪可以用于检测RNA的纯度。

（二）试剂

Agilent RNA 6000 Nano试剂盒、RNase去污溶液、Nuclease-Free Water、RNase Away表面去污剂、30kDa超滤离心管、RNA Mini Kit、2M DTT、SYS6006原液参比品。

（三）仪器

生物分析仪、芯片固定装置、16针卡口电极盒、干式恒温器、超微量紫外-可见分光光度计。

（四）分析步骤

1. RNA 提取　精密量取样品200μl、裂解液（含 DTT）200μl 和无水乙醇200μl，置同一离心管中，涡旋混合均匀，置振荡器上室温震荡 30 分钟。每批样品平行测定 3 瓶。将上一步的混合液转移至试剂盒中含有核酸吸附膜的离心管（spincartridges）中（离心管下方带有收集管）。2000rpm 室温离心 30 秒，取出离心管，丢弃收集管中的溶液，再次将收集管安装在离心管下方。取 700μl 试剂盒中的 Wash Buffer Ⅰ，加入到离心管中，12000rpm 室温离心 30 秒，取出离心管丢弃，收集管中的溶液，再次将收集管安装在离心管下方。取 500μl 试剂盒中的 Wash Buffer Ⅱ（含乙醇）加入到离心管中，12000rpm 室温离心 30 秒，取出离心管，丢弃收集管中的溶液，再次将收集管安装在离心管下方。重复上述步骤用 Wash Buffer Ⅱ 再次洗涤。

再次将离心管放入离心机，12000rpm室温离心1分钟，使吸附膜干燥，取出离心管，丢弃收集管，取出试剂盒中的回收管（collection tubes）安装在离心管下方。加入50μl Nuclease-free Water于离心管中，室温放置1分钟，将离心管放入离心机，17000rpm室温离心2分钟，将吸附在膜上的RNA收集在回收管中。

2. RNA 浓缩　取下回收管，将回收的 50μl RNA 转移至超滤离心管中（500μl，孔径为 30K，离心管下方带有收集管），分别加入 400μl Nuclease-free Water，用移液枪吹打混匀。将超滤离心管放入高速离心机中，14000rpm

室温离心约3分钟，取出离心管，弃去滤液。重复用Nuclease-free Water洗涤2～3次，离心管中的溶液为浓缩后的RNA，用于后续纯度的检测。

RNA浓度测定：取2μl浓缩后的RNA用超微量紫外－可见分光光度计进行快速检测，若检测到的浓度小于200ng/μl则进一步浓缩，若浓度达到约200ng/μl则不需要浓缩。

3. 上机前准备

（1）清洁电极、环境及机器

（2）凝胶制备　使用前，把Agilent RNA 6000 Nano试剂盒内试剂从冰箱内取出放在室温下平衡30分钟。取550μl凝胶到离心滤管上层。将离心滤管在4000rpm条件下离心10分钟。将离心后的凝胶分装到0.5ml无酶离心管中，每管65μl，4℃保存，有效期1个月。

（3）凝胶－染料混合物制备　使用前，所有试剂均需在室温下平衡30分钟，染料放置于避光环境。RNA染料管在涡旋混匀器上混合10秒。取1μl RNA染料加入65μl分装后的凝胶中。盖上盖子后，确保凝胶－染料混合液混合均匀，把染料管重新放回4℃避光保存。在室温下，将混合物在14000rpm条件下离心10分钟，混合液必须在制备后一天内使用。

（4）RNA梯度标样及上样　取1μl梯度标样加入样品槽，样品槽内分别加入1μl的待测样品，每批样品做三个复孔，如无样品，加入1μl无酶水代替。将芯片放置在专用涡旋混匀器上设置转速为2000～2400rpm，混合60秒。

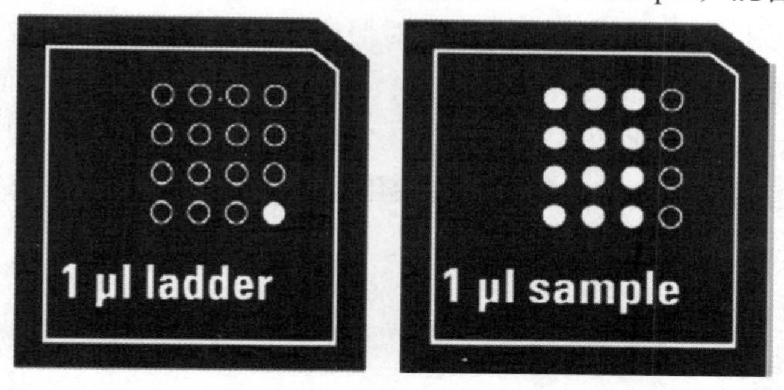

4. 样品分析　将RNA芯片放入生物分析仪，开始样品检测，样品分析完成后，将芯片取出，根据实验室标准丢弃。

（五）结果判断

根据峰面积（time corrected area）计算RNA纯度，将除了内标峰之外的其他峰面积相加作为总峰面积，主峰面积和总峰面积的比例，即为原液mRNA纯度。

对每批次原液的三个复孔的纯度进行计算后，取平均值为原液RNA纯度，不完整RNA含量即100%–RNA纯度%。

$$\text{RNA 纯度 \%} = \frac{\text{目标峰面积}}{\text{总峰面积}} \times 100\%$$

RNA序列尺寸可在仪器上直接读出。

（六）注意事项

（1）使用储存并标记好的清洁芯片清洁电极，清洁芯片每次使用后换电极清洗液/水，每25次使用后弃置，并使用新的清洁芯片。

（2）在芯片上标记的样品槽添加混合液时，将吸头深入样品槽底部添加，不要碰到样品槽边缘内壁。

九、RNA浓度——《中国药典》2020年版三部通则0401紫外–可见分光光度法

（一）原理

当光穿过被测物质溶液时，物质对光的吸收程度随光的波长不同而变化。因此，通过测定物质在不同波长处的吸光度，并绘制其吸光度与波长的关系图即得被测物质的吸收光谱。从吸收光谱中，可以确定最大吸收波长λmax和最小吸收波长λmin。物质的吸收光谱具有与其结构相关的特征性。因此，可以通过特定波长范围内样品的光谱与对照光谱或对照品光谱的比较，或通过确定最大吸收波长，或通过测量两个特定波长处的吸光度比值而鉴别物质。用于定量时，在最大吸收波长处测量一定浓度样品溶液的吸光度，并与一定浓度的对照溶液的吸光度进行比较或采用吸收系数法求算出样品溶液的浓度。

（二）试剂

甲醇–三氯甲烷。

（三）仪器

紫外–可见分光光度仪。

（四）分析步骤

取本品适量加入甲醇–三氯甲烷（4∶1）溶液稀释10倍（取本品200μl，加空白溶液稀释至2ml），依法测定（《中国药典》2020年版三部通则0401），照紫外–可见分光光度法在260nm的波长处测定吸光度。

（五）结果判断

计算供试品浓度，计算公式如下。

$$6/72C_{RNA}=A\times 40\times \text{稀释倍数}$$

$$\text{RNA浓度}(\%)=(C_{RNA}/\text{标示量})\times 100\%$$

式中：C_{RNA}为待测样品中mRNA浓度，μg/ml；

A为测得供试品溶液吸光度值平均值；

40为在1cm光径比色皿中的吸光度值为1的RNA浓度，μg/ml；

标示量为100μg/ml。

本品RNA浓度应为标示量（100μg/ml）的80%～120%（80～120μg/ml）。

十、蔗糖含量——高效液相色谱法

（一）原理

蒸发光散射检测器是一种通用型的检测器，可检测挥发性低于流动相的任何样品，而不需要样品含有发色基团。采用高效液相色谱法结合蒸发光检测器，检测供试品中蔗糖含量。

（二）试剂

蔗糖、乳糖、乙腈、色谱柱。

（三）仪器

高效液相色谱仪、蒸发光检测器、电子天平。

（四）分析步骤

1. 供试品溶液 精密量取样品100μl，置10ml量瓶中，加水稀释至刻度，摇匀，即得。

2. 对照品贮备液 取蔗糖对照品约50mg，精密称定，置20ml量瓶中，加水溶解并稀释至刻度，摇匀，作为对照品贮备液。

3. 对照品溶液 精密量取对照品贮备液300μl、400μl、500μl，分别置不同1.5ml液相小瓶中，分别加入700μl、600μl、500μl水，涡旋混匀，即得每1ml中分别含蔗糖0.75mg、1mg、1.25mg的系列对照品溶液。

4. 系统适用性溶液 取乳糖约10mg，精密称定，置10ml量瓶中，精密加入对照品贮备液4ml，加水溶解并稀释至刻度，摇匀，即得。

5. 色谱条件（表10） 以氨基键合硅胶为填充剂（Zorbax NH2，4.6mm×250mm，5.0μm或效能相当的色谱柱）；以乙腈－水（80∶20）为流动相；流速每分钟为1.5ml；柱温为35℃；检测器为蒸发光散射检测器［安捷伦

1260 Infinity ELSD 参考条件：雾化器温度为 60℃，漂移管温度为 60℃，气体流速为每分钟 1.0L；奥泰参考条件：漂移管温度为 90℃，载气流量为每分钟 3.2L；岛津参考条件：漂移管温度为 80℃，增益（G）为 5（×16），过滤器（F）为 3sec，数据采集 AD2 采样（N）为 100msec］；进样体积 5μl（可根据检测器相应情况进行调整，岛津参考条件为 20μl）。

表10　蔗糖含量检测色谱进样程序

序号	样品名称	进样针数	要求
1	空白（水）	1针	空白溶剂在目标峰位置的保留时间范围内无干扰峰
2	系统适用性溶液	1针	蔗糖峰与乳糖峰的分离度应大于1.5，理论板数以蔗糖峰计算不得低于5000
3	L1（0.75mg/ml的对照品溶液）	2针	以系列对照品溶液浓度的自然对数值与对应的平均峰面积的自然对数值计算线性回归方程，相关系数应不小于0.99
4	L2（1mg/ml的对照品溶液）	2针	
5	L3（1.25mg/ml的对照品溶液）	2针	
6	供试品溶液-1	1针	N/A
7	供试品溶液-2	1针	N/A
n	n	16针或8小时	N/A
9	L3（1.25mg/ml的对照品溶液）	1针	回收率应为80.0%~120.0%

（五）结果判断

精密量取系列对照品溶液，分别注入液相色谱仪，记录色谱图。以系列对照品溶液浓度的对数值与对应的峰面积的对数值计算线性回归方程，相关系数应不小于0.99。精密量取供试品溶液，注入液相色谱仪，记录色谱图，由回归方程计算蔗糖含量。

计算公式如下。

$$\text{In}A_{对}=a\times \text{In}C_{对}+b$$

$$蔗糖含量（mg/ml）=\text{EXP}［（\text{In}A_{样}-b）/a］\times 供试品稀释倍数$$

$$蔗糖含量（\%）=［蔗糖含量（mg/ml）/标示量］\times 100\%$$

式中：$A_{对}$为各对照品溶液中蔗糖的峰面积；

$C_{对}$为各对照品溶液中蔗糖的浓度，mg/ml；

a为标准曲线的斜率；

b为标准曲线的截距；

$A_{样}$为供试品溶液中蔗糖的峰面积；

标示量为87mg/ml。

十一、脂质含量——高效液相色谱法

（一）原理

采用高效液相色谱法测定脂质含量，并对脂质成分进行鉴别。

（二）试剂

甲醇、十七烷-9-基-8-（（2-羟乙基）（6-氧代-6-（（十一烷氧基）己基）氨基）辛酸酯）（HUO）、胆固醇、二硬脂酰基磷脂酰胆碱、甲氧基聚乙二醇二肉豆蔻酰甘油-2K（mPEG-DMG-2K）、乙醇、色谱柱。

（三）仪器

高效液相色谱仪、CAD检测器。

（四）分析步骤

1. 溶液配制

（1）0.5g/L乙酸铵甲醇溶液　例如：用量筒量取1000ml甲醇，加0.5g乙酸铵，混匀。

（2）空白溶液　75%乙醇。

（3）供试品溶液　精密量取样品300μl，加无水乙醇溶液900μl，摇匀，作为供试品溶液。

（4）对照品贮备液　取DSPC对照品18mg，精密称定，置5ml量瓶中，加无水乙醇稀释至刻度，摇匀，作为DSPC对照品贮备液；取mPEG-DMG-2K对照品17mg，精密称定，置10ml量瓶中，加75%乙醇稀释至刻度，摇匀，作为mPEG-DMG-2K对照品贮备液；分别取HUO对照品32mg和胆固醇对照品15mg，精密称定，置50ml量瓶中，精密加入DSPC对照品贮备液和mPEG-DMG-2K对照品贮备液各2ml，加75%乙醇稀释至刻度，摇匀。

（5）系列对照品溶液　精密量取对照品贮备液100μl、150μl、250μl、500μl和750μl，分别置不同液相小瓶中，分别加75%乙醇溶液900μl、850μl、750μl、500μl和250μl，涡旋混匀，作为对照品溶液（1）～（5），取对照品贮备液作为对照品溶液（6）。

2. 色谱条件（表11）　十八烷基键合硅胶为填充剂（Chrom Core 300C 184.6mm×250mm，5μm或效能相当的色谱柱）；以0.5g/L乙酸铵甲醇溶液为流动相；流速为1ml/min；柱温为40℃；检测器为电喷雾式检测器（参考条件：雾化温度为35℃或low；数据采集频率为2Hz；滤波为10.0）；进样体积20μl。

表11 脂质含量检测色谱进样程序

序号	样品名称	进样针数	要求
1	空白溶液	1针	空白溶液在目标峰位置的保留时间范围内无干扰峰
2	对照品溶液（1）	1针	在对照品溶液（1）色谱图中，各脂成分色谱峰间的分离度均不低于1.5；以对照品溶液各脂质浓度的自然对数值与对应的峰面积的自然对数值计算线性回归方程，相关系数应不小于0.99
3	对照品溶液（2）	1针	
4	对照品溶液（3）	1针	
5	对照品溶液（4）	1针	
6	对照品溶液（5）	1针	
7	对照品溶液（6）	1针	
8	供试品溶液–1	1针	N/A
9	供试品溶液–2	1针	N/A
n	n	16针或8小时	N/A
n+1	对照品溶液（6）	1针	各脂质组分回收率（测得浓度与理论浓度比值）应为90.0%～110.0%

3. 测定 精密量取对照品溶液（1）～（6）各20μl，分别注入液相色谱仪，记录色谱图。以系列对照品溶液浓度的对数值与对应的峰面积的对数值计算线性回归方程，相关系数应不小于0.99。精密量取供试品溶液20μl，注入液相色谱仪，记录色谱图，由回归方程计算各脂质含量。

（五）结果判断

计算公式如下。

$$\ln A_{对}=a\times\ln C_{对}+b$$

$$脂质含量（mg/ml）=EXP[(\ln A_{样}-b)/a]\times 供试品稀释倍数$$

$$脂质含量（\%）=脂质含量（mg/ml）/标示量\times 100\%$$

式中：$A_{对}$为各对照品溶液中各脂质的峰面积；

$C_{对}$为各对照品溶液中各脂质的浓度，mg/ml；

a为标准曲线的斜率；

b为标准曲线的截距；

$A_{样}$为供试品溶液中各脂质的峰面积；

标示量：HUO、胆固醇、DSPC和mPEG–DMG–2K的标示量依次为1.27mg/ml、0.53mg/ml、0.28mg/ml、0.14mg/ml。

十二、乙醇残留量

（一）原理

采用气相色谱法测定供试品中乙醇残留量。

（二）试剂

乙醇、气相色谱柱。

（三）仪器

气相色谱仪、电子天平。

（四）分析步骤

1. 样品准备

（1）供试品溶液　精密量取本品100μl，置20ml顶空瓶中，精密量取水900μl，置同一顶空瓶中，密封，即得。

（2）对照品溶液　取乙醇对照品约25mg，精密称定，置20ml量瓶中，加水溶解并稀释至刻度，摇匀，作为对照品储备液。精密量取对照品储备液2ml，置25ml量瓶中，加水稀释至刻度，摇匀，精密量取1ml，置20ml顶空瓶中，压盖密封，即得。

2. 色谱条件　以6%氰丙基苯基-94%二甲基聚硅氧烷为固定液的毛细管柱为色谱柱（Agilent DB-624，0.32mm × 30m，1.8μm或极性相近）；起始温度40℃，保持2分钟，以每分钟20℃的速率升温至230℃，保持2分钟；进样口温度为230℃，分流比20∶1；载气为氮气，流速为每分钟1.0ml；检测器温度为250℃；顶空瓶平衡温度为85℃，定量环温度为95℃，传输线温度为105℃，平衡时间为30分钟。色谱进样程序如表12所示。

表12　乙醇残留量检测色谱进样程序

序号	样品名称	进样针数	要求
1	空白溶液（水）	2针	空白溶液在目标峰位置无干扰峰
2	对照品溶液	6针	第一针对照品溶液中，乙醇峰理论板不得小于3000，拖尾因子不得过2.0；连续进样6次，乙醇峰面积的RSD应不得过10.0%
3	供试品溶液-1	1针	N/A
4	供试品溶液-2	1针	N/A
...	...	16针或8小时	N/A
n	对照品溶液	1针	回收率应为85.0%～115.0%

（五）结果判断

取供试品溶液和对照品溶液，分别顶空进样，记录色谱图。

计算公式如下。

$$乙醇（\%）=\frac{A_{样}\times W_{对}\times 对照品\%\times 2}{A_{对}\times 20\times 25\times 100}\times 100\%$$

式中：$A_{对}$为对照品溶液主峰峰面积；

$A_{样}$为供试品溶液主峰峰面积；

$W_{对}$为对照品称样量，mg。

十三、脂质杂质——高效液相色谱法

（一）原理

采用高效液相色谱法测定脂质含量，并对脂质成分进行鉴别。

（二）试剂

甲醇、十七烷-9-基-8-（（2-羟乙基）（6-氧代-6-（（十一烷氧基）己基）氨基）辛酸酯）（HUO）、胆固醇、二硬脂酰基磷脂酰胆碱、甲氧基聚乙二醇二肉豆蔻酰甘油-2K（mPEG-DMG-2K）、乙醇、色谱柱。

（三）仪器

高效液相色谱仪、CAD检测器。

（四）分析步骤

1. 溶液配制　空白辅料溶液：称取氨基丁三醇0.24g、醋酸钠三水合物0.146g和蔗糖8.7g，置100ml量瓶中，加水溶解并稀释至刻度，用2mol/L盐酸调节pH值至7.4；精密量取200μl至液相小瓶中，加无水乙醇800μl，涡旋混匀。

空白溶液、供试品溶液见脂质含量项下。

2. 色谱条件　见脂质含量项下。色谱进样程序如表13所示。

表13　脂质杂质检测色谱进样程序

序号	样品名称	进样针数（针）	要求
1	空白溶液	1	N/A
2	空白辅料溶液	1	N/A
3	供试品溶液	1	N/A

（五）结果判断

精密量取供试品溶液20μl，注入液相色谱仪，记录色谱图。

限度：供试品溶液色谱图中如有杂质峰，除空白辅料峰外，按面积归一化法计算各杂质含量。

计算公式如下。

$$杂质(\%)=\frac{A_{杂}}{A_{总}}\times 100\%$$

式中：$A_{杂}$为供试品溶液中单个杂质峰面积；

$A_{总}$为供试品溶液中除空白溶剂峰外所有峰面积之和。

生物学活性

十四、生物学活性——ELISA法

（一）原理

采用ELISA法测定小鼠个体血清样本中抗S蛋白的抗体滴度。

（二）试剂

Sprotein（617）、Goat Anti-Mouse IgG Secondary Antibody（HRP）、BSA、Tween 20、TMB、96孔酶标板、阳性对照血清。

（三）设备

酶标仪。

（四）分析步骤

1. 血清样本

（1）给药剂量设定。

（2）选用5μg/只/次对小鼠进行给药，已达到对成品生物学活性检测的目的。

（3）动物分组　挑选健康、生长良好6～8周龄的BALB/c小鼠，体重分区后随机入组，每组10只，雌雄各半，同批进行检测的样品需设一组生理盐水作为溶剂对照，每只动物每次给药剂量为5μg/只，每次给药体积50μl/只，每批给药时间均为D0+D7，采血时间为D14。

（4）给药方法　用75%酒精棉球擦拭小鼠后肢注射部位。右手持注射器，左手抓住小鼠后肢，注射针刺入大腿皮肤，沿皮下向前推进1～2cm，然后刺入肌肉，确定无阻力后，推入供试品溶液。给药时间为D0和D7，给药量为50μl/只（第一针注射在右侧大腿，第二针注射在左侧大腿）。

（5）样本采集　分组给药后第14天在小鼠眼眶采集血清。各组尽可能多的采集血液，血液样品室温静置1小时后，3000rpm离心10分钟，采集血清转移至新的样品管，-80℃冻存待测备用。

2. 试剂制备

（1）磷酸盐缓冲液（10×PBS）　氯化钠80.0g（1.37M）、磷酸氢二钠14.4g（0.1M）、氯化钾2.0g（0.027M）、磷酸二氢钾2.4g（0.018M），超纯水溶解，然后定容至1000ml，调pH至7.4。

（2）包被缓冲液（1×PBS）　用超纯水对10×PBS进行10倍稀释，即得到1×PBS。

（3）洗涤缓冲液（PBST，含0.05%Tween 20的PBS）　取PBS溶液999.5ml，加入0.5ml Tween 20，充分混匀。

（4）封闭液（含2%BSA的PBST）　称取2g BSA，加入洗涤缓冲液（PBST）进行溶解，定容至100ml。

（5）终止液（1M H_2SO_4）　取浓硫酸27ml（缓慢滴加并不断搅拌），加入超纯水定容至500ml。

3. 具体操作

（1）抗原包被　将Sprotein用包被缓冲液稀释至2μg/ml，按100μl/孔，加入96孔酶标板中，4℃包被过夜。

（2）洗板　用洗涤缓冲液（300μl/孔）洗板五次，拍干酶标板。洗板对试验结果有重要影响，确保最后一次拍板没有洗液残留。

（3）封闭　取Blocking Buffer（用PBST配制含有2%BSA的溶液）按300μl/孔加入对应96孔酶标板中，37℃孵育0.5小时。

（4）洗板　用洗涤缓冲液（300μl/孔）洗板五次，拍干酶标板。洗板对试验结果有重要影响，确保最后一次拍板没有洗液残留。

（5）待测样本处理　移液枪移取3μl样本至样品稀释板中，加入297μl洗涤缓冲液，振摇1分钟，充分混匀，即得稀释100倍样品；再取上述样品30μl至样品稀释板下一孔中，加入270μl洗涤缓冲液，振摇1分钟，充分混匀，即得稀释10^3倍样品；再取上述样品30μl至样品稀释板下一孔中，加入270μl洗涤缓冲液，振摇1分钟，充分混匀，即得稀释10^4倍样品。重复上述操作，依次获得稀释10^4、10^5、10^6、10^7倍样品。阴性对照样品同法操作，获得稀释10^4、10^5、10^6倍阴性对照品。

（6）加样　将配制好的样品溶液按100μl/孔加入到酶标孔中，每个样本两个复孔，37℃孵育2小时。

（7）洗板 用洗涤缓冲液（300μl/孔）洗板五次，拍干酶标板。洗板对试验结果有重要影响，确保最后一次拍板没有洗液残留。

（8）加酶标抗体 取Goat Anti-Mouse IgG适量，用洗涤缓冲液稀释10000倍，作为酶标抗体，按100μl/孔加入对应的孔中，37℃孵育1小时。

（9）洗板 用洗涤缓冲液（300μl/孔）洗板五次，拍干酶标板。洗板对试验结果有重要影响，确保最后一次拍板没有洗液残留。

（10）显色 每孔加入100μl已平衡至室温的TMB，室温避光显色10分钟。

（11）终止显色 按照加显色液的顺序，每孔加入100μl 1M H_2SO_4终止液。

（12）20分钟内，采用酶标仪读取各孔450nm的光吸收值（OD450nm）。

（五）结果判断

采用ELISA法测定小鼠个体血清样本中抗S蛋白的抗体滴度，再计算所有受试小鼠抗体滴度的几何平均值，该滴度值不低于限度。如不符合上述要求，应另取一批新的同品系同周龄的小鼠，供试品及对照品各复试1次，计每只小鼠血清的最大稀释倍数，根据各小鼠血清的最大稀释倍数计算该组小鼠的几何平均滴度，得出的几何平均滴度应满足限度要求，则判定该批次成品合格。

注：阳性判定标准：Sample（OD450nm）≥所有阴性对照样品平均值×2.1。

几何平均滴度计算举例如下。

（1）首先统计各受检血清的最大稀释倍数，假如当稀释倍数为10^n时，信号为阳性，但稀释至10^{n+1}时，信号为阴性，则该血清的最大稀释倍数为10^n。假如当稀释倍数为10^7时，信号为阳性，则该血清的最大稀释倍数为10^7。

（2）统计每份血清的最大稀释倍数，计算各血清最大稀释倍数值的log10对数值后，求和及几何平均值（M）。

（3）抗体几何平均滴度以1∶10M计。

细菌内毒素

十五、细菌内毒素——动态显色法

（一）原理

鲎试剂与内毒素反应过程中产生释放色团的凝固酶，色团含量与内毒素含量呈正相关。动态显色法是通过检测样品反应混合物的吸光度或透光率达到预设定值的反应时间，测定样品中内毒素含量的方法。

（二）试剂

细菌内毒素工作标准品，鲎试剂（标示检测限范围：0.01～10EU/ml），细菌内毒素检查用水。

（三）仪器

动态显色仪：检测波长405nm，仪器OD限值0.1。

（四）分析步骤

1. 标准品的制备

（1）复溶　取细菌内毒素工作标准品1支（以90EU/支计），每支加入BET用水0.90ml，用封口膜将瓶口封严，置旋涡混合器上混合15分钟，制成100EU/ml内毒素工作标准溶液。

（2）稀释　取100EU/ml内毒素标准溶液逐级稀释至1EU/ml内毒素标准溶液，稀释过程中每稀释一步均需在旋涡器上混合不少于30秒。

2. 标准曲线的可靠实验　用标准内毒素制成溶液，制成至少3个浓度的稀释液（相邻浓度间稀释倍数为10倍），记为a1，a2，a3；最低浓度不得低于所用鲎试剂的标示检测限。每一浓度至少做3支平行管。同时要求做2支阴性对照品，当阴性对照品的吸光度小于或透光率大于标准曲线最低点的检测值或反应时间大于标准曲线最低点的反应时间，将全部数据进行线性回归分析。

3. 干扰试验　A液（标准曲线溶液）：取内毒素工作标准品按上述方法复溶后，稀释至相邻浓度间稀释倍数为10的A1，A2，A3液，平行3管。

取样品，用细菌内毒素检查用水稀释至1/2MVD后，进行如下操作。

B液（供试品溶液）：取1/2MVD供试品溶液与BET用水对倍稀释，平行2管。

C液（供试品阳性对照溶液）：取1/2MVD供试品溶液与浓度为2A2的内毒素标准品溶液对倍稀释，平行2管。

D液（阴性对照溶液）：BET用水，平行2管。

4. 鲎试剂复溶　取浊度法鲎试剂数支（取相应计算量），按其标示体积复溶至标示灵敏度。取相应支数动态试管浊度仪专用玻璃试管，加入A1、A2、A3浓度的内毒素工作品溶液0.10ml，每个浓度3支，再加入已复溶好的鲎试剂0.10ml/支，B、C、D液平行2管，同上方式进行，混匀后按顺序放入动态试管浊度仪中，37℃反应60分钟。

（五）结果判断

若供试品溶液所有平行管的平均内毒素浓度乘以稀释倍数后，小于规定的内毒素限值，判定供试品符合规定。若大于或等于规定的内毒素限值，判定供试品不符合规定。

按所得线性回归方程分别计算出供试品溶液和含标准内毒素的供试品溶液的内毒素含量ct和cs，再按下式计算该试验条件下的回收率（R）。

$$R=(cs-ct)/\lambda m \times 100\%$$

当内毒素的回收率在50%～200%，则认为在此试验条件下供试品溶液不存在干扰作用。当内毒素的回收率不在指定的范围内，须按"凝胶法干扰试验"中的方法去除干扰因素，并重复干扰试验来验证处理的有效性。当鲎试剂、供试品的处方、生产工艺改变或试验环境等发生了任何有可能影响试验结果的变化时，须重新进行干扰试验。检查法按"光度测定法的干扰试验"中的操作步骤进行检测。

（六）注意事项

（1）供试品及标准品每一步的稀释步骤不能大于10倍。

（2）标准品每稀释一步均需在旋涡器上混合至少30秒以上。供试品溶液稀释一步均需在旋涡器上混合至少15秒以上。

（3）尽量采用玻璃制品试管，避免塑料试管产生内毒素吸附作用，影响结果准确性。

（4）接触溶液的实验器具均为无热原或经过除热原操作。

第五节　新型疫苗成品通用指标检测

一、外观——目视法

（一）原理

用澄明度检测仪向液体样品发射一束光，并检测这束光在穿过样品时发生的散射和吸收情况。在样品中存在的悬浮颗粒或溶解物质会散射光线，而液体样品的吸光度则会吸收部分光线。检测仪通过分析这些散射和吸收的光线，计算出样品的澄明度。

（二）材料和仪器

1. 澄明度检测仪

（1）带有遮光板的日光灯光源。

（2）不反光的黑色背景。

（3）不反光的黑色背景和底部（供检查有色异物）。

（4）反光的白色背景（指遮光板内侧）。

2. 一次性注射器　用于冻干制品复溶。

3. 秒表　用于冻干制品复溶的计时。

（三）试验步骤

1.打开外包装观察（如为冻干粉剂，则需按规定用规定稀释剂溶解）。

2.针对供试品类别，调节澄明仪光照度。

（1）检查无色供试品溶液时，被观察供试品放置处的光照度应为1000～1500lx。

（2）检查透明塑料容器或有色供试品溶液时，被观察供试品放置处的光照度应为2000～3000lx。

3.根据供试品装量不同，每次拿取规定支数供试品，在避光的室内或暗处，手持瓶颈部于遮光板边缘处，轻轻旋转和翻转容器使药液中可能存在的可见异物悬浮（注意不使药液产生气泡），在明视距离（供试品至人眼的清晰观察距离，通常为25cm）分别在黑色和白色背景下，用目检视。

（1）供试品装量每支在10ml及10ml以下的每次检查拿取2支。

（2）供试品装量每支在10ml以上的每次检查拿取1支。

（3）供试品装量每支在50ml或50ml以上注射液按直、横、倒三步法旋转检视。

4.记录结果。

（四）结果判断

应为乳白色混悬液体，可因沉淀而分层，易摇散，不应有摇不散的块状物。

（五）注意事项

（1）目视法进行外观检查试验时，比浊用玻璃管应无磨损，以确保结果的准确性。

（2）操作时应轻轻旋转和翻转容器，避免药液产生气泡。

二、装量——重量法和容量法

（一）原理

1. 重量法　除另有规定外，取供试品5个（50g以上者3个），除去外盖和标签，容器外壁用适宜的方法清洁并干燥，分别精密称定重量，除去内容物，容器用适宜的溶剂洗净并干燥，再分别精密称定空容器的重量，求出每个容器内容物的装量与平均装量，均应符合下表的有关规定。如有1个容器装量不符合规定，则另取5个（50g以上者3个）复试，应全部符合规定。

2. 容量法 除另有规定外，取供试品5个（50ml以上者3个），开启时注意避免损失，将内容物转移至预经标化的干燥量入式量筒中（量具的大小应使待测体积至少占其额定体积的40%），黏稠液体倾出后，除另有规定外，将容器倒置15分钟，尽量倾净。2ml及以下者用预经标化的干燥量入式注射器抽尽。读出每个容器内容物的装量，并求其平均装量，均应符合表14的有关规定。如有1个容器装量不符合规定，则另取5个（50ml以上者3个）复试，应全部符合规定。

表14 装量规定

标示装量	注射液及注射用浓溶液		口服及外用固体、半固体、液体；黏稠液体	
	平均装量	每个容器装量	平均装量	每个容器装量
20g（ml）以下	—	—	不少于标示装量	不少于标示装量的93%
20g（ml）至50g（ml）	—	—	不少于标示装量	不少于标示装量的95%
50g（ml）以上	不少于标示装量	不少于标示装量的97%	不少于标示装量	不少于标示装量的97%

（二）材料和仪器

标化的注射器及注射针头、标化的量筒、标化的刻度吸管、标化的移液器、电子天平。

（三）分析步骤

1. 供试品试验用数量

（1）单剂量供试品 标示量为2ml或2ml以下者，取供试品5支（瓶）；2ml以上至50ml者，取供试品3支（瓶）；50ml以上者，取供试品1瓶。用适宜的量具和方法，对每支（瓶）供试品的装量进行测定。

（2）多剂量供试品 取供试品1瓶（支），用适宜的量具和方法，对每支（瓶）供试品的装量进行测定。

（3）预装式注射器和弹筒式装置的供试品 标示量为2ml或2ml以下者，取供试品5支（瓶）；2ml以上至50ml者，取供试品3支（瓶）。用适宜的量具和方法，对每支（瓶）供试品的装量进行测定。

2. 操作步骤 依据实际剂型选择下列相应方法进行检测。

单剂量供试品 ①开启时注意避免损失，将内容物分别用相应体积的干燥注射器及注射针头抽尽，然后缓慢连续地注入经标化的量入式量筒内（量筒的大小应使待测体积至少占其额定体积40%，不排尽针头中的液体），在室温下检视读数。②开启时注意避免损失，将供试品开盖后直接缓慢倾入标化的量筒，室温下检视读数。③开启时注意避免损失，将内容物分别用干燥、标化的刻度吸管抽尽，在室温下检视读数。④开启时注意避免损失，准确量取供试品，精密称定，求出每1ml供试品的重量（即供试品的相对密度）；精密称定用干燥注射器及注射针头抽出或直接缓慢倾出供试品内容物的重量，再除以供试品相对密度，得出相应的装量。混悬液和乳液在抽取和相对密度测定前充分混匀；开启时注意避免损失；黏稠液体倾出后，将容器倒置15分钟，尽量倾净。

（四）结果判断

1. 单剂量供试品 每支（瓶）注射液的装量均不得低于其标示量。

2. 多剂量供试品 应不低于标示量。

3. 预装式注射器和弹筒式装置的供试品 每支注射液的装量均不得低于其标示量。

（五）注意事项

（1）开启瓶盖时，应注意避免损失。

（2）每个供试品的两次称量中，应注意编号顺序和容器的对号。

（3）所用注射器或量筒必须洁净、干燥并经定期检定；其最大刻度值应与供试品的标示装量一致，或使待测体积至少占其额定体积的40%。

（4）供试品如为混悬液，应充分摇匀后再做装量检查。

（5）呈负压或真空状态的供试品，应在称重前释放真空，恢复常压后再做装量检查。

三、渗透压摩尔浓度——冰点下降法

（一）原理

通常采用测量溶液的冰点下降来间接测定其渗透压摩尔浓度。在理想的稀溶液中，冰点下降符合$\Delta T_f=K_f \cdot m$的关系，式中，ΔT_f为冰点下降，K_f为冰点下降常数（当水为溶剂时为1.86），m为重量摩尔浓度。而渗透压符合$P_o=k_o \cdot m$的关系，式中，P_o为渗透压，k_o为渗透压常数，m为溶液的重量摩尔浓度。由于两式中的浓度等同，故可以用冰点下降法测定溶液的渗透压摩尔浓度。

（二）试剂

1. 仪器校正用标准液 至少选用两种渗透压摩尔浓度的标准液用于仪器

校正。供试品溶液的渗透压摩尔浓度应在用于校准的两种渗透压摩尔浓度校正用标准液之间。

2. **校正仪器回测用标准液** 选择290mOsmol/kg标准液或其他相关浓度的标准液（如：接近样品渗透压摩尔浓度的标准液）用于仪器校准后回测，以确定仪器准确性。回测用标准液可与仪器校正用标准液相同。

（三）仪器

渗透压摩尔浓度测定仪。

（四）试验步骤

（1）接通电源，仪器自检通过后升起探头，取出保护管。根据实验室实际使用的仪器型号，按照仪器操作说明书要求操作，确定是否需加入冷却液预冷。

（2）按照仪器校准设定程序，分别放入两种标准液进行校准。供试品溶液的渗透压摩尔浓度应介于两者之间。仪器校准通过后，方可进行后续测定。

（3）根据仪器操作说明书要求，在干燥洁净的样品管中加入规定体积数的290mOsmol/kg标准液或其他相关浓度的标准液（如：接近样品渗透压摩尔浓度的标准液），放入检测孔中。

（4）轻轻擦净探头，放下探头，按启动键，测定标准液的渗透压摩尔浓度（标准范围为所选标准液浓度 ± 4mOsmol/kg），记录检测值。

（5）根据供试品本身的特性及相关规定，在干燥洁净的样品管中加入规定量的样品溶液，放入升降孔中进行测定。同一样品测定重复三次，计算平均值为该样品测定结果。

（五）注意事项

（1）测定时供试品溶液体积及均匀性会影响结果的准确和重现，应按各仪器说明书规定，准确量取合适的供试品溶液体积至测定管中，避免测定溶液中存在气泡，如有气泡可轻弹测定管外壁底部除去。在每次测定后应按说明书要求清洁热敏探头、冷却槽等。

（2）零点的校准应按各仪器说明书进行，目前部分仪器已不需要进行零点校准，仅需在使用前按需要选择两点标准校正即可。

四、pH值——电位法

（一）原理

电位法测pH值是利用电极在不同溶液中所产生的电位变化来测定溶液pH值。将指示电极（玻璃电极）、参比电极浸于一溶液中组成一个电池时，指示电极所显示的电位可因溶液中氢离子浓度不同而改变，而参比电极的电位则是保持不变的，这样两电极之间便产生电位差（即电池的电动势）。电动势的大小与（H^+）有关。由实验得知，25℃时溶液的pH值每相差1，电池电动势就差0.059V，因此测量电池的电动势就可以标出溶液pH值。

（二）试剂

磷酸盐标准缓冲液、邻苯二甲酸盐标准缓冲液。

（三）材料和仪器

吸管、pH标准液、pH测定仪。

（四）分析步骤

（1）测定pH值时，应严格按照仪器的使用说明书或仪器使用SOP操作。

（2）打开开关，等待pH计呈待用状态。

（3）用纯化水或标准缓冲液清洗电极并用镜头纸吸干。按各生产厂家和不同型号pH计使用说明书要求进行仪器自检。

（4）依据待测供试品的pH值范围选取至少两种pH值约相差3个pH单位的标准液，使供试品的pH值处于二者之间，对pH计进行校准。

（5）再次测定校准所用标准液的pH值，校正值与标准值之差应≤0.02pH单位。

（6）用纯化水或标准缓冲液清洗电极，用镜头纸吸干。

（7）测定待检溶液pH值，将电极浸入待测溶液中，待显示屏上显示的数值稳定后记录pH值。除另有规定外，待测溶液重复测定3次，取读数平均值为其pH值结果。

（8）测量完毕，清洗电极并擦干，放入3M KCl溶液中，关闭电源，清场。

（五）注意事项

（1）玻璃电极易碎，操作应细心。

（2）每测一个标准液或样品后应用纯化水冲洗干净电极，再用纸擦干，以免稀释标准液；标准液应贮存于4℃冰箱。

（3）配制标准液的水应是新鲜纯化水，其pH应为5.5～7.0。

（4）测定前应将供试品和标准液预热至室温。

（5）每次测定前，仪器均需用pH标准液进行校准，校准差≤0.02方可使用。

（6）实际操作时，依据试验所使用的pH计型号，参照说明书和仪器操作SOP进行。

五、无菌检查——无菌检查法

（一）原理

无菌检查法是用于检查《中国药典》要求无菌的药品、生物制品、医疗器械、原料、辅料及其他品种是否无菌的一种方法。若供试品符合无菌检查法的规定，仅表明了供试品在该检验条件下未发现微生物污染。

（二）材料和仪器

（1）无菌隔离系统。

（2）全密闭集菌培养器。

（3）生化培养箱：20～25℃、30～35℃。

（4）冰箱。

（5）集菌仪。

（6）培养基　硫乙醇酸盐流体培养基：用于需氧性和厌氧性杂菌的培养。胰酪大豆胨液体培养基：用于真菌和需氧菌的培养。胰酪大豆胨琼脂培养基（TSA）：用于环境监测。

（7）固体制剂稀释液　以产品标签说明的溶液作为稀释液，也可使用0.1%无菌蛋白胨水溶液、pH7.0无菌氯化钠－蛋白胨水溶液或0.9%无菌氯化钠溶液。

（8）稀释液/冲洗液　0.1%无菌蛋白胨水溶液、pH7.0无菌氯化钠－蛋白胨水溶液或0.9%无菌氯化钠溶液。也可根据供试品的特性，选择其他经验证过的适宜的溶液作为稀释液、冲洗液。如需要，可在上述稀释液或冲洗液灭菌前或灭菌后加入表面活性剂或中和剂等。

（三）分析步骤

1. 检查前的准备

（1）试验使用成品培养基，确认所使用的该批培养基通过培养基的适用性检查，要求培养基瓶外加包装纸/袋。培养基的适用性检查也可与无菌检查同时进行。

（2）成品培养基在其保质期内使用，保存期间，如发现硫乙醇酸盐流体培养基的氧化层超过1/5者，需加热驱氧，并冷却至45℃以下备用，只限加热一次。

（3）将培养基、全密闭集菌培养器及实验样品放入无菌隔离系统内，按自动运行程序对无菌隔离系统进行灭菌处理。

（4）将全密闭集菌培养器安装在电脑集菌仪上。

2. 供试品处理及接种培养基

【供试品处理】

进行供试液的处理操作时，对供试品容器表面和取样部位进行彻底消毒。用灭菌镊取出注射器，将针芯插入针管并安上针头（或用一次性无菌注射器替代）。

供试品为水溶液供试品，可直接作为供试液备检，或混合至含适量稀释液的无菌容器内，混匀，作为供试液备检。

供试品为水溶性固体供试品，可按标签说明复溶后直接作为供试液备检，或者混合至含适量稀释液的无菌容器内，混匀，作为供试液备检。

供试品为非水溶性制剂供试品，可直接作为供试液备检（如油溶液），或混合溶于含适宜表面活性剂的稀释液中，充分混合，作为供试液备检。

供试品为膏剂和黏性油剂供试品，可取规定量，混合至适量的无菌十四烷酸异丙酯中，剧烈振摇，使供试品充分溶解，如果需要可适当加热，但温度不得超过44℃，保温，作为供试液备检。对仍然无法过滤的供试品，于含有适量的无菌十四烷酸异丙酯的供试液中加入不少于100ml的稀释液，充分振摇萃取，静置，取下层水相作为供试液备检。

供试品为无菌气（喷）雾剂供试品，将备检容器置于至少-20℃的冰室冷冻约1小时，以无菌方式迅速在容器上端钻一小孔，释放抛射剂后再开启容器，并将供试品转移至无菌容器中。

如供试品容器内有一定的真空度，需加入空气加压后便于抽出时，应用注射器抽取空气注入供试品瓶内，供试品需用灭活剂溶解时，用灭活剂溶解后用适宜溶剂稀释至规定的浓度。

供试品为注射用无菌原料药，取样时为缩短暴露时间，应由两人操作。小心揭开瓶塞，用灭菌长柄不锈钢药匙取出规定量的样品，置经1/1000天平称定重量的灭菌试管中，密塞待用，立即盖好大包装瓶塞，用橡皮胶布及时封口，再用封箱纸包扎瓶口。如果容器内有一定的真空，可用适当的无菌器材（如一头带有除菌过滤器的针头），向供试品容器内导入无菌空气，再按无菌操作启开容器，取出内容物。

供试品为注射器预充药物的供试品，取规定量，排出注射器中的内容物至无菌容器中，或吸入适宜稀释液或用标签所示的溶剂溶解。若预充药物的注射器与针头为一体包装，可按如上操作；若预充药物的注射器与针头分别独立包装，针头的无菌检查应采用直接接种法。

【供试品接种】

（1）薄膜过滤法　薄膜过滤法选用封闭式薄膜过滤器。无菌检查用的滤膜孔径应不大于0.45μm，直径约为50mm。水溶性供试液过滤前先将少量的冲洗液过滤以润湿滤膜。为发挥滤膜的最大过滤效率，应注意保持供试品溶液及冲洗液覆盖整个滤膜表面。供试液经薄膜过滤后，若需要用冲洗液冲洗滤膜，每张滤膜每次冲洗量一般为50ml或100ml，且总冲洗量不得超1000ml，以避免滤膜上的微生物受损伤。

取出无菌检查用集菌培养器，检查包装是否完好无损，将培养器逐一插放在滤液槽座上，将其塑胶软管装入集菌仪的蠕动泵的管槽内，注意定位准确，软管走势顺畅。将其进液软管的双芯针头插入供试液容器的塞上，开启集菌仪。

待检样品：将供试液容器倒置，使药液均匀通过滤器，待药液滤净后，关闭电源，将双芯针头取下，插至装有适宜冲洗液容器的塞上，冲洗培养器滤膜，冲洗的量和次数根据验证结果确定（经验证无抑菌作用的供试品，薄膜过滤后，无需冲洗）。滤干后关闭电源。将培养器顶部排气孔处的胶帽取下，套住底部排液管口，将进液软管的双芯针头插至相应培养基容器的塞上，开启蠕动泵，将培养基导入指定培养器，关闭电源。用塑料卡卡住与培养器连接处的进液软管，在进液软管剪切线的位置剪断软管，将软管开口端套在培养器顶部的排气孔处。生物制品的无菌检查采用三联薄膜过滤器，其中两联分别导入硫乙醇酸盐培养基各100ml，一联置30～35℃培养，另一联置20～25℃培养，第三联滤器导入胰酪大豆胨液体培养基100ml，置20～25℃培养。

阴性对照：供试品无菌检查时，应取相应稀释液、冲洗液同法进行，作为阴性对照。阴性对照不得有菌生长。同一次试验如果相应器具、稀释液和冲洗液相同，可以只做一份阴性对照。

阳性对照：供试品无菌检查应进行阳性对照试验，以金黄色葡萄球菌作为阳性对照菌。供试品用量同供试品无菌检查每份培养基接种的样品量。阳性对照菌液试验的菌液可用商品化菌珠或自行制备，加菌量小于100cfu。阳性对照管置30～35℃培养不超过5天，菌体应生长良好。阳性对照也可以在供试品无菌检查培养14天后，取其中1份硫乙醇酸盐培养基添加阳性对照菌，作为阳性对照。每次试验都应做阳性对照，同一次试验对多批同企业、同品种、同规格的产品，可以只做一份阳性对照。

（2）直接接种法　无法采用薄膜过滤法进行无菌检查的供试品，可采用直接接种法，即取规定量的供试品分别接种至含硫乙醇酸盐流体培养基和胰酪大豆胨液体培养基的容器中。生物制品无菌检查时硫乙醇酸盐流体培养基和胰酪大豆胨液体培养基接种的瓶或支数为2∶1。除另有规定外，每个容器中培养基的用量应符合接种的供试品体积不得大于培养基体积的10%，同时，硫乙醇酸盐流体培养基每管装量不少于15ml，胰酪大豆胨液体培养基每管装量不少于10ml。若供试品具有轻微抑菌作用，可加入适量的无菌中和剂或灭活剂，或加大每个容器的培养基用量。

操作：无菌操作，用适宜的灭菌用具直接吸取规定量供试品（或取以适宜方法制备的供试液管，握拳以小指夹住培养基管的塞子，拔开塞子，以无菌操作吸取规定量供试液）沿着培养基管壁分别接种于硫乙醇酸盐流体培养基和胰酪大豆胨液体培养基（2种培养基的接种支数或瓶数之比为2∶1），各管接种后轻轻摇动，置适宜温度培养14天。

阳性对照：另接种一管硫乙醇酸盐流体培养基于操作结束后或者另取同批硫乙醇酸盐培养基培养14天后的样品移至阳性菌室，接种金黄色葡萄球菌阳性对照菌液1m（含菌小于100cfu）作为阳性对照。

阴性对照：以空白培养基作为阴性对照。阴性对照不得有菌生长。

（四）培养及观察

1. 培养及观察

（1）培养期间应逐日观察培养器并记录是否有菌生长，若供试品管/瓶在培养检查时限内均澄清，或虽显浑浊但经确证并无微生物生长，则判断供试品符合规定。

（2）如在加入供试品后或在14天培养过程中，培养基出现浑浊，不能从外观上判断有无微生物生长，可取该培养液适量转种至同种新鲜培养基中，观察接种的同种新鲜培养基是否再出现浑浊，或取原培养液涂片、镜检，判断是否有菌。

（3）如果复接种后培养基再次出现浑浊或镜检结果有菌，均应定义为疑似阳性培养物，应对疑似阳性培养物进行进一步的微生物学检测。必要时，在供试品培养基出现浑浊时，可无菌操作取少许浑浊培养液涂片，染色，镜检，进行判断；或以无菌操作取出浑浊内容物少许，接种至相同体积和种类的培养基中，置于相同培养条件下继续培养。若浑浊物量过低，不足以完成如上操作，则应继续培养，待浑浊物扩增量可以完成如上操作。若继续培养浑浊物没有出现扩增，或是将浑浊物复接种后培养基未出现再次浑浊，且该浑浊物经确认并非微生物，则判断供试品符合规定。

2. 疑似阳性培养物的微生物学检测　将复接种后再次出现的疑似阳性培养物，划线接种至胰酪大豆胨琼脂培养基或其他微生物鉴定用培养基表面，置相应温度培养 18～24 小时（必要时可延长培养时间）。观察并记录其菌落形态，挑取单个纯菌落进行革兰染色和镜检，观察并记录其染色特性及微生物形态学特征。必要时可作生化实验或使用菌种鉴定系统进一步鉴定该菌种。对已通过确认鉴定后的微生物可予以保藏。

3. 疑似阳性培养物的溯源性检测　将疑似阳性培养物的菌落形态、革兰氏染色结果、镜检结果、生化试验结果及菌种鉴定结果与洁净室（区）采集的浮游菌、沉降菌、表面接触菌及手套菌的相应结果比对（或用其他分析法分析浑浊物与洁净区采集微生物的同源性）。若浑浊物的以上结果与洁净室（区）内采集的微生物结果高度一致，则判为同源，表明该疑似阳性培养物来自洁净操作区或由于实验人员操作不当导致的污染，则该实验结果应判为无效。若比对结果显示同源性较低，则需进一步回顾无菌实验过程。

（五）结果判断

1.供试品均澄清或虽浑浊但确证无菌生长，判定符合规定；若供试品中任何一瓶浑浊并确证有菌生长，判定不符合规定。阴性对照不得有菌生长。阳性对照应生长良好。

2.供试品管培养基在规定时限内出现的浑浊，需经如上操作确认浑浊物来源，除非能充分证明实验结果无效，即生长的微生物非来源于供试品，否则将判供试品不符合规定。当符合下列至少一个条件时，方可判断实验结果无效。

（1）无菌检查实验所用的设备及洁净环境微生物监控结果不符合无菌检查法的要求。

（2）回顾无菌实验过程，发现有可能引起微生物污染的因素。

（3）供试品管中生长的微生物经鉴定后，确证是因无菌实验中所使用的物品和（或）无菌操作技术不当引起的。

试验若经确认无效，应重试。重试时，重新取同量供试品，依法检查。若无菌生长，判供试品符合规定；若有菌生长，判供试品不符合规定。

（六）洁净室（区）环境监测

1. 浮游菌监测　根据洁净室（区）的维护运行情况，每月至少进行 1 次采样测试，每个采样点一般采样一次。要求：A 级＜ $1cfu/m^3$。具体操作参见洁净室浮游菌采集操作规范。

2. 动态沉降菌监测　每次无菌检查时均需进行动态沉降菌监测，要求：< 1cfu/4h。

3. 表面微生物监测　每次无菌检查时均需对手套和操作台面进行表面微生物监测。具体操作为：操作结束后，使用无菌棉拭子擦拭操作台面并划种于 TSA，操作人员双手套以触碟法按手模于 TSA，然后将 TSA 置于 30～35℃培养不超过 3 天。要求：< 1cfu/ 碟。

参考文献

[1] Siljee S, Buchanan O, Brasch H D, et al. Cancer stem cells in metastatic head and neck cutaneous squamous cell carcinoma express components of the renin-angiotensin system [J]. Cells, 2021, 10 (2): 243.

[2] Shibue T, Weinberg R A. EMT, CSCs, and drug resistance: the mechanistic link and clinical implications [J]. Nature reviews Clinical oncology, 2017, 14 (10): 611-629.

[3] Rich J N. Cancer stem cells: understanding tumor hierarchy and heterogeneity [J]. Medicine, 2016, 95 (1S): S2-S7.

[4] Miyamoto S, Kanaseki T, Hirohashi Y, et al. Identification of cancer-stem cell antigens and development of CTL-mediated cancer immunotherapy [J]. Nihon Rinsho Men'eki Gakkai Kaishi, 2017, 40 (1): 40-47.

[5] Bonnet D, Dick J E. Human acute myeloid leukemia is organized as a hierarchy that originates from a primitive hematopoietic cell [J]. Nature medicine, 1997, 3 (7): 730-737.

[6] Brinkman J A, Fausch S C, Weber J S, et al. Peptide-based vaccines for cancer immunotherapy [J]. Expert opinion on biological therapy, 2004, 4 (2): 181-198.

第六章　展　望

在21世纪的医学革命中，干细胞技术以其自我复制和多潜能分化的特性，被视为全球生命科学领域最重要的前沿技术之一。中国在“十四五”期间将干细胞的基础学科研究定为健康保障发展的重大课题，显示出国家对于干细胞研究与应用的高度重视。随着国家卫健委的政策支持和各地扶持政策的颁布，中国的干细胞研究应用已进入一个发展有序的新时期，为干细胞产业的发展带来了新格局和新机遇。

干细胞技术作为一种前沿的生物技术，已经在多个医学领域展现出巨大的潜力和价值。在免疫疾病方面，干细胞能够帮助修复受损的免疫系统，为治疗自身免疫性疾病等提供了新的思路。在遗传疾病治疗中，通过替换或修复缺陷基因，干细胞技术为患者带来了希望。此外，对于因意外或疾病导致的细胞损伤，干细胞也能够促进组织的再生和修复。

尽管干细胞技术在医学上的应用已经取得了广泛的共识，但在实际应用过程中，仍然面临着诸多挑战。

在中国，干细胞行业的发展尤其需要注意法规监督的完善。目前，中国的干细胞治疗和研究还处于起步阶段，相关的法规和政策框架正在逐步建立中。由于干细胞技术涉及伦理、法律以及社会等多个方面的问题，因此，建立一个全面的法规体系显得尤为重要。同时，在药品和技术的监督方面，中国采取了“双轨制”的管理模式。这意味着干细胞产品既要符合药品的监管要求，也要满足医疗技术的规范。这样的监管体系旨在确保干细胞治疗的安全性和有效性，但同时也带来了监管的复杂性。

随着干细胞研究的深入，如何平衡科学发展与伦理道德的界限，将是一个需要持续探讨的话题。未来的干细胞研究需要在确保伦理合规的前提下进行，以赢得公众的信任和支持。

在技术上，干细胞治疗的标准体系还不够完善，需要在实践中不断探索和改进。例如，如何确保干细胞产品的质量控制、如何评估治疗的长期效果和安全性，以及如何处理干细胞治疗中可能出现的伦理问题等，都是需要进一步明确的问题。

干细胞技术的产业化是实现其临床应用的关键。目前，干细胞治疗的高昂成本是限制其广泛应用的主要因素之一。因此，如何降低成本，提高治疗的普及性，将是未来干细胞产业发展的重要方向。在这个过程中，必须考虑到几个关键因素：技术创新是降低成本的主要途径，通过改进干细胞的培养、扩增和分化技术，可以提高产量，降低生产成本；标准化和规模化生产是另一个关键点，建立统一的生产和质量控制标准，不仅可以确保治疗的安全性和有效性，还可以通过规模经济降低单个治疗的成本，同时也有助于加快监管审批流程，使新疗法更快地进入市场；另外，干细胞产业的发展需要生物学家、材料科学家、工程师和临床医生等多领域专家的共同努力，加速技术的转化，促进创新疗法的开发；最后也是最重要的，国家层面可以通过提供研发补贴、税收优惠和市场准入支持等措施，激励企业和研究机构投入干细胞技术的研究和应用，加速产业发展的有效途径。

第一节　干细胞临床应用领域的展望

随着科学技术的不断进步，干细胞治疗已经从理论研究走向临床实践，为许多传统治疗手段无法解决的疾病提供了新的治疗可能。干细胞在再生医学中的应用将是未来发展的重点，它不仅可以治疗过去难以医治的疾病，如白血病、免疫系统疾病等，还可以治疗阿尔茨海默病、修复衰老器官等。目前，全球范围内已有多个干细胞药物获批上市，显示出干细胞治疗的巨大潜力。

干细胞具有自我复制和多向分化的潜能，能够修复和替换受损的组织和器官，在临床应用领域，干细胞技术的应用前景广阔，涵盖了从心血管疾病、骨关节病变、肺部疾病、神经系统疾病到免疫系统疾病等多个方面。

1. 心血管疾病　干细胞治疗在心血管疾病中的应用主要集中在心肌梗死后的心脏修复。研究显示，通过将干细胞直接注入受损的心脏组织中，可以促进心肌细胞的再生，改善心脏功能。例如，一项研究中，患者接受了自体骨髓干细胞的治疗，结果显示治疗后心脏的泵血能力有所提升，这表明干细胞治疗对于心血管疾病的恢复具有重要意义。

2. 骨关节病变　在骨关节病变，尤其是骨关节炎的治疗中，干细胞治疗已经显示出减轻疼痛和改善关节功能的潜力。通过向受损的关节腔注入干细胞，可以刺激软骨的再生，减少炎症反应，从而缓解疼痛并提高患者的生活质量。

3. 肺部疾病　干细胞治疗在肺部疾病，特别是在慢性阻塞性肺疾病（COPD）

的治疗中，已经取得了一定的进展。治疗通常是将干细胞注入患者体内，以减少炎症和促进肺部组织的修复。虽然这一领域的研究仍处于初步阶段，但早期临床试验的结果令人鼓舞。

4. 神经系统疾病 干细胞技术在神经系统疾病的治疗中展现出巨大的潜力，包括阿尔茨海默病、帕金森病、脊髓损伤等。这些疾病通常由神经细胞的损伤或死亡引起，干细胞治疗的目标是替换受损的神经细胞，恢复神经功能。

5. 免疫系统疾病 干细胞治疗在免疫系统疾病中，如系统性红斑狼疮和多发性硬化症的治疗，已经证明可以调节免疫反应，减少炎症。这种治疗方法为那些对传统药物治疗无效的患者提供了新的希望。

随着医学科技的不断进步，个性化医疗已经成为未来治疗发展的重要趋势。在这一背景下，干细胞治疗作为一种高度定制化的治疗手段，其发展潜力受到了广泛关注。个性化医疗强调根据患者的遗传信息、生活习惯、环境因素等个人特征来定制治疗方案，而干细胞治疗则能够在细胞层面上进行精准的治疗。例如，通过对患者自身的干细胞进行培养和扩增，可以避免免疫排斥反应，提高治疗的安全性。在再生医学领域，通过个性化培养的干细胞可以用于修复烧伤、创伤后的皮肤，或是用于重建因疾病或伤害而损坏的骨骼和软骨。

未来，随着个性化医疗的进一步发展，干细胞治疗将更加精准地针对患者的具体情况进行。这不仅包括对治疗方案的个性化设计，还包括对干细胞本身的功能和潜能的深入研究。通过对干细胞的深入了解，医生能够更好地掌握干细胞的分化方向，为患者提供更为精准的治疗选择。此外，随着大数据和人工智能技术的应用，干细胞治疗的个性化将更加科学和系统，为患者提供更为全面和细致的治疗方案。

但是，与此同时，干细胞的安全性和有效性是未来研究的关键。对于适应证和禁忌证的把控尚无明确的规范标准，干细胞的疗效存在个体差异性和不稳定性。在整个行业内，对于干细胞制剂也未建立统一的分类和鉴定标准。因此，干细胞治疗仍面临着技术上的挑战，比如如何确保干细胞的稳定性和安全性，以及如何提高其治疗效果。建立完善的质量控制体系和临床评估标准，将是推动干细胞临床应用的重要步骤。

综上所述，干细胞临床应用领域的未来充满希望，但也面临着诸多挑战。只有通过不断的科学研究和技术创新，才能充分发挥干细胞治疗的潜力，造福人类健康。

第二节　疫苗发展情况的展望

近年来，随着科学技术的不断进步，针对癌症干细胞的研究已经取得了突破性的进展。肿瘤干细胞理论的提出，为理解肿瘤的发生、发展提供了新的视角。大量的实验室研究和临床试验结果都在不断地支持这一理论，尤其是在小鼠模型中，肿瘤干细胞疫苗展现出了强大的抗肿瘤效果。这些研究成果不仅验证了肿瘤干细胞学说的正确性，更为未来的癌症治疗提供了新的方向。

在临床应用方面，肿瘤干细胞疫苗的研究不仅为肿瘤的早期诊断和预后评估提供了新的思路，而且还为肿瘤治疗开辟了新的途径。将针对肿瘤干细胞的靶向治疗与传统的肿瘤治疗相结合，有望显著提高肿瘤的治愈率。目前，许多研究团队正在努力探索肿瘤干细胞如何在放化疗中存活下来的机制，希望能够通过这些研究，找到新的治疗靶点，从而促进肿瘤治疗方法的革新。

尽管如此，肿瘤干细胞疫苗的研究仍然面临着许多挑战。例如，如何精确地识别和靶向肿瘤干细胞、如何避免对正常干细胞的损害，以及如何提高疫苗的稳定性和长效性等问题，都是当前研究中亟待解决的。此外，肿瘤干细胞的存在也为肿瘤的复发和转移提供了一种解释，因为这些干细胞具有自我更新和多向分化的能力，使得它们可以在治疗后存活下来，并在体内形成新的肿瘤。

未来，随着对肿瘤干细胞特性的深入了解和肿瘤干细胞疫苗研究的不断进展，我们有理由相信，能够找到更加有效的治疗策略，以更好地控制肿瘤的发展，最终实现对肿瘤的根治。肿瘤干细胞疫苗的研究不仅有望改善肿瘤患者的预后，还可能为肿瘤治疗带来历史性的变革，为人类战胜癌症提供新的希望。随着全球科研人员的共同努力，相信不久的将来，我们将迎来肿瘤治疗的新纪元。

总的来说，干细胞技术在医学领域的应用前景广阔，但要实现其在临床上的广泛应用，还需要在技术、法规、伦理等方面做出更多的努力和完善。随着研究的深入和技术的进步，相信不久的将来，干细胞技术将在更多疾病的治疗中发挥重要作用。

附　录

附录 1　细胞存活率检测　细胞计数法

（一）仪器和设备

显微镜、血球计数板。

（二）试剂

除特别说明外，所有试剂均为分析纯，检测用水均为去离子水。

磷酸盐缓冲液（pH为7.4）、台盼蓝染液。

（三）检测方法

1. 细胞悬液制备　收集待检测细胞，用磷酸盐缓冲液配制细胞悬液，稀释至合适的浓度。每个 $1mm^2$ 的方格中细胞的数量应为 20～50 个。如果高于 200 个细胞，则需要进行稀释。

2. 细胞染色　按 1∶1 的体积比将台盼蓝染液与上述细胞悬液混合均匀。

3. 细胞计数　将盖玻片盖在血球计数板计数槽上，取 10μl 上述混合液滴在一侧计数室的盖玻片边缘，另取 10μl 混合液，滴在另一侧计数室的盖玻片边缘，使混合液充满盖玻片和计数板之间，静置 30 秒。将计数板置显微镜下对被染色的细胞和细胞总数分别进行计数。

对 16 × 25 规格的计数室，按对角线位，取左上、右上、左下、右下 4个 $1mm^2$ 的中格（即 100 个小格）计数。对 25 × 16 规格的计数室，按对角线位，取左上、右上、左下、右下和中央 5 个中格（即 89 个小格）计数。当遇到位于大格线上的细胞，一般只计数大方格的上方和左线上的细胞（或只计数下方和右线上的细胞）。

（四）计算与分析

细胞存活率按公式 $S=(M-D)/M \times 100\%$ 进行计算。

式中：S 为细胞存活率；M 为细胞总数；D 为染色的细胞数。

细胞存活率为 2 个样品的平均值。计算两次计数活细胞比率结果的平均值，记为细胞平均存活率。

（五）精密度

在重复性条件下获得的两次独立测定结果的绝对差值不应超过算术平均值的10%。

附录2 细胞标志蛋白检测免疫荧光染色计数法(仲裁法)

(一)仪器和设备

激光共聚焦显微镜。

(二)试剂

PBS、4%多聚甲醛(PFA)、Triton-X100、牛血清白蛋白BSA、Hoechst 33342、防淬灭剂、无色指甲油或封片剂、抗体,并按相应要求配制检测所需的液体:封闭液、抗体稀释液。

(三)样品保存

固定后的样品、PBS、4%多聚甲醛、Hoechst 33312于2~8℃保存,牛血清蛋白、防淬灭剂于-20℃保存,Triton-X 100、无色指甲油或封片剂室温保存,抗体按说明书保存。

(四)检测方法

1. 样品准备和固定　将无菌玻璃片放在细胞培养皿底部中央,接种细胞。待细胞生长到合适密度时,弃掉培养液,用4%PFA室温下固定细胞15~30分钟。PBS洗3次。

2. 通透封闭　用含0.3%Triton-X 100和2%BSA的PBS室温下通透封闭细胞1~2小时。

3. 抗体孵育　按照抗体说明书进行稀释使用。

4. 洗涤　用PBS洗3次,每次洗涤5~10分钟。

5. 染核　弃去PBS,用PBS 1∶1000稀释Hoechst 33342染液,处理细胞15分钟。

6. 封片　每张玻璃片加5μl防淬灭剂,用盖玻片盖于组织上,避免产生气泡,用无色指甲油小心地在盖玻片四周轻涂,使盖玻片与玻璃片黏合。

7. 激光共聚焦显微镜拍照　10倍或20倍镜下随机取至少3个不同视野拍照,如果细胞分多层,需进行层扫后叠加(每层间隔1.5~2.5μm)。

8. 计数　对3个不同视野照片中的Hoechst阳性细胞进行计数,每个视野至少计500个细胞,总数不少于1500个细胞。并统计其中相应抗体阳性的细胞数。计算标志物抗体阳性比例。

细胞标志物阳性比例按公式$P=B/H\times100\%$进行计算。

式中：P为细胞标志物阳性比例；

B为抗体阳性细胞总数；

H为Hoechst 阳性细胞总数，≥1500。

附录3　细胞标志蛋白检测流式细胞术

（一）仪器和设备

细胞流式分析仪，水平离心机，制冰机，带盖离心管：1.5ml、50ml和15ml，40pm滤网，流式管。

（二）试剂

（1）生理盐水。

（2）多聚甲醛（PFA）：纯度95%。

（3）氢氧化钠（NaOH）：分析纯。

（4）直标抗体。

（5）固定液　称取多聚甲醛4g于烧杯中，加入适量生理盐水及2mol/L的NaOH（pH7.4），60℃水浴磁力搅拌，溶解后用生理盐水定容至100ml。

（三）试样制备和保存

固定后的样品于4℃冰箱冷藏，固定液放入分装容器中，密封并标记，于-20℃以下冷冻存放。相关抗体遵照说明书保存。

（四）检测步骤

1. 样品准备　取干细胞置于15ml离心管中，加入生理盐水洗涤两次，300rpm，离心10分钟。

2. 抗体孵育　用95μl生理盐水重悬细胞，并转移至1.5ml离心管中，分别加入5μl相应标志物荧光抗体，或5μl同型对照荧光抗体，置于2～8℃冰箱避光孵育30分钟，每隔5～10分钟轻弹混匀。最后用生理盐水洗涤两次，300rpm离心10分钟。

3. 染色后样品检测　用200～300μl洗涤液重悬细胞，然后通过40μl滤网转移到流式管中，按细胞流式分析仪应用手册上机检测。在FSC/SSC散点图中，调试FSC、SSC的PMT值，使所有细胞群均可见，调试各荧光通道的PMT值在目标值的范围内。随后进行各荧光通道间的补偿调节，完成后再行灵敏度调节。

4. 圈门设定原则　首先根据颗粒度和透光性画门圈出目标细胞分群1，排除死细胞和其他杂细胞，然后根据同型对照组荧光强度，在分群1的基础上画出阳性细胞群2，排除没有被荧光抗体标记的阴性细胞。

（五）结果分析

得到的检测结果用软件综合分析，具体参考其软件使用说明。

1. 仪器参数设置

（1）实验前设置　采用Agilent NovoCyte系列流式细胞仪，启动仪器，在配套电脑上打开NovoExpress™，完成初始化。在正式实验前制备NovoCyte™质控微球悬液，根据软件提示完成QC测试。用自动荧光补偿法进行荧光补偿，准备各个荧光参数的单染样本和未染色对照样本，点击“自动补偿”，弹出“新建自动补偿”对话框，进行自动补偿条件设置。选择需要使用的样本，并点击“确定”。软件将自动新建“补偿标本”。逐管采集单染样本，软件自动计算荧光补偿。将自动计算的荧光补偿复制粘贴到（或按住鼠标左键拖拽到）实验样本。

（2）样本采集　在主菜单下建立新的实验文件，在“实验管理”面板，右键点击“实验文件名.ncf”，在本实验文件下新建标本。右键点击“标本”，在选中的标本下新建样本。双击样本，使之成为当前样本，并设置采集样本使用的“参数”“停止条件”“样本流速”及“阈值”等进行样本采集；将样本管充分混匀，置于样本架。点击“采集”按钮，执行样本采集。

2. 分析数据　选择合适的图标作图。图形显示当前样本的数据。右键点击坐标名称，选择该图需要显示的参数；左键点击图形坐标名称，直接修改荧光通道参数别名；右键点击坐标轴，选择坐标显示比例（线性、对数、双指数）和显示范围（自动范围、全范围）。点击需要设置的门的类型，在图形上点击拖动，设置门的区域，圈出目标细胞分群 1，在分群 1 的基础上圈出阳性细胞群 2。所有图形和统计数据均可以复制、粘贴到文档。

3. 导出文件　在“实验管理”面板右键点击实验文件名称、标本或样本，选择“导出 FCS 文件”。在文件名或标本上点击，可快速将整个文件中或某个标本下所有样本的 FCS 文件导出。双击“实验管理”中标本或样本节点下的“报告”，自动生成报告。右键点击“统计表格”选择“创建”，创建该实验数据的统计表格。

附录4 无菌检查法

无菌检查法系用于检查《中国药典》要求无菌的药品、生物制品、医疗器械、原料、辅料及其他品种是否无菌的一种方法。若供试品符合无菌检查法的规定，仅表明了供试品在该检验条件下未发现微生物污染。

无菌检查应在无菌条件下进行，实验环境必须达到无菌检查的要求，检验全过程应严格遵守无菌操作，防止微生物污染，防止污染的措施不得影响供试品中微生物的检出。单向流空气区域、工作台面及受控环境应定期按医药工业洁净室（区）悬浮粒子、浮游菌和沉降菌的测试方法的现行国家标准进行洁净度确认。隔离系统应定期按相关的要求进行验证，其内部环境的洁净度须符合无菌检查的要求。日常检验需对试验环境进行监测。

（一）检查方法

1. 培养基　硫乙醇酸盐流体培养基主要用于厌氧菌的培养，也可用于需氧菌的培养；胰酪大豆胨液体培养基用于真菌和需氧菌的培养。

【培养基的制备及培养条件】

培养基可按以下处方制备，亦可使用按该处方生产的符合规定的脱水培养基或商品化的预判培养基。配制后应采用验证合格的灭菌程序灭菌。制备好的培养基若不即时使用，应置于无菌密闭容器中，在2~25℃、避光的环境下保存，并在经验证的保存期内使用。

（1）硫乙醇酸盐流体培养基　胰酪胨15.0g、氯化钠2.5g、酵母浸出粉5.0g、新配制的0.1%葡萄糖/无水葡萄糖5.5g/5.0g、刃天青溶液1.0ml、L-胱氨酸0.5g、琼脂0.75g、硫乙醇酸钠0.5g（或硫乙醇酸0.3ml）、水1000ml。

除葡萄糖和刃天青溶液外，取上述成分混合，微温溶解，调节pH为弱碱性，煮沸，滤清，加入葡萄糖和刃天青溶液，摇匀，调节pH，使灭菌后在25℃的pH值为7.1±0.2。分装至适宜的容器中，其装量与容器高度的比例应符合培养结束后培养基氧化层（粉红色）不超过培养基深度的1/2。灭菌。在供试品接种前，培养基氧化层的高度不得超过培养基深度的1/3，否则，须经100℃水浴加热至粉红色消失（不超过20分钟），迅速冷却，只限加热一次，并防止被污染。

除另有规定外，硫乙醇酸盐流体培养基置30~35℃培养。

（2）胰酪大豆胨液体培养基　胰酪胨17.0g、氯化钠5.0g、大豆木瓜蛋白酶水解物3.0g、磷酸氢二钾2.5g、葡萄糖/无水葡萄糖2.5g/2.3g、水1000ml。

除葡萄糖外，取上述成分，混合，微温溶解，滤过，调节pH使灭菌后在25℃的pH值为7.3±0.2，加入葡萄糖，分装，灭菌。

胰酪大豆胨液体培养基置20～25℃培养。

（3）胰酪大豆胨琼脂培养基　胰酪胨15.0g、琼脂15.0g、大豆木瓜蛋白酶水解物5.0g、水1000ml、氯化钠5.0g。

除琼脂外，取上述成分，混合，微温溶解，调节pH使灭菌后在25℃的pH值为7.3±0.2，加入琼脂，加热溶化后，摇匀，分装，灭菌。

2. 适用性检查、灵敏度检查和方法适用性试验　进行产品无菌检查时，应进行适用性检查、灵敏度检查和方法适用性试验，以确认所采用的方法适合于该产品的无菌检查。若检验程序或产品发生变化可能影响检验结果时，应重新进行方法适用性试验，详见《中国药典》（2020版）1101无菌检查法。

3. 供试品的无菌检查　无菌检查法包括薄膜过滤法和直接接种法。只要供试品性质允许，应采用薄膜过滤法。供试品无菌检查所采用的检查方法和检验条件应与方法适用性试验确认的方法相同。

（1）检验量　检验量是指供试品每个最小包装接种至每份培养基的最小量。若每支（瓶）供试品的装量按规定足够接种两种培养基，则应分别接种硫乙醇酸盐流体培养基和胰酪大豆胨液体培养基。采用薄膜过滤法时，只要供试品特性允许，应将所有容器内的内容物全部过滤。

（2）阳性对照　应根据供试品特性选择阳性对照菌：无抑菌作用及抗革兰阳性菌为主的供试品，以金黄色葡萄球菌为对照菌；抗革兰阴性菌为主的供试品，以大肠埃希菌为对照菌；抗厌氧菌的供试品，以生孢梭菌为对照菌；抗真菌的供试品，以白色念珠菌为对照菌。阳性对照试验的菌液制备同方法适用性试验，加菌量不大于100cfu，供试品用量同供试品无菌检查时每份培养基接种的样品量。阳性对照管培养不超过5天，应生长良好。

（3）阴性对照　供试品无菌检查时，应取相应溶剂和稀释液、冲洗液同法操作，作为阴性对照。阴性对照不得有菌生长。

4. 供试品处理及接种培养基　操作时，用适宜的方法对供试品容器表面进行彻底消毒，如果供试品容器内有一定的真空度，可用适宜的无菌器材（如带有除菌过滤器的针头）向容器内导入无菌空气，再按无菌操作启开容器取出内容物。

除另有规定外，按下列方法进行供试品处理及接种培养基。

（1）薄膜过滤法　薄膜过滤法一般应采用封闭式薄膜过滤器，根据供试品及其溶剂的特性选择滤膜材质。无菌检查用的滤膜孔径应不大于0.45μm滤膜，直径约为50mm，若使用其他尺寸的滤膜，应对稀释液和冲洗液体积进行调整，并重新验证。使用时，应保证滤膜在过滤前后的完整性。

（2）直接接种法　直接接种法适用于无法用薄膜过滤法进行无菌检查的供试品，即取规定量供试品分别等量接种至硫乙醇酸盐流体培养基和胰酪大豆胨液体培养基中。生物制品无菌检查时，硫乙醇酸盐流体培养基和胰酪大豆胨液体培养基接种的瓶或支数为2∶1。除另有规定外，每个容器中培养基的用量应符合接种的供试品体积不得大于培养基体积的10%，同时，硫乙醇酸盐流体培养基每管装量不少于15ml，胰酪大豆胨液体培养基每管装量不少于10ml。供试品检查时，培养基的用量和高度同方法适用性试验。

混悬液等非澄清水溶性液体供试品　取规定量，等量接种至各管培养基中。

5. 培养及观察　将上述接种供试品后的培养基容器分别按各培养基规定的温度培养不少于14天；接种生物制品的硫乙醇酸盐流体培养基的容器应分成两等份，一份置30～35℃培养，一份置20～25℃培养。培养期间应定期观察并记录是否有菌生长。如在加入供试品后或在培养过程中，培养基出现浑浊，培养14天后，不能从外观上判断有无微生物生长，可取该培养液不少于1ml转种至同种新鲜培养基中，将原始培养物和新接种的培养基继续培养不少于4天，观察接种的同种新鲜培养基是否再出现浑浊；或取培养液涂片，染色，镜检，判断是否有菌。

（二）结果判断

若供试品管均澄清，或虽显浑浊但经确证无菌生长，判供试品符合规定；若供试品管中任何一管显浑浊并确证有菌生长，判供试品不符合规定，除非能充分证明试验结果无效，即生长的微生物非供试品所含。只有符合下列至少一个条件时方可认为试验无效。

（1）无菌检查试验所用的设备及环境的微生物监控结果不符合无菌检查法的要求。

（2）回顾无菌试验过程，发现有可能引起微生物污染的因素。

（3）在阴性对照中观察到微生物生长。

（4）供试品管中生长的微生物经鉴定后，确证是因无菌试验中所使用的物品和（或）无菌操作技术不当引起的。

试验若经评估确认无效后，应重试。重试时，重新取同量供试品，依法检查，若无菌生长，判供试品符合规定；若有菌生长，判供试品不符合规定。

附录5 支原体检查法

主细胞库、工作细胞库、病毒种子批、对照细胞以及临床治疗用细胞进行支原体检查时，应同时进行培养法和指示细胞培养法（DNA染色法）。病毒类疫苗的病毒收获液、原液采用培养法检查支原体；必要时，亦可采用指示细胞培养法筛选培养基。也可采用经国家药品检定机构认可的其他方法。

一、培养法

（一）推荐培养基及其处方

1. 支原体液体培养基

（1）支原体肉汤培养基　猪胃消化液500ml、氯化钠2.5g、牛肉浸液（1∶2）500ml、葡萄糖5.0g、酵母浸粉5.0g、酚红0.02g。

pH值7.6±0.2，于121℃灭菌15分钟。

（2）精氨酸支原体肉汤培养基　猪胃消化液500ml、葡萄糖1.0g、牛肉浸液（1∶2）500ml、L-精氨酸2.0g、酵母浸粉5.0g、酚红0.02g、氯化钠2.5g。

pH值7.1±0.2，于121℃灭菌15分钟。

2. 支原体半流体培养基　按支原体液体培养基处方配制，培养基中不加酚红，加入琼脂2.5～3.0g。

3. 支原体琼脂培养基　按支原体液体培养基处方配制，培养基中不加酚红，加入琼脂13.0～15.0g。

除上述推荐培养基外，亦可使用可支持支原体生长的其他培养基，但灵敏度必须符合要求，培养基灵敏度检查方法见《中国药典》（2020版）3301支原体检查法。

（二）检查方法

（1）供试品如在分装后24小时以内进行支原体检查者，可贮存于2～8℃；超过24小时应置-20℃以下贮存。

（2）检查支原体采用支原体液体培养基和支原体半流体培养基（或支原体琼脂培养基）。半流体培养基（或琼脂培养基）在使用前应煮沸10～15分钟，冷却至56℃左右，然后加入灭能小牛血清（培养基：血清为8∶2），并可酌情加入适量青霉素，充分摇匀。液体培养基除无需煮沸外，使用前亦应同样补加上述成分。

取每支装量为10ml的支原体液体培养基各4支、相应的支原体半流体培养基各2支（已冷却至36±1℃），每支培养基接种供试品0.5~1.0ml，置36±1℃培养21天。于接种后的第7天从4支支原体液体培养基中各取2支进行次代培养，每支培养基分别转种至相应的支原体半流体培养基及支原体液体培养基各2支，置36±1℃培养21天，每隔3天观察1次。

（三）结果判定

培养结束时，如接种供试品的培养基均无支原体生长，则供试品判为合格。如疑有支原体生长，可取加倍量供试品复试。如无支原体生长，供试品判为合格；如仍有支原体生长，则供试品判为不合格。

二、指示细胞培养法（DNA染色法）

将供试品接种于指示细胞（无污染的Vero细胞或经国家药品检定机构认可的其他细胞）中培养后，用特异荧光染料染色。如支原体污染供试品，在荧光显微镜下可见附在细胞表面的支原体DNA着色。

（一）试剂

（1）二苯甲酰胺荧光染料（Hoechst 33258）浓缩液　称取二苯甲酰胺荧光染料5mg，加入100ml不含酚红和碳酸氢钠的Hank's平衡盐溶液中，在室温用磁力搅拌30~40分钟，使完全溶解，-20℃避光保存。

（2）二苯甲酰胺荧光染料工作液　无酚红和碳酸氢钠的Hank's溶液100ml中加入二苯甲酰胺荧光染料浓缩液1ml，混匀。

（3）固定液　乙酸：甲醇（1：3）混合溶液。

（4）封片液　量取0.1mol/L枸橼酸溶液22.2ml、0.2mol/L磷酸氢二钠溶液27.8ml、甘油50.0ml混匀，调节pH值至5.5。

（二）培养基及指示细胞

（1）DMEM完全培养基。

（2）DMEM无抗生素培养基。

（3）指示细胞（已证明无支原体污染的Vero细胞或其他传代细胞）　取培养的Vero细胞经消化后，制成每1ml含10^5个的细胞悬液，以每孔0.5ml接种6孔细胞培养板或其他容器，每孔再加无抗生素培养基3ml，于5%二氧化碳孵箱36±1℃培养过夜，备用。

（三）供试品处理

（1）细胞培养物　将供试品经无抗生素培养液至少传一代，然后取细胞已长满且3天未换液的细胞培养上清液待检。

（2）毒种悬液　如该毒种对指示细胞可形成病变并影响结果判定时，应用对支原体无抑制作用的特异抗血清中和病毒或用不产生细胞病变的另一种指示细胞进行检查。

（3）其他　供试品检查时所选用的指示细胞应为该供试品对其生长无影响的细胞。

（四）测定

于制备好的指示细胞培养板中加入供试品（细胞培养上清液）2ml（毒种或其他供试品至少1ml），置5%二氧化碳孵箱36±1℃培养3~5天。指示细胞培养物至少传代1次，末次传代培养用含盖玻片的6孔细胞培养板培养3~5天后，吸出培养孔中的培养液，加入固定液5ml，放置5分钟，吸出固定液，再加5ml固定液固定10分钟，再次吸出固定液，使盖玻片在空气中干燥，加二苯甲酰胺荧光染料（或其他DNA染料）工作液5ml，加盖，室温放置30分钟，吸出染液，每孔用水5ml洗3次，吸出水，盖玻片于空气中干燥，取洁净载玻片加封片液1滴，分别将盖玻片面向下盖在封片液上制成封片。用荧光显微镜观察。

用无抗生素培养基2ml替代供试品，同法操作，作为阴性对照。

用已知阳性的供试品标准菌株2ml替代供试品，同法操作，作为阳性对照。

（五）结果判定

（1）阴性对照　仅见指示细胞的细胞核呈现黄绿色荧光。

（2）阳性对照　荧光显微镜下除细胞外，可见大小不等、不规则的荧光着色颗粒。

当阴性及阳性对照结果均成立时，试验有效。

如供试品结果为阴性，则供试品判为合格；如供试品结果为阳性或可疑时，应进行重试，如仍阳性时，供试品判为不合格。

附录6 HIV核酸检测法

艾滋病病毒（human immunodeficiency virus，HIV），又称人免疫缺陷病毒，是导致艾滋病的病原体。

HIV抗体筛查试验是一种可初步了解机体血液或体液中有无HIV抗体的检测方法，也包括同时检测HIV抗体和抗原的方法。检测得出HIV抗体或抗原有反应或无反应的结果，常用的检测方法有酶联免疫吸附试验（ELISA）、化学发光或免疫荧光试验、免疫凝集试验、免疫层析试验、免疫渗滤试验和抗原抗体联合检测试验。

HIV核酸检测法分为定性和定量试验，是在获得筛查试验结果后，为了准确判断，继续检测机体血液或体液中有无HIV的方法，这两种方法均可作为HIV感染诊断试验。HIV核酸定量检测主要基于靶核酸扩增和信号放大两种方法，HIV核酸定性检测主要通过实时定量PCR实现。

（一）检测方法

1. 样品处理及保存 用于核酸检测的血浆和血细胞样品4天内进行检测的可存放于4℃，3个月以内应存放于-20℃以下，3个月以上应置于-70℃以下保存，避免反复冻融。

2. 检测 HIV-1核酸检测应使用经国家药品监督管理局注册批准的试剂，并严格按说明书操作。

（二）检测结果分析和报告

1. 核酸定性试验 检测结果有反应，报告本次实验核酸阳性；检测结果无反应，报告本次实验核酸阴性。

2. 核酸定量试验 应该严格按照实验室标准操作程序或者商品试剂盒说明书的结果判断标准进行结果判定。当样本检测值小于试剂盒所规定线性范围下限时，报告低于检测限；当检测值＞5000CPs/ml（或IUs/ml）时，报告检测值；当样本检测值≤5000CPs/ml（或IUs/ml），需尽早再次采样、检测，如检测结果＞5000CPs/ml（或IUs/ml），报告检测值，当样本检测值≤5000CPs/ml（或IUs/ml），报告检测值，结合临床及流行病史、$CD4^{+}T$淋巴细胞检测值或者HIV-1抗体随访检测结果等进行诊断。

3. 仪器参数设置

(1)实验前设置　采用赛默飞Applied Biosystems™ QuantStudio™ 3&5实时定量PCR仪，启动仪器，在配套电脑上打开相应软件。

(2)样本设置　进入主界面后，点击“Create New Experiment”，在“Properties”界面设置实验属性，输入实验的名称，选择仪器型号，选择仪器的Block（加热模块）类型，选择实验类型“Standard Curve”，选择实验试剂类型：TaqMan探针法选择“TaqMan Reagents”，选择运行模式，普通试剂选择“Standard”，快速试剂选择“Fast”。

点击“Next”进入“Method”界面，设置实验的运行程序。设置梯度反应温度，单击“Advanced Settings”勾选VeriFlex，然后更改Block上相应区域的反应温度，相邻区域温度差异不能超过5℃。注：梯度反应温度设置仅限于96孔加热模块。进入“Plate”界面，点击“Advanced Setup”，设置待测基因名称(Target)及样品名称(Sample)。在“Targets”内点击“Add”，添加待测基因。在“Target Name”中编辑基因名称，“Reporter”和“Quencher”中选择所标记的荧光基团及淬灭基团。对于“Quencher”的选择，如果是MGB探针，选择NFQ-MGB；如果是TAMRA探针，选择TAMRA；其他形式的无荧光淬灭基团则选择“None”。在“Samples”内点击“Add”，添加待测样品。在“Sample Name”中编辑样品名称。利用鼠标单选或拖拽以选择反应孔，然后勾选左侧的基因及样本，同时在“Task”选项中指定该反应孔的类型(S代表标准品，U代表未知样本，N代表阴性对照)。

(3)标准曲线设置　利用鼠标单选或拖拽以选择反应孔(一般情况下，每个浓度梯度设置至少三个复孔)，而后勾选左侧的基因(Target)和样本(Sample)，在“Task”选项中选择S，并在“Quantity”中输入标准品量。重复上述操作，完成标准曲线其他浓度点的设置(设置至少5个浓度梯度)。

4. 实验运行及保存　点击“Next”进入“Run”界面，点击“Save”保存文件，然后点击“STARTRUN”开始运行。实验运行结束后，进入“Results”界面，点击右上角的“Analyze”按钮分析数据并查看扩增结果。

5. 结果分析　单击“Show Plot Setting”，在“Graph Type”中可更改扩增曲线的显示方式（Log 或 Linear 图）；默认使用“Auto”功能自动设定基线和阈值线。设置好后，点击“Analyze”分析结果。单击“Show Plot Setting”，选择需要查看的基因，将“Show：Threshold”及“Show：Baseline”前的选项打勾。扩增曲线图上会出现相应的基线范围和阈值线。单击“Show Plot Setting”，更改“Target”选择想要查看的基因。Eff% 代表扩增效率。R^2 值代表标准曲线的数据点与回归曲线的接近程度，建议在 0.99 以上。

附录7 HBV检查

乙型肝炎病毒（hepatitis B virus，HBV）基因组（HBV-DNA）由双链不完全环形DNA组成，含32个核苷酸。HBV-DNA由负链（长链）及正链（短链）组成，其负链有4个开放读码框架（ORF）：①S基因区，由S基因、前S1（pre-S1）基因、前S2基因组成，分别编码HBsAg，pre-S、pre-Sl及多聚人血清白蛋白受体。②C基因区，由前C基因和C基因组成，分别编码HBeAg及HBcAg。③P基因区，编码HBV-DNAp，具有反转录酶活性。④X基因区，编码HBxAg，能激活HBcAg基因。HBV病毒定量PCR检测中，通用型引物和探针一般设计在其比较保守的C区。目前，根据HBV基因序列异质性≥8%或S基因序列异质性≥4%，将HBV分为A型、B型、C型、D型、E型、F型、G型和H型8种基因型，使用特异性引物可对其鉴定。使用HBV的一对特异性引物和一条特异性荧光探针，配以PCR反应液、耐热DNA聚合酶（Taq酶）、核苷酸单体（dNTPs）等成分，利用Taq-man实时荧光定量PCR技术，检测HBV DNA。

参照《全国检验临床操作规程》中乙型肝炎病毒核酸PCR检测法测定干细胞中是否含HBV。

（一）仪器和设备

荧光定量PCR仪。

仪器参数设置：见HIV核酸检测法。

（二）试剂

（1）标本处理试剂　主要是DNA提取液。

（2）核酸扩增试剂　①PCR反应液，包括灭菌水、dNTPs、Mg^{2+}等。②Taq酶。③特异性引物。

（3）质控品　包括阴性、强阳性与临界阳性质控品等。

（三）检测方法

1. 样品处理　基本原理是裂解宿主细胞及病原体，萃取提纯核酸。目前常用的核酸提取方法包括煮沸裂解法、酣/三氯甲烷沉淀法、密度梯度离心法、离子交换层析法、硅膜吸附法、磁珠分离法等，以及近年兴起的自动化抽提系统等。在进行临床微生物检验时，应针对不同核酸待检物，根据其理化性质差异而采用不同的核酸提取方法。

2. PCR扩增

（1）加样　取反应管若干，分别加入处理后的样品，包括标本、阴性、临界阳性和强阳性质控品上清液，或直接加入阳性定量标准品，离心数秒，放入仪器样品槽。

（2）PCR扩增反应　按所使用的试剂盒说明书进行。

（3）结果分析　结果判断以Ct值表示，按特定试剂盒说明书进行。

（四）注意事项

对于HBV DNA扩增检测，重点应注意以下几点。

（1）不同批号的试剂请勿混用，试剂使用前要在常温下充分融化并混匀，但应避免反复冻融，PCR反应混合液应避光保存。

（2）现有的部分商品化试剂盒，采用煮沸法抽提核酸，煮沸过程中发生崩盖易引起标本间交叉污染，应选择质量好的Eppendorf管，以避免样本外溢及外来核酸的进入，打开离心管前应先离心，将管壁及管盖上的液体甩至管底部。开管动作要轻，以防管内液体溅出。

（3）由于操作时不慎将样品或模板核酸吸入枪内或粘上枪头是一个严重的污染源，因而加样或吸取模板核酸时要十分小心，吸样要慢，加样时尽量一次完成，忌多次抽吸，以免交叉污染或气溶胶污染。

（4）PCR反应管中尽量避免气泡存在，管盖需盖紧。

（5）试验中接触过标本的废弃物品（如吸头）请打入盛有消毒剂的容器，并与扩增完毕的离心管、标本等废弃物一起灭菌后方可丢弃。

（6）试剂盒内的阳性质控品应视为具有传染性物质，操作和处理均需符合相关法规要求：原卫生部《微生物和生物医学实验室生物安全通用准则》和《医疗废物管理条例》。

附录8 HCV检查

丙型肝炎病毒(hepatitis C Virus, HCV)RNA基因组链长约9600个核苷酸，两侧分别为5'端和3'端非编码区，位于两个末端之间的为病毒基因ORF，从5'至3'端依次为核心蛋白(C)编码区、包膜蛋白(E)编码区和非结构蛋白(NS)编码区，NS区又分为NS1～5区。5'非编码区由241～324个核苷酸组成，是整个基因组中高度保守部分。在5'端和3'端之间是一个连续的大ORF，其长度在不同分离株有所不同，为9063～9400个核苷酸，编码由3010个或3000个氨基酸组成的一个巨大前蛋白多肽。结构基因区由C、E1和E2组成，分别编码核心蛋白、胞膜蛋白E1和E2。核心蛋白构成病毒的核蛋白衣壳，具有与不同细胞蛋白相互作用及影响宿主细胞功能的特点。胞膜蛋白E1和E2编码区的变异性最大，在不同HCV分离株差异极大。非结构基因区所编码的非结构蛋白有NS2、NS3、NS4A、NS4B、NS5A和NS5B。

HCV为高变异率的不均一病毒株，其在复制过程中所依赖的RNA聚合酶，是易产生错配倾向的RNA依赖的RNA聚合酶，变异率高。多次复制和变异的结果将导致产生多种不同变异株，表现为HCV株间的不均一性或差异性。

HCV检查方法包括逆转录PCR、荧光定量PCR等。在HCV定量PCR检测中，引物和探针序列设计一般选取其高度保守的5'非编码区。使用HCV的一对特异性引物和一条特异性荧光探针，配以反转录液、反转录酶、PCR应液、Taq酶、dNTPs等成分，先将RNA反转录成cDNA，再利用PCR体外扩增法，检测HCV。按照试剂说明书判定结果，阴性质控结果应无扩增曲线，而阳性质控应扩增曲线良好且符合试剂盒规定。

HCV RNA检测用于对HCV抗体检测阳性的样品的确证及对高危人群样品窗口期感染筛查，并作为抗病毒治疗疗效的判断指标，指导抗病毒治疗及疗效判定。

参照《全国检验临床操作规程》中丙型肝炎病毒核酸PCR检测法测定干细胞中是否含HCV。

(一)仪器设备

荧光定量PCR仪。

仪器参数设置：见HIV核酸检测法。

（二）试剂

RNA提取试剂盒、逆转录试剂盒、Taq酶、dNTPs、特异性引物。

（三）检测方法

抽提细胞中的RNA后转录为cDNA，再进行荧光定量PCR。按照相应试剂盒说明书进行操作并判定结果。阴性质控结果应无扩增曲线，而阳性质控应扩增曲线良好且符合试剂盒规定。

（四）结果分析

按特定试剂盒说明书进行，结果判断以Ct值表示。

HCV核酸定性检测结果呈阳性，报告“HCV阳性”；结果呈阴性，报告“HCV阴性”。

核酸定量检测结果报告有以下几种情况。

（1）结果在检测范围内，则按检测的结果直接发报告。

（2）结果高于检测上限，则应用HCV阴性的混合血浆（清）将样本进行10～1000稀释后再重新进行检测，直到结果落入检测范围内。

（3）结果未出现扩增曲线，则报告为“低于检测下限”。如果低于检测下限，但又有扩增曲线出现，则应重新进行检测。若在检测限内，按照实际数发报告；若仍低于检测下限，则报告为“低于检测下限”。

（五）丙型肝炎病毒实验室检测注意事项

1. 人员要求　实验室技术人员需要经过业务培训，经考核合格后，由相关机构发给培训证书。

2. 仪器设备要求　实验室中使用国家规定需要强检的仪器设备，应由同级或上级计量认证部门定期检定。

3. 试剂要求　实验室中使用的检测试剂应是经国家药品监督管理局注册、在有效期内的试剂。

4. 样本要求　检测样本的采集、保存、运输应符合卫生行政部门的有关规定。

5. 检测要求　实验具体操作步骤和结果判定应严格按试剂、仪器说明书进行。

6. 质量控制要求　实验室应建立健全实验室质量保证和质量控制体系，并指定人员负责质量体系的正常运转。

7. 实验室生物安全要求　实验室应执行GB 19489的要求及国家卫生行政部门的有关规定。

附录9 HCMV检查

人巨细胞病毒（human cytomegalovirs，HCMV）基因组全长约240kb，有208个ORF，由长独特序列（UL）和短独特序列（Us）两个片段组成，两片段均被一对反向重复序列夹在中间，分别为TRL、IRL、IRs和TRs。HCMV基因转录及翻译受其自身及宿主细胞调控，并具时相性，分为IE（即刻早期）、E（早期）和L（晚期）。其中IE基因位于UL一个小于20kb的区域，其启动子区域高度保守，PCR检测的引物和探针设计一般选择在此区域。现认为，HCMV易致胎儿畸形，且与宫颈癌、睾丸癌、前列腺癌、Kaposi肉瘤、成纤维细胞癌、Wilms瘤与结肠癌等肿瘤的发生有关。对器官移植、免疫缺陷患者、抗肿瘤治疗者进行HCMV感染监测，有助于及时采取相应治疗措施，避免严重后果。HCMV检查为HCMV感染的早期诊断和鉴别诊断提供分子病原学依据。定量测定血液HCMV，有助于HCMV感染者抗病毒药物治疗的疗效监测。

目前，我国临床实验室采用CFDA批准的实时荧光PCR试剂盒检测HCMV。将HCMV基因组中高度保守的区域作为扩增靶区域，如编码早期转录调节蛋白的IEl基因，设计特异性引物及荧光探针，配以PCR反应液、Taq酶、dNTPs等成分，利用实时荧光定量PCR技术，定量检测HCMV DNA。

参照《全国检验临床操作规程》中人巨细胞病毒核酸PCR检测法测定干细胞中是否含HCMV。

（一）仪器和设备

荧光定量PCR仪。

仪器参数设置：见HIV核酸检测法。

（二）试剂

（1）标本处理试剂　主要是DNA提取液。

（2）核酸扩增试剂　①PCR反应液，包括灭菌水、dNTPs、Mg^{2+}等。②Taq酶。③特异性引物。

（3）质控品　包括阴性、强阳性与临界阳性质控品等。

（三）检测方法

1. 样品处理　基本原理是裂解宿主细胞及病原体，萃取提纯核酸。目前常用的核酸提取方法，包括煮沸裂解法、酣/三氯甲烷沉淀法、密度梯度离心法、离子交换层析法、硅膜吸附法、磁珠分离法等，以及近年兴起的自动化抽提系统等。在进行临床微生物检验时，应针对不同核酸待检物，根据其理化性质差异而采用不同的核酸提取方法。

2. PCR扩增

（1）加样　取反应管若干，分别加入处理后的样品，包括标本、阴性、临界阳性和强阳性质控品上清液，或直接加入阳性定量标准品，离心数秒，放入仪器样品槽。

（2）PCR扩增反应　按所使用的试剂盒说明书进行。

3. 注意事项　对于HCMV DNA扩增检测，应着重注意以下几点。

（1）不同批号的试剂不得混用，试剂使用前在常温下充分融化并混匀，避免反复冻融，PCR反应混合液避光保存。

（2）试验前熟悉和掌握需使用的各种仪器的操作方法和注意事项，对每次实验进行质量控制。

（3）实验室管理应严格按照PCR基因扩增实验室的管理规范，实验人员必须进行专业培训，实验过程严格分区进行，所用消耗品应灭菌后一次性使用，实验操作的每个阶段使用专用的仪器和设备，各区各阶段用品不能交叉使用。

（4）所有检测样品应视为具有传染性物质，实验过程中穿工作服，戴一次性手套并经常替换手套以避免样品间的交叉污染。

（5）样本操作、废弃物处理均需符合相关法规要求：卫生部《微生物和生物医学实验室生物安全通用准则》和《医疗废物管理条例》。

附录 10　国际标准 ISO 24603：2022 人和小鼠多能性干细胞通用要求

Biotechnology—Biobanking—Requirements for human and mouse pluripotent stem cells

1 Scope

This document specifies requirements for the biobanking of human and mouse pluripotent stem cells（PSCs）, including the collection of biological source material and associated data, establishment, expansion, characterization, quality control（QC）, maintenance, preservation, storage, thawing, disposal, distribution and transport.

This document is applicable to all organizations performing biobanking with human and mouse PSCs used for research and development.

This document does not apply to cell lines used for *in vivo* application in humans, clinical applications or therapeutic use.

NOTE　International, national or regional regulations or requirements, or multiple of them, can also apply to specific topics covered in this document.

2 Normative references

The following documents are referred to in the text in such a way that some or all of their content constitutes requirements of this document. For dated references, only the edition cited applies. For undated references, the latest edition of the referenced document（including any amendments）applies.

ISO 8601-1, *Date and time—Representations for information interchange—Part 1:Basic rules*

ISO 20387:2018, *Biotechnology—Biobanking—General requirements for biobanking*

ISO/TS 20388:2021, *Biotechnology—Biobanking—Requirements for animal biological material*

ISO 21709:2020, *Biotechnology—Biobanking—Process and quality requirements for establishment, maintenance and characterization of mammalian cell lines*

3 Terms and definitions

For the purposes of this document, the terms and definitions given in ISO 20387:2018 and the following apply.

ISO and IEC maintain terminological databases for use in standardization at the following addresses:

—ISO Online browsing platform:available at https://www.iso.org/obp

—IEC Electropedia:available at https://www.electropedia.org/

3.1 biobank

legal entity or part of a legal entity that performs *biobanking* (3.2)

[SOURCE:ISO 20387:2018, 3.5]

3.2 biobanking

process of acquisitioning and storing, together with some or all of the activities related to collection, preparation, preservation, testing, analysing and distributing defined biological material as well as related information and data

[SOURCE:ISO 20387:2018, 3.6]

3.3 cell line master file

complete dossier of all procedures and records used to generate and maintain a cell line

3.4 cell morphology

form and structure of the cell

Note 1 to entry: Morphology can be represented by a single parameter or a combination of two or more parameters.

[SOURCE:ISO 21709:2020, 3.3]

3.5 cell population purity

percentage of a particular cell type in a population, of which has the same specific biological characteristics, such as cell surface markers, genetic polymorphisms and biological activities

[SOURCE:ISO/TS 22859:2022, 3.8]

3.6 cryopreservation

process by which cells are maintained in an ultra–low temperature in an inactive state so that they can be revived later

[SOURCE:ISO 21709:2020/Amd 1:2021, 3.6]

3.7 differentiation

process to bring the cells into a defined cell state or fate

[SOURCE:ISO/TS 22859:2022, 3.11]

3.8 differentiation potential

ability that refers to the concept that stem and progenitor cells can produce daughter cells which are able to further differentiate into other cell types

[SOURCE:ISO/TS 22859:2022, 3.12]

3.9 embryonic stem cell, ESC

pluripotent stem cell (3.21) derived from the inner cell mass of a blastocyst, i.e. an early stage pre-implantation embryo

3.10 ethics review committee

body which is responsible for the evaluation and review of the ethical issues involved in the research

3.11 expansion

cell culturing process by which the cell number increases *in vitro*

3.12 feeder cell

mitotically inactivated cell used to support the growth of *pluripotent stem cells* (3.21)

3.13 genetic integrity

genome of cells that has not been altered

3.14 genetic state

phenotype of genetic profile of individual organism, including but not limited to *karyotype* (3.18) , integrity, mutation and knock-in of exogenous sequence

3.15 harvest

process of obtaining cells from a cell culture environment

3.16 identity verification

part of the process of verifying authenticity of a cell line in which cell origin is genetically confirmed

[SOURCE:ISO 21709:2020, 3.10]

3.17 induced pluripotent stem cell, iPSC

pluripotent stem cell (3.21) that is generated from somatic cells through artificial reprogramming by the introduction of genes or proteins, or via chemical or drug treatment

3.18 karyotype

characteristics of the chromosomes of a cell, including its number, type, shape and structure, etc.

3.19 passage subculture

process of further culturing of cells in a culture vessel to provide higher surface area/volume for the cells to grow

Note 1 to entry: A passage can be performed by harvesting an aliquot from the parent vessel and reseeding it into another vessel.

[SOURCE:ISO/TS 22859:2022, 3.18]

3.20 passage number

number of subculturing that occurred

Note 1 to entry: For this document, P_o is understood as the starting population of the cells.

[SOURCE:ISO 21709:2020, 3.13, modified—Note 1 to entry added.]

3.21 pluripotent stem cell, PSC

stem cell (3.26) that can differentiate into all cell types of the body and is able to self-renew indefinitely *in vitro*

Note 1 to entry: PSCs include embryonic *stem cells* (*ESCs*) (3.9) (including fertilization derived ESCs, *somatic cell nuclear-transferred stem cells* (3.25) , etc.) and *induced pluripotent stem cell* (iPSCs) (3.17)

Note 2 to entry: ESC-like cells can also be isolated by parthenogenetic division of oocytes or other haploid cell sources, and these cells have many of the characteristics of ESCs. However, certain features of these pluripotent cell types can require specific characterization approaches.

3.22 population doubling time, PDT

doubling time

time taken for cultured cell count to double

Note 1 to entry: The time is measured in hours.

[SOURCE:ISO 21709:2020, 3.8, modified— "population doubling time" and "PDT" added as the preferred term. Note 1 to entry added.]

3.23 self-renewal

ability of *stem cells* (3.26) to divide symmetrically, forming two identical daughter stem cells

Note 1 to entry: Adult stem cells can also divide asymmetrically to form one daughter cell which can proceed irreversibly to a differentiated cell lineage and ultimately lead to specialized functional differentiated cells, while the other daughter cell still retains the characteristics of the parental stem cell.

[SOURCE:ISO/TS 22859:2022, 3.23]

3.24 separation

process of obtaining target cells from biological samples

3.25 somatic cell nuclear-transferred stem cell

embryonic stem cells (3.9) derived from *in vitro* transfer of a donor cell nucleus into an enucleated oocyte

3.26 stem cell

non-specialized cells with the capacity for *self-renewal* (3.23) and *differentiation potential* (3.8) , which can differentiate into one or more different types of specialized cells

Note 1 to entry: Based on potency, stem cells can be divided into:*totipotent stem cell* (3.29) , *pluripotent stem cell* (3.21) , multipotent stem cell, oligopotent stem cells, and unipotent stem cells (see Annex A) .

[SOURCE:ISO/TS 22859:2022, 3.24, modified—Note 1 to entry replaced.]

3.27 stem cell marker

protein or gene specifically expressed in *stem cells* (3.26) , usually used to isolate and identify stem cells

Note 1 to entry: Stem cell markers vary depending on stem cell type.

3.28 teratoma

tumour containing representative differentiated tissues and cells from the three germ layers

3.29 totipotent stem cell

stem cell (3.26) that can differentiate into an intact new organism including embryonal and extra embryonal cells

3.30 viability

attribute of being alive (e.g., metabolically active, capable of reproducing, have intact cell membrane, or have the capacity to resume these functions)

[SOURCE:ISO 21709:2020, 3.17, modified—"as defined based on the intended use" deleted.]

4 Abbreviated terms

bFGF basic fibroblast growth factor

EMRO embryo research oversight

ESC embryonic stem cell

HBV hepatitis B virus

HCMV human cytomegalovirus

HCV hepatitis C virus

HIV human immunodeficiency virus

HLA human leukocyte antigen

HTLV human T–lymphotropic virus

IFU instructions for use

iPSC induced pluripotent stem cell

KLF4 krueppel–like factor 4

KSR knockout serum replacement

mLIF mouse leukaemia inhibitory factor

MTA materials transfer agreement

OCT4 octamer–binding transcription factor 4

OriP origin of replication

PBMC peripheral blood mononuclear cell

PSC pluripotent stem cell

QC quality control

SOX2 SRY（sex determining region Y）–box 2

SSEA3 stage–specific embryonic antigen 3

SSEA4 stage–specific embryonic antigen 4

SSEA1 stage–specific embryonic antigen 1

STR short tandem repeat

SV40LT Simian virus 40 large T

TP treponema pallidum

5 General requirements

5.1 General

The biobank shall follow ISO 20387 and ISO 21709, in addition to this document. ISO/TR 22758 can be used as additional reference for the implementation of ISO

20387. For mouse PSCs, ISO/TS 20388 shall also be followed.

The biobank shall establish criteria and procedures for the isolation, establishment, expansion, storage, thawing and transport of PSCs.

A data analysis procedure shall be established, documented, implemented, regularly reviewed and updated.

The biobank shall use validated and/or verified methods and procedures for activities pertaining to PSCs in accordance with ISO 20387:2018, 7.9.2 and 7.9.3, at all stages of the biological material life cycle（as defined in ISO 20387:2018, 3.29）.

According to the characteristics of PSCs, procedures, QC documents for collection, separation, expansion, storage, transportation and testing, and data analysis shall be established, documented, implemented, regularly reviewed and updated.

5.2 Legal and ethical requirements

ISO 20387:2018, 4.1.6, 4.3, 7.2.3.4, 7.3.2.4, A.7 a）, and ISO 21709:2020, 4.2, shall be followed. For mouse PSCs, ISO/TS 20388:2021, 4.2, shall also be followed.

The biobank shall collect relevant information on ethical requirements, implement and regularly update them, where relevant.

It is important to recognize that PSC lines are potentially not acceptable for use in research or development or both in some countries, and shipment of cells to collaborating organizations will require consideration of these differences. The biobank shall establish, document and implement policies on the procurement and supply of PSCs.

Experimental plans using or establishing human PSCs should be consulted in a specialized ethics review committee with particular expertise in topics relevant to the type and intended use of the PSC lines in the biobank.

The biobank shall establish a process to verify and document cell line provenance, to be able to provide evidence of ethical and regulatory compliance.

The biobank shall be aware whether reimbursement was made for the donation of human embryos/tissues and whether the human embryo was created for research as this can be illegal in some countries.

For derivation of new pluripotent cell lines from human embryos, the ethical review process shall refer to relevant expert ethical reviews.

EXAMPLE　The human embryo research oversight（EMRO）process（ISSCR guidelines 2016, Chapter 2.1）.Ethical requirements relevant for distribution are provided in 18.1.

5.3 Personnel, facilities and equipment

ISO 20387:2018, Clause 6, and ISO 21709:2020, 4.3, 4.4, 4.7, shall be followed. For mouse PSCs, ISO/TS 20388:2021, 4.3, shall also be followed.

The biobank personnel shall be appropriately and specifically trained in PSC generation, characterization, culture, cryopreservation, thawing and transport.

The biobank shall ensure that external operators providing PSC services demonstrate relevant knowledge, experience and corresponding skills.

The biobank shall ensure that facilities, equipment and environmental conditions do not adversely affect PSC quality attributes or invalidate the test results.

Equipment management procedures should be established, including the use of equipment and maintenance plan.

The biobank shall control the operating environment and conditions（e.g. temperature, humidity, cleanliness）according to the relevant characteristics of PSCs and the need for aseptic processing.

5.4 Reagents, consumables and other supplies

ISO 21709:2020, 4.5, shall be followed. For mouse PSCs, ISO/TS 20388:2021, 5.1.3, shall also be followed.

The biobank shall establish acceptance criteria for materials, including reagents and consumables, necessary for PSC isolation, establishment, expansion, preservation, storage, thawing and transport.

If animal serum is used for PSC culture, there should be no evident potential high risk source of virus or bovine spongiform encephalopathy, which cannot be managed by a risk assessment of the biological source material and decontamination（such as irradiation for certain viruses）.

For culture of human cell lines, if there are blood components in the culture medium（such as platelet lysate, serum, albumin, transferrin and various cytokines）, the source, batch number and quality verification report shall be documented; and, if possible, a risk assessment shall be completed following communication with the manufacturer on the risk of microbial contamination and other potential hazards such as toxic contaminants. Where approved sources of these components are available, they shall be used unless unsuitable for technical or logistical reasons.

5.5 Management of information and data

ISO 20387:2018, 7.8.3 and 7.10, shall be followed.

The biobank shall manage and maintain associated data of PSC lines, including but not limited to the following:

a) the technical information:methods used in the derivation of cells/lines, culture conditions, passage data including the passage number, characterization and microbiological test data;

b) the preservation and storage information;

c) the safety testing data;

d) the cell identity verification methods, e.g. by short tandem repeat (STR) analysis and/or HLA–typing or equivalent validated methods.

Certain data retention times, data integrity and security of data storage shall be ensured.

For human PSCs, a minimum period of retention of records shall be established. Special requirements for storage and retention times can apply for future applications. Personal data of each human donor shall be held in a protected location and shall be handled in accordance with ISO 20387:2018, 4.3.

The cell line master file shall be kept to enable review of the data and records for specific applications.

6 Collection of biological source materials and associated data

6.1 Information about the human donor and requirements for the biological material

A risk assessment shall be performed and documented.

To protect the private data of the donor, the biobank shall establish donor data protection methods in accordance with ISO 20387:2018, 4.3.

The documentation of the donor information shall be performed. Where possible, the documentation shall be performed prior to sample collection. The documentation shall include but is not limited to:

a) the donor reference, which can be in form of a code (e.g. pseudonymized, anonymized);

b) the relevant health status of the donor (e.g. medical history, statement of donor health or suitability, disease type, concomitant disease, demographics such as age and sex);

NOTE The ABO blood groups and category classification data of HLA of the donor can also be collected depending on the situation.

c) the information about medical treatment and special treatment prior to the collection (e.g. date, terms of treatment, medication, conclusion of medical specialist);

d) where applicable, information about the informed consent given by the donor (e.g. copy of the signed informed consent signature form with details of the donors' name redacted); see ISO 20387:2018, 7.2.3.4.

Documentation of the donor information should include the geographical region of the donor as needed based on the purpose of research.

For planned iPSC line establishment, the documentation of donor information shall include but is not limited to:

— sex;

— age;

— tissue or cell type.

During the collection process for human cells, measures shall be taken to protect donor and biobank personnel health and safety.

6.2 Information about the mouse donor and requirements for the biological material

The biobank shall establish, document and implement inclusion and exclusion criteria based on the purpose of research.

Documentation of the mouse donor information shall take place prior to collection, shall include a) and b), and should include, but is not limited to c) and d) of the following list:

a) the strain and genotype;

b) the demographics (i.e. age and sex, etc.);

c) the relevant health status of the mouse (e.g. statement of donor health or suitability, disease type, concomitant disease);

d) the information about medical treatment and special treatment prior to the collection (e.g. date, terms of treatment, medication, conclusion of medical specialist, stress, diet) .

The ID of the mouse, which can be in form of a code (e.g. according to

Reference）, should be additionally documented, if available. For planned iPSC line establishment, the documentation of donor information shall additionally include but is not limited to:

— sex;

— age;

— tissue or cell types;

— the reprogramming strategies including reprogramming factors and gene delivery system.

The animal welfare requirements of donor mouse husbandry should conform to ISO 10993-2:2006.

If the mouse PSC is established from a specific strain or genetic modified mouse developed by another laboratory, company or organization, an agreement for new established mouse PSCs shall be required with the mouse donor's legally designated representative.

If the donated mouse is genetically modified, its use does not necessarily conflict with the original owner's rights.

For PSCs from mice, any known colony infectious agent screening shall be documented.

6.3 Collection procedure

ISO 20387:2018, 7.2, shall be followed.

The biobank shall establish, implement, validate and document a collection procedure for each relevant biological source material.

NOTE Each selected tissue has specific requirements for collection and best practice. Taking into account new developments can improve the quality of harvested cells.

All reagents and materials used to collect the biological material shall be sterile.

The biobank should conform to ISO 35001 or the WHO's Laboratory Biosafety Manual when handling biological material contaminated with pathogens.

The risk of microbiological contamination（bacterial, fungal, viral, parasitic）should be mitigated by focusing on those agents which are most likely to be contaminants in relation to the geography, donor cohort and tissue being procured.

7 Transport of the biological source material or PSCs and associated data to the biobank

ISO 20387:2018, 7.4, shall be followed. ISO/TS 20658 can be used to consider transport and handling, and safety requirements for facilities. For mouse PSCs, ISO/TS 20388:2021, Clause 6, shall also be followed.

The biobank should conform to ISO 35001 or the WHO's Laboratory Biosafety Manual when handling biological material contaminated with pathogens.

The biobank shall determine the appropriate conditions for the transportation of the biological source material from the collection facility to the biobank. Instructions on the transportation of biological source material to the preparation site as well as the transportation of PSC preparations to the biobank should be included.

The following factors shall be taken into account for transportation:

a) packaging, material, containers and secondary containment;

b) medium or solvent;

c) transportation duration and temperature.

Biological source material storage media and conditions shall be established, implemented, documented and validated to ensure maintenance of the viability and other key parameters.

The sample shall be transported under appropriate biosafety conditions.

A procedure for critical control points shall be established, implemented and documented.

8 Reception and traceability of the biological source material or PSCs and associated data

ISO 20387:2018, 7.3.1, 7.3.2 and 7.5, shall be followed. For mouse PSCs, ISO/TS 20388:2021, Clause 7, shall also be followed.

9 Establishment of cell lines

9.1 Processes

For establishing human PSC and mouse PSC lines, ISO 21709:2020, 5.1, shall be followed. Examples of suitable methods for the establishment and culture of PCS lines are given in Annex B.

The biobank shall establish, implement, validate, document and maintain procedures for isolation and primary culture of relevant cell lines.

Processes should be performed in a biosafety cabinet or under a laminar flow hood using appropriate aseptic techniques.

For iPSC line establishment, the reprogramming strategies including reprogramming factors and gene delivery system shall be clearly documented.

Each culture expansion is referred to as a "subculture" or "passage".

9.2 Unique identification

The unique identification of PSC lines shall be established in accordance with ISO 20387:2018, 7.5. This should include a unique cell line name (such as that generated by registration in the hPSCreg®1) database for human PSCs) or sample number, a biobank batch number and biobank vial number. Cell lines should be anonymized or de-identified.

9.3 Testing for infectious agents

The human donor biological material or the cell line(s) derived from this material should be tested for relevant transmittable infectious agents, e.g. HIV, HBV, HCV, HTLV, HCMV and TP. A report regarding the condition of the mouse donor, including information on results of specific pathogen testing, shall be obtained from the provider.

The analytical data and results as well as the associated analyses shall be documented and available to authorized biobank personnel and researchers who process biological material and established cell lines.

10 Characterization

10.1 General

The biobank shall establish, document and implement procedures to characterize PSCs and report the relevant data so that users can determine suitability for their intended use.

Biological characteristics of PSC lines shall be established by the biobank in accordance with current scientific best practice and international consensus (e.g. Reference). The characterization shall include but is not limited to the following:

a) Cell morphology:Cells grow under 2D conditions and typically exhibit growth as colonies with clear colony boundaries, high nuclear-cytoplasmic ratio and uniform morphology. Within the clone, cell-cell contact is tight.

b) Cell identification:Cell lines have a unique donor genetic profile and this profile can be used to facilitate exclusion of cross-contamination with other cells and confirm donor origin. The requirements on the cell line authentication can refer to ISO/TS 235112）.

Biological source materials, for establishing PSC lines or the PSC in early passage shall be used where possible to establish the initial STR profile as a reference for subsequent STR profiling, e.g. to check for cross–contamination or cell identity.

c）Genetic integrity: Chromosome karyotype analysis: For cells from non–disease affected donors, these are typically as follows: human PSCs: 46, XX or 46, XY; mouse PSCs:40, XX or 40, XY.

For biobanks of PSC lines, karyological variants can arise and in such cases the potential impact on cell line performance should be assessed either by the biobank or by users of the biobank.

d）Cell viability: A range of viability assays can be used and each measures a different aspect of cell biology. Such tests include cell metabolic activity [the function of esterase, Thiazole blue method based on the determination of succinic dehydrogenase（MTT also known as 3–（4, 5–dimethylthiazol–2–yl）–2, 5–diphenyltetrazolium bromide）, apoptosis markers, cell redox potential, membrane potential, proliferation rate（DNA content）, mitochondrial function and membrane integrity].

NOTE 1 Cell viability is addressed in ISO 23033:2021, 7.5.

e）Stem cell markers: PSCs express cell markers including but not limited to self–renewal markers（e.g. OCT4, SOX2, NANOG in both human PSCs and mouse PSCs）and canonical markers indicative of pluripotency（e.g. human PSC:TRA–1–81, TRA–1–60, SSEA3, SSEA4; mouse PSC:SSEA1）. The expression level of these markers can vary in different culture conditions. The stated markers shall be present in the majority of the cells, e.g. by immunofluorescence and/or gene expression analysis.

The operator should establish cut–off values fit for purpose.

f）Pluripotency assay: A range of assays can be employed to reveal the pluripotency of PSCs（see Table 15）:

1）*in vitro* differentiation: induction of embryoid bodies or directed differentiation to the cell types representative of each germ layer.

NOTE 2 Some cell lines, while failing the test, can be useful, e.g. for research to understand the defect and for preparation of a particular type of differentiated cells.

2）Teratoma formation: Assessing the spontaneous generation of differentiated tissues from the three germ layers following the injection of PSCs into immune-compromised mice.

NOTE 3　Some cells with incomplete pluripotency potential can also generate masses that superficially resemble teratomas yet lack terminal three-germ-layer differentiation, potentially leading to misinterpretation.

NOTE 4　The teratoma assay is currently widely used and is considered as the gold standard functional assay for assessing human PSC developmental potential. Due to ethical and legal restrictions, other human PSC pluripotency assays in vivo（such as chimaera formation and tetraploid complementation）cannot be performed.

NOTE 5　Teratomas are not generated from single cells, the teratoma assay assesses developmental potency at a population-based level.

3）for mouse cell lines, chimaera formation: assessing whether cells can re-enter development when introduced into host embryos at either morula or blastocyst stages.

NOTE 6　Human xenogenics are outside of the scope of this document.

NOTE 7　PSCs of high quality can support normal development and generate high-grade chimaeras with extensive colonization of all embryonic tissues including the germ line, whereas less-potent PSCs produce either low chimaerism or reduced embryo viability.

4）Germline transmission: assessing whether the test PSCs can generate functional gametes by breeding chimaeras to produce all-donor PSC-derived offspring.

NOTE 8　This is prohibited in human PSC pluripotency assessing, see the international stem cell research guidelines.

5）Tetraploid complementation:assessing whether the test PSCs can direct development of an entire organism by introducing donor PSCs into tetraploid（4n）host blastocysts, which can be generated by electrofusion of blastomeres at the two cell stage. The 4n blastocysts cannot sustain normal embryonic development beyond mid-gestation, while tetraploid extra-embryonic tissues develop normally and support donor cells. Any resulting embryos are derived essentially entirely from donor PSCs. The ability to perform such tests can be restricted in certain countries varies and, where not feasible, alternative validated *in vitro* assays can be used.

NOTE 9　Tetraploid complementation is prohibited in human PSC pluripotency assessing, see the international stem cell research guidelines.

g) In the case of reprogrammed iPSCs, the ongoing expression of reprogramming factors from the reprogramming vectors used can affect the ability of an iPSC line to differentiate properly or efficiently. The elimination of ectopic expression of the reprogramming factors shall be confirmed and documented.

Table 15—Pluripotency assay

	In vitro differentiation	teratoma formation	chimaera formation	germline transmission	tetraploid complementation
functional stringency	+	++	+++	++++	+++++

10.2 Population doubling time and subculture/passage

10.2.1 PDT

The PDT is the time (measured in hours) required for the replication of the population of PSCs. The PDT is calculated with Formula (1) using the cell counts obtained before and after harvesting:

$$D=(T-T_0)\times \log_2/(\log N-\log N_0) \quad (1)$$

where

D is the PDT;

$(T-T_0)$ is the incubation time in hours;

N is the count of cells harvested;

N_0 is the count of cells seeded.

NOTE 1 Formula (1) is applicable in a linear range of cell expansion.

The average PDT of mouse PSCs ranges typically between 11 h and 20 h. The average PDT of human PSCs ranges between 16 h and 48 h.

NOTE 2 Depending on the culture conditions, culture passage, cell density and characteristics of the donor (e.g. age), the PDT can vary.

The PDT of PSCs should be determined by the biobank after secondary culture.

PDT can reflect the growth kinetics of PSCs in culture. The biobank can utilize the PDT of PSC cultures at different passages to evaluate changes in culture cell growth kinetics.

The PDT shall be documented.

10.2.2 Subculture/passage

P_0, the passage number(s) together with the seeding and final cell density, and the culture vessel surface area shall be documented. When the PSCs cover the culture vessel surface at 70 % to 80 %, the cells can be passaged.

Passage numbers are frequently used by laboratories. However, the passage number is correlated with the surface area/volume of a culture vessel and how the initial P_0 is defined. It is recommended that the biobank defines P_0 as the initial plating of cells.

Documenting PDT along with passage numbers can facilitate a better understanding of growth dynamics of the PSCs and the relationship between passages and PDT.

10.3 Stability of the culture

Stability indicators of PSCs shall be established, implemented and documented by the biobank according to the intended purpose, including but not limited to trends of:

a) the density/concentration;

b) the cell population purity;

c) the survival rate;

d) the genetic state/integrity;

EXAMPLE As determined by karyotyping, single nucleotide polymorphism arrays, whole genome sequencing, etc.

e) the biological activity of the PSCs.

Some degree in variation of the PSC lines is expected, but progressive or irreversible changes, such as changes in the genetic sequence, chromosome changes, growth rate or morphology, should be documented and assessed to explore any potential deleterious impact on the PSCs' pluripotent properties or other effects which can impair the quality of differentiated cells.

There has been considerable debate about the most appropriate test for genetic stability. The biobank shall decide on the features of stability that it needs to monitor and maintain awareness of them based on the latest research consensus regarding the most suitable methodologies to use.

10.4 Functionality

10.4.1 General

The functionality indicators of PSCs shall be established according to the intended application of the cells, which include but are not limited to differentiation potential, the structure and physiological function of the differentiated cells, and the expression of specific genes and proteins, as well as the secretion of specific cellular factors of PSCs, etc.

For human PSCs, it is especially important to pay significant attention to such tests as they will provide a basis for critical assays that need to be defined to reach the appropriate fitness for the intended research purpose and can involve additional biomarkers to those used in standard QC and characterization for cells intended for broad research purposes.

10.4.2 In vitro differentiation

The starting cells, equipment, culture system and operation procedures used in cell differentiation shall be documented.

The characterization of the differentiated cells generated during the differentiation of PSCs should not be limited to specific morphological features. The functional identification should also be established, such as the expression of the crucial system markers. The selection of these system markers requires careful consideration and validation.

Experiments involving human blastocyst in vitro development using PSCs should not exceed 14 days or as otherwise stated in the respective materials transfer agreement (see 18.1). The biobank shall be aware whether the period for experiments involving human blastocyst in vitro development using PSCs is determined by law or regulation of the relevant region(s) or countries(s).

10.5 Microbial contamination

Procedures for microbial contaminant testing of PSCs shall be established, validated, implemented and documented throughout the whole process.

Throughout the whole process from donation and procurement, preparation of culture reagents and equipment, to maintenance and cryopreservation of cultures, it is important to take a holistic view and establish microbiological testing at all critical points of the process. In addition, procedures to minimize risks to other established cultures should be in place. It is good practice to maintain QC procedures for primary tissues or cells newly brought into the biobank. Such cultures should be maintained in a dedicated area and in segregated equipment until sufficient data are available to justify their relocation.

Test methods used for microbiological testing shall be validated. It is important to be sure that appropriate levels of sensitivity, specificity and robustness are being used in respect of testing cell cultures.

Microbial contamination shall be assessed by risk management throughout the process.

11 Quality control

ISO 20387:2018, 7.8, and ISO 21709:2020, 5.5, shall be followed. For mouse PSCs, ISO/TS 20388:2021, 8.5, shall also be followed.

The biobank shall establish, implement and document a QC procedure, which shall include the testing of biological characteristics related to the in vitro functionality of PSCs as given in Clause 10.

QC of biological characteristics (see Clause 10) of PSCs shall be performed for all critical procedures, from isolation to thawing. An exemplary QC procedure for biobanking of PSCs is given in Annex C.

The biobank shall establish, implement and document QC acceptance criteria for all the biological characteristics of PCSs included in Clause 10.

The biobank shall establish, implement and document QC acceptance criteria for all critical control points, e.g. culture media, reagents, equipment.

QC shall be established with a risk-based approach related to laboratory safety.

Safety indicators of PSCs shall be established by the biobank according to the application, which addresses both microbiological risk and cell-derived risk.

Microbiological testing, including but not limited to sterility testing (bacterial, fungus) , mycoplasma testing and endotoxin testing, shall be performed:

a) If required by the user/biobank, human PSCs shall be tested for relevant fungi, bacteria, infectious agents (e.g. HIV, HBV, HCV, HTLV, HCMV, TP) and mycoplasma by validated methods for cell cultures. Risk assessment on the donor and cell culture reagents can also reveal that additional testing for microorganisms needs to be performed. PSC should be negative for fungi, bacteria and mycoplasma.

b) Mouse PSCs should be tested negative for fungi, bacteria and mycoplasma, and should not show overt signs of viral cytopathic effect. Risk assessment on the donor animals and cell culture reagents can also reveal additional testing that can be needed to be performed for microorganisms.

Mouse colonies used to derive PSCs should be subject to microbiological screening according to animal husbandry best practice.

Cell-derived hazard testing, including but not limited to testing of pathogenic internal and external cellular factors, abnormal immunological response, tumorigenicity and genetic stability, should be performed depending on the potential ultimate future use of the cells.

12 Testing

Relevant testing procedures shall be developed, implemented and documented to ensure the accuracy and reliability of the testing processes and test results.

For testing equipment and relevant facilities/environment, see 5.3.

13 Cell line management

The biobank shall sustain a master and distribution PSC biobanking system to ensure consistent supplies of cell lines to users over time.

14 Preservation of cell lines

ISO 20387:2018, 7.6, shall be followed.

Documentation shall be performed for each batch of preserved cells.

In the process of cell expansion, the potential for cross-contamination and switching of cell lines shall be minimized by a combination of documentation and procedural controls, and suitable testing implemented to expose non-authentic cell lines and incidences of cell line cross-contamination during cell biobanking procedures. Such analysis should facilitate comparison of cell lines banked in the same biobank and a DNA fingerprint of each cell line compared to DNA from the donor of origin.

During the process of PSC expansion the culture generation (by recording cell number and viability at harvest and seeding of new cultures) , cell line name, the operation date, culture conditions, operator name or initials and any protocol deviations and corrective actions shall be documented.

15 Storage

ISO 20387:2018, 7.5, 7.7 and Clause A.6, and ISO 21709:2020, 5.3.4, shall be followed.

Optimization of the cryopreservation procedure and method(s) to minimize damage to cells during freezing and thawing is critical to ensure reliable availability of viable cells.

NOTE　Controlling the freezing rate, using an appropriate cryoprotectant, and maintaining a stable storage temperature can minimize negative effects on the cell viability.

For cryopreserved PSCs, the following information shall be documented:

a) the cell name;

b) the preserved PSC batch number;

c) the date of preservation in accordance with ISO 8601-1;

d) the culture conditions;

e) the passage number;

f) the operator name.

Each stored vial derived from the same batch of cultured cells shall have a unique identification reference number (i.e. a biobank or batch number), which is traceable throughout the processes of collection, separation and expansion in accordance with ISO 20387:2018, 7.5.

The biobank shall maintain records of the cryopreservation process, including the cell density, viability and temperature control.

16　Thawing

In the cell thawing process, frozen cells shall be thawed at 37 ± 0.5 ℃, processed for culture, put into culture and then transferred into an incubator with appropriate gas atmosphere and humidity.

To optimize the process, the incubator shall be set to an appropriate culture temperature, which is typically 37 ± 0.5 ℃.

The frozen cells should be quickly thawed by warming and transferred directly to pre-warmed culture medium at 37 ± 0.5 ℃ to ensure maximal PSC viability and biological activity.

The following information should be documented, including but not limited to:

a) the batch number of the set of frozen vials;

b) the cell name;

c) the passage number;

d) the culture condition;

e) the operator name;

f) the thawing date of the thaw operation in accordance with ISO 8601-1;

g) the thawing time in accordance with ISO 8601-1 as the time point when the frozen cells leave liquid nitrogen to the time point when the cells are put into culture;

h) the date in accordance with ISO 8601-1 at which the culture reaches sufficient colony density to be passaged.

Cell viability shall be tested after thawing.

17 Disposal

For managing waste disposal, ISO 20387:2018, 4.1.8, 7.1.1, 7.5.3, 8.4.2, Clause A.7, and ISO 21709:2020, 5.3.6, shall be followed.

Any disposal of PSCs (e.g. embryo, germ cell, bone marrow, blood) shall be conducted in accordance with applicable environmental, biosafety and ethical requirements.

18 Distribution

18.1 General requirements

ISO 20387:2018, 7.3.3, and ISO 21709:2020, 5.4, shall be followed. For mouse PSCs, ISO/TS 20388:2021, 10.1, shall also be followed.

Depositors of cells shall provide documented evidence that demonstrates they have met all their national legal and ethical requirements associated with procurement of tissue and derivation of the cell lines.

If the organization or the individual wants to apply for PSCs, they shall submit an application and be approved by the PSCs storage organization in accordance with its formal written procedures.

Only ethically approved projects shall receive cells from the biobank. This can be assessed by the biobank or an ethics review group.

A materials transfer agreement (MTA) or an equivalent terms and conditions document shall be signed by the recipient of the cells and stored by the biobank. The MTA content should prevent distribution for unethical purposes and prohibit third-party distribution or change of research project without prior permission from the biobank. The biobank should take into account the inclusion of MTA clauses prohibiting reproductive cloning that uses human PSCs.

A common MTA is not necessarily practicable for all biobanks. However, biological resource organizations have identified key generic elements that should be included (e.g. European Culture Collections' Organisation) and there are other national examples that can be considered as templates (e.g. National Cancer Institute, see also links to national biobanks on the International Stem Cell Forum (ISCF) website to obtain MTAs from suppliers of stem cell lines) .

The MTA should stipulate the rights and responsibilities of the biobank and the recipient, including requirements for any transfer to third parties.

Culture manuals should be available from the biobank, ideally online, including key standard operating procedures. The release of cells to users should be accompanied with advice and training. Users should either have evidence of past training or training should be provided as part of cell supply. Minimum instructions for users shall contain protocols for thawing of the cryopreserved cells.

A complaint procedure shall be established, implemented and documented in accordance with ISO 20387:2018, 7.13. The biobank shall have a replacement policy for cultures which fail to thrive in the hands of user(s). All complaints should be reviewed to assess the effectiveness of the corrective actions taken and to look for opportunities to improve service.

18.2 Information for users

ISO 20387:2018, 7.12, shall be followed.

Instructions for use (IFU) and/or standard operational procedures for isolation, expansion, preservation, storage and transport of PSCs should be provided to biobank users. The IFU should typically contain information prescribing general culture and preservation methods and what procedures the cells have been qualified or consented for (e.g. “in vitro research only” , “not for generation of gametes” , “not for reproductive cloning”) .

Batch numbers, traceable to the batch or biobank, and a statement or material safety data sheet on hazards for the cells shipped shall be provided to users.

Terms and conditions or a warranty, which qualifies cell potential and characteristics based on testing performed by the biobank, should be provided.

The characterization and microbiological test data from the depositor for cell line in the biobank shall be available for bank users.

The biobank should have a documented policy for the quality and sourcing of raw materials that can impact the quality of cell preparations, subject to national or international restrictions, e.g. fetal bovine serum, trypsin, growth factors.

The biobank should provide information to facilitate the efficient selection of suitable cell lines.

Information should include but is not limited to:

a) the date of collection and preservation of tissue in accordance with ISO 8601-1, if available;

b) the date, in accordance with ISO 8601-1, of attempted derivation (for human ESCs, this is usually considered to be the date the inner cell mass was isolated or plated in vitro);

c) whether fresh or frozen embryos has been used;

d) where applicable, relevant information regarding informed consent obtained from the human donor for use of the original tissue for research;

e) where applicable, relevant information regarding the necessary animal welfare approval(s);

f) any associated constraints on the use of the derived cell line;

g) the data and interpretation resulting from characterization and QC.

18.3 Transport

18.3.1 ISO 20387:2018, 7.4, and ISO 21709:2020, 5.4.4, shall be followed.

According to the requirements of the use of PSCs, the appropriate mode of transportation and transportation conditions shall be selected to enable maintenance of the biological characteristics, safety, stability and viability of PSCs.

The biobank shall establish, implement and document procedures for the transport and handling of PSCs and their associated data.

Unnecessary exposure to radiation should be avoided during shipment.

PSCs can be transported as frozen ampoules/vials or as living cultures; in either case:

a) advise the recipient as to when the cells are to be shipped;

b) provide written instructions on the following:

1) instructions upon reception of PSCs;

2) instruction for thawing and reconstitution of PSCs;

3) instructions for secondary storage conditions;

4) medium or serum required;

5) any special supplements;

6) subculture regimen;

c) tape the cells' data sheet and a copy of the instructions to the outside of the package so that the recipient knows what to do before opening it.

Each frozen ampoule/vial or living culture container (primary container) can be introduced into a pre-sterilized self-adhesive seal package. The packaging shall be labelled with:

— the sample's data;

— the production and expiration date;

— the name and contact information of the entity that performs biobanking.

18.3.2 The transport of PSCs should be qualified by the biobank and accepted by the cell requestor(s).

The qualification should include but is not limited to:

a) the container carrying cells;

b) the transportation routes;

c) the transportation conditions and maximum shipment duration;

d) the transportation equipment and transportation methods;

e) the transportation risks;

f) the safeguard measures.

18.3.3 The biobank shall establish and control transportation conditions such as:

a) the temperature range;

b) the vibration in case of transporting living PSCs;

c) the contamination prevention;

d) the validation of the equipment performance of the shipment device (e.g. dry-shipper, vials containing the sample);

e) the appropriate packaging;

f) the directional placement of the sample;

g) the allowed radiation;

h) the humidity when transporting living PSCs.

NOTE This can be verified by online monitoring or transport process control.

18.3.4 The transport of PSCs shall be documented including but not limited to:

a) the mode and condition of the PSCs transportation;

b) the route of transportation;

c) the shipping agent and their contacts;

d) the recipient details (i.e. person, address and other information).

18.3.5 Where necessary, arrangements should be made to check packages in transit and new cryogens（e.g. solid carbon dioxide, liquid nitrogen）added, where possible, to maintain the appropriate shipping temperature.

18.3.6 With current culture methods, biobanks should avoid shipment of growing cultures. Pooling multiple straws or vials from the same frozen stock can be necessary for a recipient to successfully thaw a culture. However, biobanks should aim to provide sufficient viable cells in a single container to enable appropriately trained staff to thaw a representative culture.

参考文献

[1] ISO 10993-2：2006，Biological evaluation of medical devices—Part 2：Animal welfare requirements.

[2] ISO/TS 20658，Medical laboratories—Requirements for collection，transport，receipt，and handling of samples.

[3] ISO 21709：2020/Amd 1：2021，Biotechnology—Biobanking—Process and quality requirements for establishment，maintenance and characterization of mammalian cell lines—AMENDMENT 1.

[4] ISO/TR 22758，Biotechnology—Biobanking—Implementation guide for ISO 20387.

[5] ISO/TS 22859：2022，Biotechnology—Biobanking—General requirements for human mesenchymal stromal cells derived from umbilical cord tissue.

[6] ISO 23033：2021，Biotechnology—Analytical methods—General requirements and considerations for the testing and characterization of cellular therapeutic products.

[7] ISO/TS 23511，5）Biotechnology—General requirements and considerations for cell line authentication.

[8] ISO 35001，Biorisk management for laboratories and other related organisations.

[9] ISCBI. Consensus Guidance for Banking and Supply of Human Embryonic Stem Cell Lines for Research Purposes. International Stem Cell Banking Initiative（ISCBI），2009.

[10] ISSCR. Guidelines for stem cell science and clinical translation. International Society for Stem Cell Research（ISSCR），2021.

[11] Mouse Genome Informatics，www.informatics.jax.org.

[12] WHO. Laboratory biosafety manual. World Health Organization.

[13] Human Pluripotent Stem Cell Registry.（hPSCreg®）database，https: //hpscreg.eu.

[14] Alejandro D. Angeles. Hallmarks of pluripotency. Nature. 2015，525，pp. 469-478.

[15] Vahideh Assadollah. Effect of embryo cryopreservation on derivation efficiency，

pluripotency, and differentiation capacity of mouse embryonic stem cells. J. Cell Physiol. 2019, 234 (12), pp. 21962 - 21972.

[16] Hindley, C. The cell cycle and pluripotency. Biochem. J. 2013, 451 (2), pp. 135–143.

[17] Stead, E. Pluripotent cell division cycles are driven by ectopic Cdk2, cyclin A/E and E2F activities. (2002) Oncogene.

[18] Takahashi, K. Induction of Pluripotent Stem Cells from Mouse Embryonic and Adult Fibroblast Cultures by Defined Factors. Cell, 2006.

[19] Amit, M. Clonally derived human embryonic stem cell lines maintain pluripotency and proliferative potential for prolonged periods of culture. Dev. Biol. 2000, 227 (2), pp. 271–278.

[20] Cowan, C.A. Derivation of embryonic stem–cell lines from human blastocysts. N. Engl. J. Med.2004, 350 (13), pp. 1353–1356.

[21] Ghule, P.N. Reprogramming the pluripotent cell cycle: restoration of an abbreviated G1 phase in human induced pluripotent stem (iPS) cells. J. Cell Physiol. 2011, 226 (5), pp. 1149 - 11565) Under preparation. Stage at the time of publication: ISO/DTS 23511.2: 2022.

[22] Coecke et al. Guidance on good cell culture practice. a report of the second ECVAM task force on good cell culture practice. Altern. Lab. Anim. 2005, 33 (3), pp. 261–87.

[23] European Culture Collections' Organisation (ECCO), https: //www.eccosite.org/ecco–mta–and–mda/.

[24] Dusko Ilic. Derivation of hESC from intact blastocysts. Current Protocols in Stem Cell Biology. 2007, 1A.2.1–1A.2.18.

[25] Phelan, M.C. Techniques for mammalian cell tissue culture. Curr. Protoc. Mol. Biol. 2006, 74, A.3F.1 - A.3F.8.

[26] Vítězslav Bryja. Derivation of mouse embryonic stem cells. Nature Protocols. 2006, 1, pp. 2082–2087.

[27] Nagy, A. Manipulating the Mouse Embryo. A Laboratory Manual. Edition 3. Cold Spring Harbor Laboratory Press, 2003.

[28] Keisuke Okita Generation of mouse–induced pluripotent stem cells with plasmid vectors. Nature Protocols. 2010, 5, pp. 418–428.

[29] Anna E. Michalska. Isolation and Propagation of Mouse Embryonic Fibroblasts and Preparation of Mouse Embryonic Feeder Layer Cells. Current Protocols in Stem Cell Biology. 2010, 1C.3.1–1C.3.17.

附录 11 GB/T 40365—2021 细胞无菌检测通则

（一）范围

本文件规定了细胞无菌检测的一般要求、方法选择和过程控制。

本文件适用于细胞中的细菌、真菌、病毒和支原体的检测控制。

（二）规范性引用文件

下列文件中的内容通过文中的规范性引用而构成本文件必不可少的条款。其中，注日期的引用文件，仅该日期对应的版本适用于本文件；不注日期的引用文件，其最新版本（包括所有的修改单）适用于本文件。

GB 19489 实验室 生物安全通用要求

（三）术语和定义

下列术语和定义适用于本文件。

1. 无菌检测 sterility testing

对细胞样本中是否存在微生物污染所进行的测定。

（四）缩略语

下列缩略语适用于本文件。

ITSl：核糖体DNA的第一内转录间隔区（Internal Transcribed Spacer-1）

ITS2：核糖体DNA的第二内转录间隔区（Internal Transcribed Spacer-2）

MNP：多核苷酸多态性（Mutiple Nucleotide Polymorphism）

PCR：聚合酶链式反应（Polymerase Chain Reaction）

16S rRNA：16S 核糖体RNA（16S Ribosomal Ribonucleic Acid）

（五）一般要求

1.应根据细胞来源、潜在污染暴露史、细胞预期应用目的及所处环境等方面对细胞进行风险评估。考虑的因素包括但不限于以下几个方面。

（1）应考虑细胞样本源。来自不同物种的细胞很可能携带潜在的微生物。

（2）应根据细胞的使用目的进行相关污染检测。

（3）应考虑细胞制备和细胞培养的全周期所处的环境因素。根据暴露史评估可能的污染，如用于培养细胞的动物血清可能被特定的微生物污染。

2.依据风险评估判断可能性最大的微生物污染类型，评估现有检验方法的适用性，为待检测样本选择合适的方法。

（六）方法选择

1. 总体要求

（1）在选择检测方法时，应了解该方法原理、微生物类型以及灵敏度等。

（2）选择检测方法应依据预期目的、样本特性和处理因素。

（3）选择的方法应经过验证或确认。

2. 细菌和真菌

（1）依据需要选择适用于细菌和真菌的检测方法，如直接镜检法、膜过滤法、直接接种法、PCR 法、MNP 标记法、飞行时间质谱等。

（2）初步判断是否有细菌或真菌污染物，宜采用直接镜检法。

（3）若试验样品性质如可行，应首先选择膜过滤法进行检测。

（4）直接接种法对于细胞培养体系中添加抗生素的样品应考虑抗生素对细菌和真菌的抑制效应而影响检测的敏感性。

（5）利用PCR 的方法检测细菌 16S rRNA高保守区的序列来判断是否有细菌污染。利用PCR的方法检测细菌 16S rRNA 可变区的序列和MNP 标记序列分析污染细菌的种属，利用MNP、ITSl或ITS2 等序列判断感染真菌的种属。

（6）对微生物的组分进行检测可采用飞行时间质谱法等。

3. 病毒

（1）依据需要选择适用于病毒检测的方法，如直接镜检法、细胞形态观察及血吸附试验、体外不同细胞接种法、动物检查法、鸡胚接种检查法、PCR法、高通量测序法、基因芯片技术、荧光免疫法、酶联免疫法和血细胞凝集试验等方法。

（2）可利用光学显微镜观察病毒感染导致的细胞病变合胞体的形成；可通过电子显微镜观察大小和形态来识别病毒；可通过免疫电镜技术识别病毒。

（3）取细胞培养物的上清液或细胞培养物的裂解物，接种已知未污染病毒的相应细胞，检测是否出现细胞病变，或采用血细胞的吸附现象检测待检细胞培养物是否污染病毒。

（4）若采用动物检查法，可通过对普通动物或者含有特定病原体的动物，如小鼠（包括乳鼠和成鼠）、豚鼠、仓鼠、家兔和非人灵长类动物等进行颅内、腹腔、鼻腔和皮下等部位接种，判断是否有病毒感染。

（5）分离黏液病毒、疱疹病毒和痘病毒宜采用鸡胚接种检查法。鸡胚应来自无特定病原（SPF）鸡群。

（6）采用PCR法检测病毒核酸高保守区的序列来判断是否有病毒污染。

（7）可采用高通量测序法鉴定病毒特异性序列。

（8）采用基因芯片技术检测病毒，需要合成与潜在污染的病毒基因组上的特定区域互补的核酸探针。

（9）运用病毒抗原特异的抗体，通过荧光免疫反应用荧光显微镜检测细胞内病毒蛋白来判断特定的病毒污染。

（10）运用病毒抗原特异的抗体，通过酶联免疫反应检测细胞内或者上清液中的病毒蛋白来判断特定的病毒污染。

（11）通过凝集血细胞检测上清液中的病毒颗粒，如用鸡红细胞检测流感病毒。

4. 支原体

（1）依据需要选择适用于支原体检测的方法，如培养法、指示细胞培养DNA染色法、PCR法、荧光原位杂交法、腺苷磷酸化酶活性检测法等方法。

（2）若对支原体检测结果报告时间没有急切要求的，宜选择培养法进行检测。

（3）利用DNA染色法，经荧光显微镜下观察看到有附着在细胞表面的大小不等、不规则的荧光着色颗粒则表明存在支原体污染。

（4）通过PCR法检测支原体16S rRNA序列保守区特异性序列来判定是否存在支原体。

（5）利用荧光原位杂交法检测支原体，需要设计与支原体rRNA的高度保守区域互补的荧光探针。

（6）腺苷磷酸化酶活性检测法不适用于本身腺苷磷酸化酶活性高的细胞。

（七）过程控制

1. 样品

（1）应根据所选方法，确定足够量的供试样品。

（2）应根据供试样品可能的稳定性考虑其储存条件。

（3）应实行严格微生物规范操作，避免取样过程中微生物污染。

2. 试剂材料和仪器设备用具

（1）应考虑设备、试剂和耗材对微生物检测的影响。

（2）检测过程中应使用标准物质。

（3）应根据样品尺寸选择适宜的容器，避免蒸发，确保无微生物、无毒、无浸出。

（4）应配备与微生物检测能力和工作量相适应的仪器设备，其类型、测量范围和准确度应符合检测要求。

（5）检测所用试剂应贮存在适宜的环境中，以确保试剂的稳定性。

（6）用于微生物检测的溶液、稀释剂或冲洗剂以及所使用的耗材若是作为微生物检测测试样品的成分，则不应具有抗微生物活性的特性。

3. 操作

（1）待测样品的收集操作应确保无污染引入。

（2）应依据微生物的最佳生长条件和营养需求选择专门的分离方法进行检测。

（3）应根据微生物的生长速度，以获得足够数量的生物体。

（4）应考虑某些微生物种类和真菌是否形成孢子。

（5）应考虑细胞培养过程中受支原体污染时，支原体可能黏附在细胞膜上仅以最低水平浓度存在于培养上清液中。

4. 人员 无菌检测操作人员应具有相应的检测能力、技能证明和/或工作经验。

5. 环境 微生物检测实验室生物安全等级应遵守 GB 19489 的要求。

附录 12 GB/T 38788—2020 猪多能干细胞建系技术规范

（一）范围

本标准规定了猪多能干细胞建系的一般要求、技术要求、证实方法。

本标准适用于猪诱导多能干细胞和猪胚胎干细胞建系。

（二）规范性引用文件

下列文件对于本文件的应用是必不可少的。凡是注日期的引用文件，仅注日期的版本适用于本文件。凡是不注日期的引用文件，其最新版本（包括所有的修改单）适用于本文件。

GB/T 6682 分析实验室用水规格和试验方法

GB 19489 实验室 生物安全通用要求

（三）术语和定义

下列术语和定义适用于本文件。

1. 干细胞（stem cell） 一类能够自我更新，具有多向分化潜能，能分化形成多种细胞类型的细胞。

2. 多能干细胞（pluripotent stem cell） 能够分化成多种类型细胞的干细胞，包括胚胎干细胞、核移植胚胎干细胞、诱导多能干细胞等。

3. 胚胎干细胞（embryonic stem cell） 源自早期胚胎中内细胞团的初始未分化细胞，可在体外“无限制地”自我更新，并且具有向三胚层细胞分化潜能的干细胞。

4. 诱导多能干细胞（induced pluripotent stem cell） 一类通过细胞重编程技术人工诱导获得的，具有类似于胚胎干细胞特性的干细胞。

5. 核移植胚胎（nuclear-transferred embryo） 通过显微操作将细胞核注射到去核卵母细胞中，经体外培养发育成的胚胎。

6. 孤雌胚胎（parthenogenetic activated embryo） 处于第二次减数分裂中期的成熟卵母细胞不经精子受精作用，而在理化因素的刺激下发生卵裂发育成的胚胎。

7. 体外受精胚胎（in vitro fertilized embryo） 精子和卵子在体外人工控制的环境中完成受精而发育成的胚胎。

8. 初始态（naive-state） 能够实现生殖系嵌合发育或者四倍体嵌合发育能力的多能干细胞所具有的多能性状态。

9. 激发态（primed-state） 具有体外自我更新和三胚层分化能力但不具有生殖系嵌合发育或者四倍体嵌合发育能力的多能干细胞所具有的多能性状态。

10. 拟胚体（embryoid body） 将多能干细胞在体外悬浮培养形成的具有内、中、外三个胚层祖细胞的细胞聚集体。

11. 畸胎瘤（teratoma） 来源于多能干细胞，含有内、中、外三个胚层组织成分的良性肿瘤。

12. 嵌合体动物（chimera） 由两种或两种以上具有不同遗传特性的细胞系组成的聚合胚胎发育形成的动物个体。

13. 饲养层细胞（feeder cell） 经药物或辐射处理失去分裂增殖能力，用来支持多能干细胞或其他类型细胞体外培养的一类细胞。

14. 细胞冻存（cell cryopreservation） 将细胞保存在低温环境中，使其暂时脱离生长状态但最大限度保持活性的细胞储存操作。

15. 细胞复苏（cell thawing） 将保存在低温环境中的细胞解冻之后重新培养，使其恢复活力的操作。

（四）一般要求

干细胞的来源和胚胎获得方式应符合生命伦理与社会道德规范。

（五）技术要求

1. 猪诱导多能干细胞建系外源因子的导入和克隆挑取

（1）外源因子的导入包括整合和非整合两种方式，整合的方法可以通过逆转录病毒和慢病毒等载体导入外源因子，将外源基因整合到宿主细胞基因组中。非整合的方法可以通过腺病毒、仙台病毒、表达质粒、Episomal系统等载体导入外源因子，外源因子不整合到基因组上。

（2）每日观察并记录经外源因子诱导后的猪成纤维细胞生长状态，3～4天可以出现明显的细胞增殖和细胞形变，7～14天内出现克隆。待克隆出现后，挑取边缘清晰、形态饱满的单克隆进行酶消化，并接种到饲养层细胞上继续传代培养。

2. 猪胚胎干细胞建系胚胎的选择和源头细胞分离方法

（1）用于猪胚胎干细胞建系的胚胎应选择高质量的体内胚胎或体外培养获得的胚胎，体外培养胚胎可选择核移植胚胎、孤雌胚胎、体外受精胚胎或聚合胚胎等。根据细胞培养体系的不同应选择不同发育时期的胚胎进行建系，

4～8细胞时期胚胎、桑椹胚时期胚胎、早期囊胚的内细胞团、晚期囊胚的内细胞团以及球形胚胎的上胚层细胞等。

（2）用于猪胚胎干细胞建系的源头细胞可用全胚接种法，将获得的早期胚胎直接接种到相应的饲养层细胞上，待其贴壁形成原代克隆后进行传代培养；机械切割法，用胚胎分割刀或细玻璃针分割胚胎，获得内细胞团细胞进行接种培养；酶消化法，将去掉透明带的囊胚置于0.25%胰蛋白酶-0.04% EDTA的细胞消化液中消化使滋养层细胞脱落获得内细胞团细胞进行接种培养。

3. 细胞培养及传代

（1）将细胞接种在状态良好，密度适宜的饲养层细胞上，每天观察细胞生长状态，及时更换新鲜培养基。培养基中应添加相应信号通路的小分子抑制剂或细胞因子。培养基、细胞因子和小分子应符合相应质量要求。使用动物血清时，应无特定动物源性病毒的污染。

（2）原代猪胚胎干细胞克隆传代时，由于克隆细胞数较少且对酶的作用敏感，因此可采用机械分割的方法进行传代；待细胞数增多，状态稳定后可用较为温和的酶进行消化传代。

4. 猪多能干细胞的鉴定

（1）细胞形态特征　根据培养体系的不同，细胞可呈现两种不同的形态。一种为边界清晰，形态扁平，呈上皮样的激发态细胞；另一种为边界清晰，排列紧密，克隆立体的初始态细胞。不同形态细胞图参见彩图1、彩图2。

（2）碱性磷酸酶染色　对猪多能干细胞进行碱性磷酸酶染色，多能性较好的干细胞系应呈AP阳性，多能性较弱或无多能性的细胞系AP染色呈弱阳性或阴性。

（3）多能性基因表达　猪多能干细胞应表达核心多能性基因POU5Fl、NANOG、SOX2等；可表达KLF4、KLF2、REXl、NROBl、ESRRB、ZIC3、LIN28A、LIN28B、DNMT3B、PRDM14、STAT3、TCF3、TFCP2Ll等多能性基因；猪多能干细胞应表达干细胞表面特异性标记蛋白SSEA-1或SSEA-4，可表达SSEA-3、TRA-1-81和TRA-1-60等。

（4）核型分析　猪多能干细胞应具有正常稳定的二倍体核型，雌性多能干细胞系应包括18对常染色体和一对性染色体（XX），雄性多能干细胞系应包括18对常染色体和一对性染色体（XY）。

（5）X染色体激活　在雄性的猪多能干细胞系中，只有一条X染色体，处于激活状态；在雄性的猪多能干细胞系中，初始态的细胞两条X染色体应处于激活状态XaXa，激发态的细胞其中一条X染色体应处于失活状态XaXi。

（6）畸胎瘤形成　猪多能干细胞注射到免疫缺陷小鼠的皮下或肾囊中，可在注射部位形成畸胎瘤实体，能够观察到具有内胚层、中胚层和外胚层三个胚层的组织。

（7）生殖腺嵌合能力　将猪多能干细胞注射到猪早期胚胎内，注射的细胞应能在胚胎中嵌合并增殖；将嵌合胚胎移植到受体子宫，能够获得具有生殖系嵌合能力的嵌合体动物。

5. 细胞冻存　细胞冻存时应进行梯度降温，冷冻速度开始为 -1～-2℃/分钟，当温度低于 -25℃时可加速，到 -80℃之后可保存在液氮中。冻存过程中应标明细胞名称、数量、代次、日期、培养条件、操作者等信息。

6. 细胞复苏　从液氮容器中取出冻存管，直接浸入37℃水浴锅中，并不时摇动令其尽快融化。复苏后的细胞应能够正常增殖并维持多能性状态。

（六）证实方法

1. 细胞形态学试验　100倍或200倍光学显微镜下观察细胞形态。

2. 细胞标志蛋白检测

（1）样品准备和固定　收集单细胞，250rpm离心3分钟。弃上清液，加适量固定液冰上放置10分钟，然后用适量洗涤液洗涤3～5次，每次3～5分钟。

（2）封闭和通透　用封闭通透液重悬细胞并把细胞分成两等份，分别作为实验组和Isotype同型对照组，冰上孵育20分钟，然后用洗涤液清洗一遍。

（3）抗体孵育　按照抗体说明书进行稀释使用。

（4）过滤上机　用洗涤液重悬细胞，然后通过40μm滤网转移到流式管中，按流式细胞仪应用手册上机检测。

（5）圈门设定原则　首先根据颗粒度和透光性设门圈出目标细胞分群1，排除死细胞和其他杂细胞，然后根据Isotype同型对照组荧光强度，在分群1的基础上画出阳性细胞群2，排除没有被荧光抗体标记的阴性细胞。抗体同型对照Isotype作为阴性对照。

（6）结果分析　得到的检测结果用软件综合分析，具体参考其软件使用说明。

3. 畸胎瘤形成检测

（1）细胞样品的准备　离心收集细胞于离心管中，用生理盐水轻轻重悬细胞，避免形成气泡或者残留细胞团块。实验室要求应符合GB 19489的规定，实验用水应符合GB/T 6682规定的一级水。

（2）细胞移植　用注射器将$1 \times 10^6 \sim 1 \times 10^7$个猪多能干细胞注射到6周龄～8周龄的免疫缺陷型小鼠皮下，或肌肉，或睾丸白膜下的生精小管周隙等部位。

（3）畸胎瘤收样及处理　猪多能干细胞注射约6周～10周后（确保畸胎瘤不超过荷载小鼠体重的15%），对小鼠实施安乐死。剥离受体小鼠上的畸胎瘤并进行切割（体积不大于5mm × 5 mm × 2mm），将畸胎瘤组织块用4%多聚甲醛进行4℃过夜固定。

（4）石蜡切片及HE染色　对上述固定好的样本进行石蜡包埋、切片和HE染色，镜下观察并拍照。观察到来源于三个胚层的组织，如：内胚层来源的消化道上皮腺体样组织、中胚层来源的软骨组织，以及外胚层来源神经组织等，即证明所接种的猪多能干细胞具有向三个胚层组织分化的多能性。

猪多能干细胞图

（资料性附录）

1. 猪诱导多能干细胞图 猪诱导多能干细胞见彩图1。

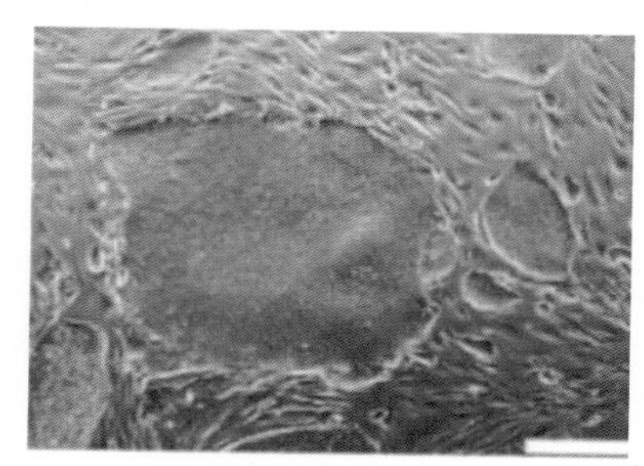

（a）激发态的猪诱导多能干细胞克隆

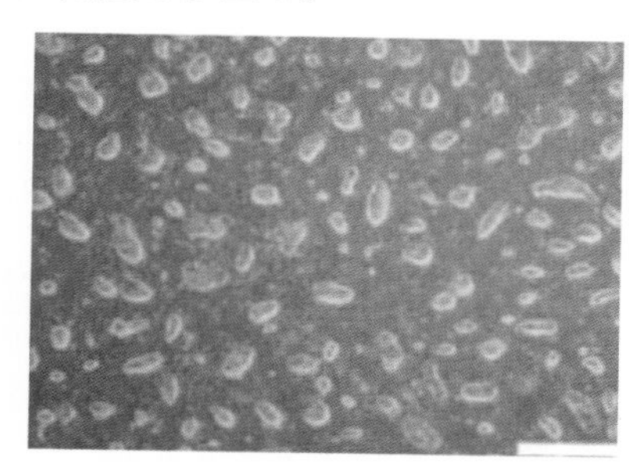

（b）初始态的猪诱导多能干细胞克隆

注：标尺为200μm。

彩图1 猪诱导多能干细胞图

2. 猪胚胎干细胞图 猪胚胎干细胞见彩图2。

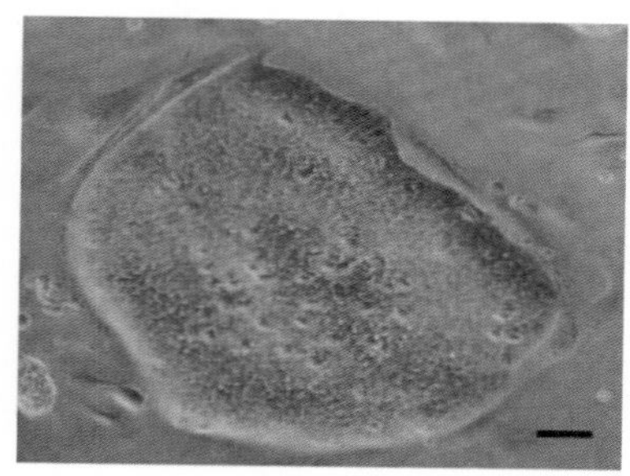

（a）激发态的猪胚胎干细胞克隆

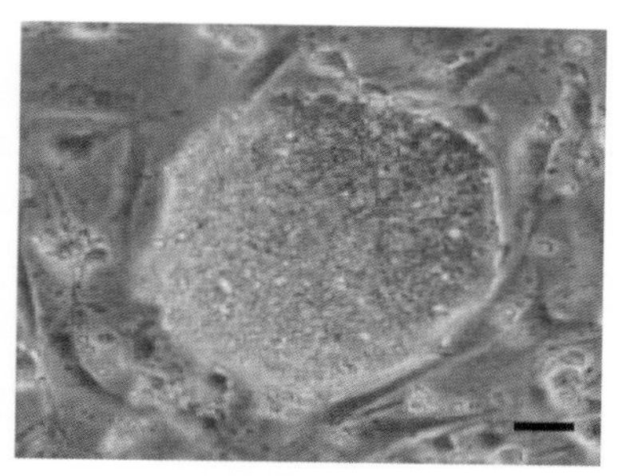

（b）初始态的猪胚胎干细胞克隆

注：标尺为50μm。

彩图2 猪胚胎干细胞图